茶艺、茶叶营销、农学及相关专业改革创新示范规划教材

# 茶叶标准与质量安全管理

主　　编　刘展良（广东科贸职业学院）
　　　　　伍锡岳（广东科贸职业学院）
副 主 编　吴晓蓉（广东科贸职业学院）
　　　　　陈彦峰（广东科贸职业学院）
参编人员　马绵霞（广州茶里集团有限公司）

中国商业出版社

图书在版编目(CIP)数据

茶叶标准与质量安全管理/ 刘展良,伍锡岳主编.——北京：中国商业出版社,2022.9
ISBN 978—7—5208—2174—2

Ⅰ.①茶… Ⅱ.①刘…②伍 Ⅲ.①茶叶—食品标准—高等职业教育—教材 ②茶叶—食品安全—质量管理—高等职业教育—教材 Ⅳ.①TS272.7

中国版本图书馆 CIP 数据核字(2022)第 153393 号

责任编辑:李 飞
(策划编辑:蔡 凯)

中国商业出版社出版发行
(www.zgsycb.com 100053 北京广安门内报国寺1号)
总编室:010—63180647 编辑室:010—83114579
发行部:010—83120835/8286

新华书店经销
北京军迪印刷有限责任公司印刷

\*

787 毫米×1092 毫米 16 开 15.5 印张 300 千字
2022 年 9 月第 1 版 2022 年 9 月第 1 次印刷
定价:68.00 元

\* \* \*
(如有印装质量问题可更换)

# 前 言

茶叶作为与人民生活关系密切的一类食品,其质量和安全备受重视。茶叶标准与法规是规范茶叶市场经济秩序,实施政府对茶叶质量安全的管理与监督,确保消费者合法权益和可持续发展的重要依据与保障。从事茶叶行业的人员有必要比较系统完整地了解并在一定程度上掌握茶叶从田间到茶桌全过程的生产技术、质量与安全,国家、行业、团体、企业是如何管控的,相关方的权利义务、法律责任是如何划分的,以及了解国际茶叶标准的基本框架和茶叶国际贸易依据的标准。同时具备辨别茶叶流通市场上的包装、标签、标识是否符合国家法令法规的能力也是非常必要的。

本书分为茶叶标准与质量安全法规概述、七个项目等内容。茶叶标准与质量安全法规概述、项目五、项目六由刘展良编写;项目二由伍锡岳编写;项目三、项目四由吴晓蓉编写;项目一由陈彦峰编写;项目七由马绵霞编写;全书由刘展良、伍锡岳统稿。

本书适合作为高职茶艺与茶文化专业《茶叶标准与质量安全管理》课程教学的教材,同时也可供茶叶种植、加工的技术人员和市场开拓的营销人员学习参考。本书作为开启学习领悟茶叶标准、质量与安全知识大门的钥匙,读者仍需结合工作需要加强学习和运用茶叶标准与质量安全管理等方面的知识与技能。

编者<br>
2022 年 6 月 14 日

# 目 录

**茶叶标准与质量安全法规概述** ……………………………………………… (1)
 一、标准与法规定义 ……………………………………………………… (1)
  (一)标准的定义 ………………………………………………………… (1)
  (二)法规的定义 ………………………………………………………… (2)
  (三)标准与法规的关系 ………………………………………………… (2)
  (四)食品法律法规与茶叶标准 ………………………………………… (3)
 二、标准与法规的功能 …………………………………………………… (3)
  (一)保证产品质量安全 ………………………………………………… (3)
  (二)实现规模化、系统化和专业化 …………………………………… (4)
  (三)促进技术创新 ……………………………………………………… (4)
  (四)为市场贸易与消费者提供必要的依据 …………………………… (4)
 三、茶叶标准与市场经济 ………………………………………………… (4)
  (一)茶叶标准化的作用 ………………………………………………… (4)
  (二)标准化工作 ………………………………………………………… (6)
  (三)标准化与国际贸易 ………………………………………………… (6)
 四、与茶产业相关的重要法律法规 ……………………………………… (6)
  (一)与茶产业相关的重要法律 ………………………………………… (7)
  (二)与茶产业相关的主要规章 ………………………………………… (10)

**项目一 茶叶标准与标准化** ……………………………………………… (11)
 一、标准与标准化 ………………………………………………………… (11)
  (一)标准与标准化概念 ………………………………………………… (11)
  (二)标准的分类 ………………………………………………………… (12)
 二、中国茶叶标准化 ……………………………………………………… (14)
  (一)茶叶标准化 ………………………………………………………… (14)
  (二)茶叶标准化的意义 ………………………………………………… (15)
 三、中国茶叶标准体系 …………………………………………………… (16)
  (一)国家标准体系(茶叶) ……………………………………………… (16)

（二）全国茶叶标准化技术委员会体系 …………………………………… (18)
　　（三）GH/T 1119—2015《茶叶标准体系表》 …………………………… (19)
　四、中国主要茶叶标准解读 ……………………………………………………… (25)
　　（一）GB/T 30766—2014《茶叶分类》解读 ……………………………… (25)
　　（二）GB/T 35825—2018《茶叶化学分类方法》解读 …………………… (26)
　　（三）茶叶质量安全标准解读 ……………………………………………… (27)

## 项目二　茶叶包装标准及标签标志 …………………………………………… (31)
　一、茶叶包装标签和产品标志 …………………………………………………… (31)
　　（一）茶叶包装标签制定的原则 …………………………………………… (31)
　　（二）茶叶包装标签制定的要求 …………………………………………… (32)
　二、茶叶包装标准 ………………………………………………………………… (32)
　　（一）茶叶包装标准概述 …………………………………………………… (32)
　　（二）茶叶包装要符合标准规定 …………………………………………… (33)
　　（三）国家标准强制要求茶叶包装不超过3层 …………………………… (34)

## 项目三　茶树种植与茶叶加工技术规程 ……………………………………… (35)
　一、茶叶产地环境标准 …………………………………………………………… (36)
　　（一）茶园土壤相关标准 …………………………………………………… (36)
　　（二）茶园水质相关标准 …………………………………………………… (40)
　　（三）茶园产地环境相关标准 ……………………………………………… (42)
　　（四）茶园大气环境相关标准 ……………………………………………… (47)
　二、茶园管理技术规程 …………………………………………………………… (50)
　　（一）茶树品种技术规程 …………………………………………………… (50)
　　（二）茶树短穗扦插技术规程 ……………………………………………… (52)
　　（三）茶园施肥技术规程 …………………………………………………… (54)
　　（四）茶园灌溉技术规程 …………………………………………………… (54)
　　（五）茶树修剪技术规程 …………………………………………………… (55)
　　（六）茶叶生产技术规程 …………………………………………………… (55)
　三、茶叶加工技术规程 …………………………………………………………… (59)
　　（一）无公害食品　茶叶加工技术规程 …………………………………… (59)
　　（二）有机产品　生产、加工、标识与管理体系要求 …………………… (61)
　　（三）有机茶加工技术规程 ………………………………………………… (61)
　　（四）茶叶加工技术其他相关规程 ………………………………………… (65)

## 项目四　茶叶团体标准与企业标准 …………………………………………… (70)
　一、茶叶团体标准 ………………………………………………………………… (70)

（一）团体标准的作用和意义 ……………………………………………（71）
　　（二）团体标准编制原则 ……………………………………………（71）
　　（三）团体标准编制要求 ……………………………………………（72）
　　（四）团体标准的制定程序 …………………………………………（73）
　　（五）团体标准的评价 ………………………………………………（74）
　　（六）团体标准的监管 ………………………………………………（76）
二、茶叶企业标准 …………………………………………………………（76）
　　（一）企业标准化的作用和意义 ……………………………………（77）
　　（二）企业标准分类 …………………………………………………（77）
　　（三）企业标准体系 …………………………………………………（77）
　　（四）茶叶企业标准的编制 …………………………………………（81）
　　（五）茶叶企业标准的实施 …………………………………………（82）
　　（六）企业标准体系评价 ……………………………………………（83）
　　（七）企业标准自我声明公开和监督 ………………………………（84）

## 项目五　茶叶质量安全与茶叶生产经营许可管理 ……………………（86）

一、食品质量安全与食品生产许可管理制度 …………………………（86）
　　（一）食品质量安全概念 ……………………………………………（86）
　　（二）食品生产许可管理制度 ………………………………………（87）
　　（三）《食品生产许可管理办法》的适用范围 ………………………（88）
　　（四）《食品生产许可管理办法》的核心内容 ………………………（88）
　　（五）食品生产许可申请条件 ………………………………………（89）
二、茶叶质量安全概念 …………………………………………………（89）
　　（一）茶叶质量 ………………………………………………………（89）
　　（二）茶叶食用或饮用安全影响因素 ………………………………（90）
　　（三）茶叶质量安全评价 ……………………………………………（91）
　　（四）茶叶质量安全政策体系 ………………………………………（92）
三、茶叶生产经营许可 …………………………………………………（93）
　　（一）茶叶生产经营许可管理 ………………………………………（93）
　　（二）茶叶生产许可认证 ……………………………………………（93）
四、茶叶质量安全监管 …………………………………………………（95）
　　（一）茶叶生产企业主体责任 ………………………………………（95）
　　（二）加强全面监督管理 ……………………………………………（96）

## 项目六　茶叶质量与安全体系认证 ………………………………………（98）

一、茶叶质量认证概况 …………………………………………………（98）

（一）茶叶质量产品认证 (98)
　　（二）茶叶质量体系认证 (99)
二、绿色食品(茶叶)认证 (99)
　　（一）绿色食品(茶叶)认证概述 (99)
　　（二）绿色食品(茶叶)的一般特征 (100)
　　（三）绿色食品(茶叶)认证程序 (100)
　　（四）绿色食品(茶叶)的相关标准 (104)
三、有机茶认证 (105)
　　（一）有机茶概述 (105)
　　（二）有机茶的发展 (106)
　　（三）发展有机食品(茶叶)的意义 (107)
　　（四）有机茶认证的程序 (108)
　　（五）有机茶的相关标准 (111)
四、地理标志产品保护与农产品地理标志登记 (111)
　　（一）农产品地理标志 (111)
　　（二）地理标志保护产品专用标志 (113)
　　（三）地理标志证明商标 (114)
五、出口卫生注册和出口茶叶基地备案 (115)
　　（一）出口食品生产企业卫生注册 (115)
　　（二）出口茶叶原料种植基地备案 (115)

## 项目七 国际茶叶标准 (118)
一、国际茶叶标准 (118)
　　（一）ISO/TC34/SC8 概况 (118)
　　（二）ISO 国际茶叶标准 (119)
　　（三）我国从事的 ISO/TC34/SC8 茶叶标准化工作 (121)
二、国外茶叶标准与法规 (122)
　　（一）国外主要生产国茶叶标准 (122)
　　（二）国外主要消费国家和地区的茶叶标准与法规 (124)
三、RCEP 成员国茶叶标准与法规 (130)
　　（一）RCEP 成员 (130)
　　（二）RCEP 成员国茶叶标准及法规 (130)
　　（三）茶叶的主要技术要求比 (132)

## 附录一：中华人民共和国食品安全法 (137)
## 附录二：中华人民共和国食品安全法实施条例 (167)

附录三:食品生产许可管理办法 …………………………………………(178)
附录四:茶叶生产许可审查细则(2015版讨论稿) ……………………(187)
附录五:NY 5196—2002《有机食品—有机茶》…………………………(201)
附录六:NY/T 5197—2002《有机茶生产技术规程》……………………(208)
附录七:NY/T 5198—2002《有机茶加工技术规程》……………………(220)
附录八:NY/T 5199—2002《有机茶产地环境条件》……………………(227)
附录九:地理标志专用标志使用管理办法(试行) ………………………(232)
参考文献 ………………………………………………………………………(235)

# 茶叶标准与质量安全法规概述

## 一、标准与法规定义

标准与法规都是人类社会经济发展的产物。在原始社会"物物交换"时并不会出现标准。人的活动有"社会性"时则有法规的出现,人类社会活动日益增加之后,无规矩不成方圆,有关方的约定俗成则是标准的雏形。特别是工业化之后如果没有标准和法规,社会的混乱情况将会达到不可想象的地步。

### (一)标准的定义

标准是对重复性事物和概念所做的统一规定,它以科学技术和实践经验的结合成果为基础,经有关方面协商一致,由主管机构批准,以特定形式发布作为共同遵守的准则和依据。这是国际标准化组织(ISO)、国际电工委员会(IEC)、国际电信联盟(ITU)三大国际标准组织共同给标准下的定义。从这个定义看,标准具有以下4个特性。

一是权威性。标准要由权威机构批准发布,在相关领域有技术权威,为社会所公认。推荐性国家标准由国务院标准化行政主管部门制定;行业标准由国务院有关行政主管部门制定,报国务院标准化行政主管部门备案;地方标准由省、自治区、直辖市人民政府标准化行政主管部门制定。强制性国家标准一经发布,必须强制执行。

二是民主性。标准的制定要经过利益相关方充分协商,并听取各方意见。比如,2018年5月发布的强制性国家标准《电动自行车安全技术规范》,就是由工业和信息化部、公安部、原国家工商总局、原国家质检总局(国家标准委)等部门,组织电动自行车相关科研机构、检测机构、生产企业、高等院校、行业组织、消费者组织等方面的专家成立工作组,共同协商修订,并向社会公众广泛征求意见而形成的。

三是实用性。标准的制定与修订是为了解决现实问题或潜在问题,在一定的范围内获得最佳秩序,实现最大效益。

四是科学性。标准来源于人类社会实践活动,其产生的基础是科学研究和技术进步的成果,是实践经验的总结。标准制定过程中,对关键指标要进行充分的实验验证,标准的技术内容代表着先进的科技创新成果,标准的实施也是科技成果产业化的重要过程。

标准有两种存在形式:一种是文本标准;另一种是实物标准,也就是标准样品。文本标准是一种正式出版物,具有版权。标准样品,是具有一种或多种良好特性值的材料或物质,主要用于校准仪器、评价测量方法和给材料赋值。

## (二)法规的定义

法规泛指由国家制定和发布的规范性法律文件的总称,是法律、条例、规则和章程等的总称。其中,宪法是国家的根本法,具有综合性、全面性和根本性;法律是由立法机关制定,体现国家意志和利益的,必须依靠国家政权保证执行的、强制全体社会成员共同遵守的行为准则,地位仅次于宪法;行政法规是国务院制定的关于国家行政管理的规范性文件,地位与效力仅次于宪法和法律;地方性法规是地方权力机关根据本行政区域的具体情况和实际需要依法制定的本行政区域内具有法律效力的规范性文件;规章是国务院组成部门及直属机构在其职权范围内制定的规范性文件,省、自治区、直辖市人民政府也有权依照法律、行政法规和本地方的地方性法规制定规章。国际条约是我国作为国际法主体与外国缔结的双边、多边协议和其他条约或协定性质的文件。

## (三)标准与法规的关系

标准属于技术规范,是人们在处理客观事务时必须遵循的行为规则,重点调整人与自然规律的关系,规范人们的行为,使之尽量符合客观的自然规律和技术法则,其目的就是建立起有利于社会发展的技术秩序。法律、规章属于社会规范,是人们处理社会生活中相互关系应遵循的具有普遍约束力的行为规则。在科技和社会生产力高度发展的现代社会,越来越多的立法把遵守技术规范确定为法律义务,将社会规范和技术规范紧密结合在一起。

1. 标准与法规的相同之处

(1)一般性。标准与法规都是现代社会和经济活动必不可少的规则,具有一般性,同样情况下应同样对待。

(2)公开性。标准与法规在制定和实施过程中公开透明,具有公开性。

(3)严肃性。标准与法规都是由权威机关按照法定的职权和程序制定、修改或废止,都用严谨的文字进行表述,具有明确性和严肃性。

(4)权威性。标准与法规在调控社会方面享有威望,得到广泛的认同和遵守,具有权威性。

(5)约束性。标准与法规要求社会各组织和个人服从,并作为行为的准则,具有约束性和强制性。

(6)稳定性。标准与法规不允许擅自改变和随便修改,具有相对稳定性和连续性。

2.标准与法规的不同之处

(1)标准必须有法律依据,必须严格遵守有关的法律法规,在内容上不能与法律法规相抵触和发生冲突;法规则具有至高无上的地位,具有基础性和本源性的特点。

(2)标准主要涉及技术层面,而法律法规则涉及社会生活的方方面面,调整一切政治、经济、社会、民事和刑事等法律关系。

(3)标准较为客观和具体,法规则具有宏观性和原则性。

(4)标准会随着科学技术和社会生产力的发展而修改与补充,法规则较为稳定。

(5)标准强调多方参与、协商一致,尽可能照顾多方利益,比较注重民主性。

(6)标准本身并不具有强制力,即使是所谓的强制性标准,其强制性也是法律授予的。

(7)标准和法规都是规范性文件,但标准在形式上既有文字的也有实物的。

## (四)食品法律法规与茶叶标准

1.食品法律法规

食品法律法规是指由国家制定或认可,以法律或政令形式颁布的,以加强食品监督管理,保证食品卫生,防止食品污染和有害因素对人体的危害,保障人民身体健康,增强人民体质为目的,通过国家强制力保证实施的法律规范的总和。食品法律法规既包括法律规范,也包括以技术规范为基础所形成的各种食品法规。

与食品加工有关的法律主要涵盖于市场管理法之中。标准不等于法律,但标准与法律有密切的内在联系,标准是在法律的框架下制定的。要保持茶叶市场经济良好的秩序,还必须要有完善的茶叶标准体系来支撑法规体系的实施,只有茶叶标准与法规相互配套,各自发挥特有的功能,才能确保茶叶市场经济的正常健康运行。

2.茶叶标准与法规

茶叶标准与法规是从事茶叶生产、营销和储存以及资源开发、利用必须遵守的行为准则,也是茶产业持续、健康、快速发展的根本保障。在市场经济的法规体系中茶叶标准与法规是规范茶叶市场经济秩序,实施政府对茶叶质量安全的管理与监督,确保消费者合法权益和可持续发展的重要依据与保障。

# 二、标准与法规的功能

## (一)保证产品质量安全

标准对产品的性能、卫生安全,规格、检验方法及包装和运输条件等做出明确规定,严格按照标准组织生产和依据标准进行产品检验,可确保产品的质量安全。法规以国家强制力为后盾,可保证标准的实施,确保产品质量安全。

## (二)实现规模化、系统化和专业化

标准的制定可减少产品种类,使产品品种规模化、系统化和专业化,可降低生产成本和提高生产效率;同时,还可确保由不同生产商生产的相关产品与部件的兼容和匹配。

## (三)促进技术创新

标准是以科学技术的综合成果为基础制定的,制定标准的过程就是将其与实践积累的先进经验相结合,经过分析比较加以选择,并进行归纳提炼以获得最佳秩序。通过标准化工作,还可将小范围内应用的新产品、新工艺、新材料和新技术纳入标准进行推广应用,可促进技术创新。

## (四)为市场贸易与消费者提供必要的依据

对于产品的属性和质量,消费者所掌握的信息远不如生产者,这使市场参与者(如消费者)难以在交易前正确判断产品质量。但是,借助于标准,可以表示出产品所要满足的最低要求,帮助市场参与者正确认识产品的质量,以减少市场信息的不对称状况,同时也可提高市场参与者对产品的信任度。消费者还可将国家颁布的相关法律法规作为有效保护自己的依据。

# 三、茶叶标准与市场经济

茶叶标准是判断茶叶品质和质量安全的准则。技术标准在全球经济一体化中发挥着重要作用,制定技术标准的实质是制定竞争规则,目的是把握对市场的控制权。茶叶标准化在茶产业发展中具有战略地位。

市场经济运行的主体是以企业为主的法人,我国标准化管理改革,最重要的有两项:一是衡量和评定产品质量的依据,过去都由政府主管部门制定,强制企业执行统一标准,产品的所有质量性能都必须符合标准的规定。现在改革为由企业根据供需双方和市场以及消费者需求制定,产品性能除必须符合有关法律法规的规定和强制性标准与要求外,自主决定采用什么标准组织生产,由企业自主决定衡量和评定产品质量的依据。二是企业生产的产品质量标准,过去都由有关政府部门制定,企业没有制定产品质量标准的权力。现在改革为允许企业制定,并且要鼓励企业制定满足市场和用户需求、水平先进的产品标准。

## (一)茶叶标准化的作用

所谓标准化,就是制定标准、实施标准并进行监督管理的过程。

市场经济运行的机制主要依靠标准化。茶叶企业采用的标准是判定假冒伪劣商品的依据;技术经济合同、契约和纠纷仲裁的技术依据也是标准。市场运行机制是由多方面构成的,包括生产、市场、销售与管理等方面,从市场竞争机制、供求机制方面来看,标准化在健全机制和运行中发挥着举足轻重的作用。

(1)在保障健康、安全、环保等方面,标准化具有底线作用。国家制定强制性标准的目的,就是保障人身健康和生命财产安全、国家安全、生态环境安全。强制性标准制定得好不好、实施得到不到位,事关人民群众的切身利益。

(2)在促进经济转型升级、提质增效等方面,标准化具有规制作用。标准的本质是技术规范,在相应的范围内具有很强的影响力和约束力,许多产品和产业,一个关键指标的提升,都会带动企业和行业的技术改造与质量升级,甚至带来行业的洗牌。

(3)在促进科技成果转化、培育发展新经济等方面,标准化具有引领作用。过去,一般先有产品,后有标准,用标准来规范行业发展。而现在有一种新趋势,就是标准与技术和产品同步,甚至是先有标准再有相应的产品。创新与标准相结合所产生的"乘数效应"能更好地推动科技成果向产业转化,形成强有力的增长动力,真正发挥创新驱动发展的作用。

(4)在促进社会治理、公共服务等方面,标准化具有支撑作用。标准是科学管理的重要方法,是行简政之道、革烦苛之弊、施公平之策的重要工具。在社会治安综合治理、美丽乡村建设、提升农村基本公共服务等工作中,标准化日益成为重要的抓手。

(5)在促进国际贸易、技术交流等方面,标准化具有通行证作用。产品进入国际市场,首先要符合国际或其他国家的标准,同时标准也是贸易仲裁的依据。国际权威机构研究表明,标准和合格评定影响着80%的国际贸易。

国家制定法律规范,保障市场经济正常运行,保护消费者利益,同样需要标准化来支撑。法律法规是国家进行宏观调控的重要手段,是市场经济形成和发展所必需的基础条件,并且标准已经成为相关法律法规的重要内容。《中华人民共和国标准化法》(以下简称标准化法)、《中华人民共和国食品安全法》(以下简称食品安全法)、《中华人民共和国农产品质量安全法》(以下简称农产品质量安全法)、《中华人民共和国产品质量法》(以下简称产品质量法)、《中华人民共和国计量法》(以下简称计量法)、《中华人民共和国环境保护法》(以下简称环境保护法)和《中华人民共和国合同法》(以下简称合同法)等法律法规中,都对采用标准做出了明确规定。政府实施经济监督需要标准化,在经济监督中,包含质量、计量方面的监督。质量监督是市场质量监管机构和企业质量监督机构及其工作人员,依据有关法规和质量标准,对产品质量、工程质量和服务质量所实行的监督。计量监督主要是依据计量法规,依照计量器用具对商品的数量实行监督。因此,标准已经成为判断质量好坏、依法处理质量问题、政府进行产品质量监督的重要依据,在提高茶叶产品质量以及食品安全等方面也发挥着重要作用。

产品质量标准的制定要符合市场与顾客需求,标准化的作用之一就是要能够赢得市场竞争。市场竞争的实质是产品质量和人才的竞争。没有标准化也就没有竞争力。

## (二)标准化工作

企业的产品要在市场竞争中立于不败之地,标准化工作应该走好三步:第一步,制定或修订确切反映市场需求、令顾客满意的产品标准,保证产品受到市场欢迎和获得较高满意度,解决占领市场的问题;第二步,建立起以产品标准为核心的有效运转的企业标准体系,保证产品质量的稳定和劳动生产率的提高,使企业能够站稳市场,不至于刚刚占领市场,就因质量不稳而退出市场;第三步,把标准化向纵深推进,运用多种标准化形式支持产品开发,使企业具有适应市场变化的能力,即对市场的应变能力,这就使企业不仅能够占领市场、站稳市场,还能够适应市场、扩大市场。上述三步是互相连贯的三个阶段,只有攀上制高点,才能真正实现企业产品标准化。

## (三)标准化与国际贸易

标准化是市场经济活动国际性的技术纽带。市场经济是开放性的经济,社会分工的细化和市场的扩展,已经扩大了不同国家和地区之间的经济联系,为了保证国际经济贸易活动的正常有序开展,国际上已经和正在形成一系列比较统一的国际经贸条约、规则和惯例。作为世界贸易组织的成员国,中国的产品或服务要进入国际市场,参与国际竞争,就必须了解和参与这些条约和规则。其中标准化是一项重要的内容,是国际通行条约、惯例和做法的一个组成部分,是国际贸易中需要遵守的技术准则。为了适应我国参与国际市场竞争,作为世界贸易组织的成员国,我国标准化工作应适应世界贸易组织的需要,积极参与国际标准化活动,要积极采用乃至主导制定国际标准,加快产品质量和企业质量保证体系的认证工作。

《WTO/TBT贸易技术壁垒协定》认为,合格评定程序是指直接或间接用来确定是否达到技术法规或标准的相关要求的任何程序。合格评定程序特别包括取样、测试和检查程序;评估、验证和合格保证程序;注册、认可和批准以及它们的综合的程序。ISO 9000质量管理体系认证、ISO 14000环境质量标准认证、危害分析与关键控制点(HACCP)体系认证以及良好操作规范(GMP)认证等都属于合格评定内容,并与标准有着密切的联系,离开了标准,合格评定是难以进行的。一些发达国家利用世界贸易组织大做文章,各种类型的技术贸易壁垒措施就不断产生。常见的技术贸易壁垒形式有检验程序和检验手续、绿色技术壁垒、计量单位、卫生防疫与植物检疫措施、包装与标志等。

## 四、与茶产业相关的重要法律法规

茶产业即茶业,是指从事与茶有关的经营活动的总和,包括与茶有关的生产、流通、服务、文化、教育等各个方面。陈宗懋主编的《中国茶叶大辞典》(2015)认为,茶业是茶叶生产经济、流通经济所涉及行业(种植加工、内贸、外贸)的总称,即茶业是茶叶种植、加工、贸易等过程中所涉及行业的总称,它涉及三个既相互独立又相互联系的部门或行业,即茶叶种植、茶叶加工和茶叶销售。茶叶种植是整个茶业的基础,是茶叶加工、茶叶销售的前提条件和物质基础;茶叶加工是茶叶种植的必要延伸和茶叶销售的准备过程,是连接茶叶种植与茶叶销售的中介桥梁;茶叶销售是茶叶种植、茶叶加工的落脚点,是全部茶业活动的最终目的。总之,茶叶种植、茶叶加工、茶叶销售是茶产业相互联系、不可分割的有机组成部分,共同组成茶产业的完整统一体。结合当代的产业经济理论对产业的定义和专家学者对茶产业的定义,茶产业经济是指以茶叶为核心的茶叶生产、交换、分配、消费等,以及由此产生的各种经济活动的总和,具体包括茶叶生产经济、流通经济、国内外贸易等活动。从现代产业经济体系来看,茶产业经济是指由茶叶生产、加工、运输、营销、科研教育、行业管理组织等组成的一个完整的产业经济体系。

茶叶作为一种经济作物具有可加工性强、产业链长、关联度大的产业特征,横跨第一、第二、第三产业,涉及茶叶生产、加工、销售等多个环节以及茶医药、茶化工、茶饮食、茶旅游、茶文化等多个领域。经过长期的发展,我国的茶产业已从基础的种植(主要属于第一产业)、加工业向深加工功能性成分开发、茶服务业和茶文化产业、茶的综合利用等方面发展。

茶叶是一类食品,其种植、加工、销售、消费链条长、环节多,故与茶叶标准化相关的法律还有标准化法、食品安全法、农产品质量安全法、产品质量法和《中华人民共和国消费者权益保护法》(以下简称消费者权益保护法)等。

## (一)与茶产业相关的重要法律

### 1.标准化法

标准化是国家一项重要的技术经济政策,它涉及经济建设、技术进步、国内外贸易和人类生活活动各个领域,是一项综合性的技术基础工作。随着市场经济发展、经济贸易全球化,以及人们生活水平的提高,标准化的作用越来越重要。

通过制定、发布和实施标准,达到统一是标准化的实质,获得最佳秩序和社会效益则是标准化的目的。

1988年12月29日第七届全国人民代表大会常务委员会第五次会议通过标准化法。该法自1989年4月1日起实施,共分为六章,对标准的制定、实施及法律责任进行规定。2017年11月4日第十二届全国人民代表大会常务委员会第三十次会议通过修订后的标准化法。

在标准化法的基础上,国家相关部门为加强对国家标准、行业标准、地方标准的管理,加强企业标准化工作,根据标准化法和《中华人民共和国标准化法实施条例》,制定了《国家标准管理办法》《行业标准管理办法》《地方标准管理办法》和《企业标准管理办法》。

### 2.食品安全法

为保证食品安全,保障公众身体健康和生命安全,国家在1995年就颁布了食品安全法。在此基础上,2009年2月28日第十一届全国人民代表大会常务委员会第七次会议通过了食品安全法。食品安全法是适应新形势发展的需要,为了从制度上解决现实生活中存在的食品安全问题,更好地保证食品安全而制定的,确立了以食品安全风险监测和评估为基础的科学管理制度,明确食品安全风险评估结果作为制定、修订食品安全标准和对食品安全实施监督管理的科学依据。2015年4月24日第十二届全国人民代表大会常务委员会第十四次会议修订通过,自2015年10月1日起施行。现行食品安全法于2021年4月29日第二次修正。

食品安全法包括总则、食品安全风险监测和评估、食品安全标准、食品生产经营、食品检验、食品进出口、食品安全事故处置、监督管理、法律责任和附则,共10章154条。在中华人民共和国境内从事下列活动,应当遵守食品安全法:

(1)食品生产和加工(以下称食品生产),食品销售和餐饮服务(以下称食品经营);

(2)食品添加剂的生产经营;

(3)用于食品的包装材料、容器、洗涤剂、消毒剂和用于食品生产经营的工具、设备(以下称食品相关产品)的生产经营;

(4)食品生产经营者使用食品添加剂、食品相关产品;

(5)食品的储存和运输;

(6)对食品、食品添加剂、食品相关产品的安全管理。

供食用的源于农业的初级产品(以下称食用农产品)的质量安全管理,遵守农产品质量安全法的规定。但是,食用农产品的市场销售、有关质量安全标准的制定、有关安全信息的公布和食品安全法对农业投入品做出规定的,应当遵守食品安全法的规定。

食品生产经营者对其生产经营食品的安全负责。食品生产经营者应当依照法律、法规和食品安全标准从事生产经营活动,保证食品安全,诚信自律,对社会和公众负责,接受社会监督,承担社会责任。

制定食品安全标准,应当以保障公众身体健康为宗旨,做到科学合理、安全可靠。食品安全标准是强制执行的标准。除食品安全标准外,不得制定其他食品强制性标准。食品安全国家标准由国务院卫生行政部门会同国务院食品安全监督管理部门制定、公布,国务院标准化行政部门提供国家标准编号。食品中农药残留、兽药残留的限量规定及其检验方法与规程由国务院卫生行政部门、国务院农业行政部门会同国务院食品安全监督管理部门制定。对地方特色食品,没有食品安全国家标准的,省、自治区、直辖市人民政府卫生行政部门可以制定并公布食品安全地方标准,报国务院卫生行政部门备案。食品安全国家标准制定后,该地方标准即行废止。国家鼓励食品生产企业制定严于食品安全国家标准或者地方标准的企业标准,在本企业适用,并报省、自治区、直辖市人民政府卫生行政部门备案。

3.农产品质量安全法

农产品质量安全法共8章56条,内涵非常丰富。第一章是总则,对农产品的定义,农产品质量安全的内涵,法律的实施主体,经费投入,农产品质量安全风险评估、风险管理和风险交流,农产品质量安全信息发布,安全优质农产品生产,公众质量安全教育等方面做出了规定;第二章是农产品质量安全标准,对农产品质量安全标准体系的建立,农产品质量安全标准的性质,农产品质量安全标准的制定、发布、实施的程序和要求等进行了规定；第三章是农产品产地,对农产品禁止生产区域的确定、农产品标准化生产基地的建设、农业投入品的合理使用等方面做出了规定；第四章是农产品生产,对农产品生产技术规范的制定、农业投入品的生产许可与监督抽查、农产品质量安全技术培训与推广、农产品生产档案记录、农产品生产者自检、农产品行业协会自律等方面进行了规定；第五章是农产品包装和标识,对农产品分类包装、包装标识、包装材质、转基因标识、动植物检疫标识、无公害农产品标志和优质农产品质量标志做出了规定；第六章是监督检查,对农产品质量安全市场准入条件、监测和监督检查制度、检验机构资质、社会监督、现场检查、事故报告、责任追溯、进口农产品质量安全要求等进行了明确规定；第七章是法律责任,对各种违法行为的处理、处罚做出了规定；第八章是附则。

国家引导、推广农产品标准化生产,鼓励和支持生产优质农产品,禁止生产、销售不符合国家规定的农产品质量安全标准的农产品。国家建立健全农产品质量安全标准体系。农产品质量安全标准是强制性的技术规范。农产品质量安全标准的制定和发布,依照有关法律、行政法规的规定执行。不得销售含有国家禁止使用的农药、兽药或者其他化学物质的,农药、兽药等化学物质残留或含有的重金属等有毒有害物质不符合农产品质量安全标准的,含有的致病性寄生虫、微生物或者生物毒素不符合农产品质量安全标准的,使用的保鲜剂、防腐剂、添加剂等材料不符合国家有关强制性的技术规范的农产品。

4.产品质量法

产品质量法包括总则,产品质量的监督,生产者、销售者的产品质量责任和义务,损害赔偿,罚则,附则,共6章74条。企业产品质量应该达到或者超过行业标准、国家标准和国际标准。可能危及人体健康和人身、财产安全的产品,必须符合保障人体健康和人身、财产安全的国家标准、行业标准；未制定国家标准、行业标准的,必须符合保障人体健康和人身、财产安全的要求。禁止生产、销售不符合保障人体健康和人身、财产安全的标准和要求的产品。产品质量应当不存在危及人身、财产安全的不合理的危险,有保障人体健康和人身、财产安全的国家标准、行业标准的,应当符合该标准；具备产品应当具备的使用性能；符合在产品或者其包装上注明采用的产品标准,符合以产品说明、实物样品等方式表明的质量状况。

5.消费者权益保护法

消费者权益保护法包括总则、消费者的权利、经营者的义务、国家对消费者合法权益的保护、消费者组织、争议的解决、法律责任、附则,共8章63条。为了保护消费者的合法权益,维护社会经济秩序,促进社会主义市场经济健康发展,国家制定强制性标准,应当听取消费者和消费者协会等组织的意见。消费者协会参与制定有关消费者权益的强制性标准。经营者提供商品或者服务有下列情形之一的,应当承担民事责任：商品或者服务存在缺陷的；不具备商品应当具备的使用性能而出售时未作说明的；不符合在商品或者其包装上注明采用的商品标准的；不符合商品说明、实物样品等方式表明的质量状况的。

与茶产业活动相关的法律还有《中华人民共和国商标法》(以下简称商标法)、《中华人民共和国电子商务法》《中华人民共和国广告法》《中华人民共和国进出口商品检验法》(以下简称进出口商品检验法)、《中华人民共和国反不正当竞争法》(以下简称反不正当竞争法)、环境保护法、《中华人民共和国农业法》(以下简称农业法)、合同法、计量法、《中华人民共和国非物质文化遗产保护法》(以下简称非遗法)等。

### (二)与茶产业相关的主要规章

与茶叶标准化相关的规章制度还有:《国家标准管理办法》《全国专业标准化技术委员会管理规定》《农业部标准化管理办法》《行业标准管理办法》《团体标准管理办法》《地方标准管理办法》《企业标准管理办法》《中华人民共和国食品安全法实施条例》《食品生产许可管理办法》《食品生产许可审查通则》《茶叶生产许可证审查细则》《集体商标、证明商标注册和管理办法》《地理标志产品保护规定》《农产品地理标志管理办法》《重要农业文化遗产管理办法》等。

# 项目一　茶叶标准与标准化

【知识目标】
(1)掌握标准与标准化的概念,标准的分类。
(2)掌握茶叶标准化的概念,了解茶叶标准化的意义。
(3)掌握中国茶叶标准体系。

【技能目标】
(1)能介绍我国标准的类别及茶叶标准化。
(2)能介绍我国茶叶标准体系。
(3)能解读我国主要的茶叶标准。

## 一、标准与标准化

### (一)标准与标准化概念

**1.标准**

为在一定的范围内获得最佳秩序,对活动或其结果规定共同的和重复使用的规则、导则或特性的文件,称为标准。该文件经协商一致制定并经一个公认机构的批准。标准应以科学、技术和经验的综合成果为基础,以促进最佳社会效益为目的。

**2.标准化**

GB/T 20000.1—2014将标准化定义为"为在既定范围内获得最佳秩序,促进共同效益,对现实问题或潜在问题确立共同使用和重复使用的条款以及编制、发布和应用文件的活动"。它反映出标准化是一个过程,即制定标准、贯彻标准、修订标准是一个不断循环、螺旋式上升的运动,制定标准的目的在于贯彻实施;同时标准化是个相对的概念,即标准在深度上要有发展空间,要通过不断修订来发展,而且在广度上也要有系统的标准来配套。

## (二)标准的分类

世界各国标准种类繁多,分类方法不尽统一。根据我国实际情况,并参照国际上最普遍使用的标准分类方法,我国标准分类如下:

1.按标准制定的主体划分

标准分为国家标准、行业标准、地方标准、团体标准与企业标准。

(1)国家标准

对需要在全国范围内统一的技术要求,应当制定国家标准。

国家标准是指对全国经济技术发展有重大意义,需要在全国范围内统一的技术要求所制定的标准。国家标准在全国范围内适用,其他各级标准不得与之相抵触。国家标准是四级标准体系中的主体。

国家标准是在全国范围内统一的技术要求。国家标准的年限一般为5年,过了年限后,国家标准就要修订或重新制定。此外,随着社会的发展,国家需要制定新的标准来满足人们生产、生活的需要。因此,标准是一种动态信息。

国家标准分为强制性国标(GB)和推荐性国标(GB/T)。

(2)行业标准

对没有国家标准而又需要在全国某个行业范围内统一的技术要求,可以制定行业标准。

根据标准化法的规定:行业标准是指由我国各主管部、委(局)批准发布,在该部门范围内统一使用的标准,称为行业标准。例如,机械、电子、建筑、化工、冶金、经工、纺织、交通、能源、农业、林业、水利等,都制定有行业标准。

行业标准分为强制性标准和推荐性标准。

下列标准属于强制性行业标准:

①药品行业标准、兽药行业标准、农药行业标准、食品卫生行业标准;

②工农业产品及产品生产、储运和使用中的安全、卫生行业标准;

③工程建设的质量、安全、卫生行业标准;

④重要的涉及技术衔接的技术术语、符号、代号(含代码)、文件格式和制图方法行业标准;

⑤互换配合行业标准;

⑥行业范围内需要控制的产品通用试验方法、检验方法和重要的工农业产品行业标准。

行业标准的代号一般由国务院所属部(局)名的两个汉字拼音字表示,如农业农村部以NY为代号,原商业部以SB为代号,原外经贸部以WMB为代号。

(3) 地方标准

对没有国家标准和行业标准而又需要在省、自治区、直辖市范围内统一的工业产品的安全、卫生要求,可以制定地方标准。

地方标准由省、自治区、直辖市标准化行政主管部门制定,并报国务院标准化行政主管部门和国务院有关行政主管部门备案,在公布国家标准或者行业标准之后,该地方标准即应废止。地方标准属于我国的四级标准之一。

地方标准的编号由地方标准的代码、标准顺序号和发布所号组成。地方标准代号为"DB+行政区代码/T",如广东省潮州市地方标准 DB44/T 820—2010《地理标志产品 凤凰单丛(枞)茶》。

(4) 团体标准

团体标准是我国深化改革,转变政府职能的结果。政府主导制定的标准由原 6 类整合精简为 4 类,分别是强制性国家标准和推荐性国家标准、推荐性行业标准、推荐性地方标准;市场自主制定的标准分为团体标准和企业标准。政府主导制定的标准侧重于保基本,市场自主制定的标准侧重于提高竞争力,同时建立完善与新型标准体系配套的标准化管理体制。

团体标准由提出标准的团体成员约定制定,由相应的学会、协会、商会、联合会产业联盟等审核并发布,供团体成员使用。团体标准以 T 为代号。

(5) 企业标准

标准化法规定:企业生产的产品没有国家标准和行业标准的,应当制定企业标准,作为组织生产的依据。企业的产品标准须报当地政府标准化行政主管部门和有关行政主管部门备案。已有国家标准或者行业标准的,国家鼓励企业制定严于国家标准或者行业标准的企业标准,在企业内部适用。

企业标准是对企业范围内需要协调、统一的技术要求,管理要求和工作要求所制定的标准。企业标准由企业制定,由企业法人代表或法人代表授权的主管领导批准、发布。企业标准一般以"Q"作为开头,企业制定的标准不得低于国家、行业、地方标准。

另外,对于技术尚在发展中,需要有相应的标准文件引导其发展或具有标准化价值,尚不能制定为标准的项目,以及采用国际标准化组织、国际电工委员会及其他国际组织的技术报告的项目,可以制定国家标准化指导性技术文件。

2.按标准的约束力划分

我国标准分为强制性标准和推荐性标准。

保障人体健康,人身、财产安全的标准和法律、行政法规规定强制执行的标准是强制性标准,其他标准如行业标准、地方标准是推荐性标准。强制性标准必须执行。国家鼓励采用推荐性标准。

(1) 强制性标准

强制性标准的强制性是指标准应用方式的强制性,即利用国家法制强制实施,是国家通过法律形式,明确要求对于一些标准所规定的技术内容和要求必需执行,不允许以任何理由加以违反、变更,这样的标准称为强制性标准。例如,GB 2762—2017《食品安全国家标准 食品中污染物限量》和 GB 2763—2019《食品安全国家标准 食品中农药最大残留限量》中的各项指标具体强制执行的要求。

(2)推荐性标准

推荐性标准又称非强制性标准或自愿性标准,是指生产、交换、使用等方面,通过经济手段或市场调节而自愿采用的一类标准。这类标准,不具有强制性,任何单位均有权决定是否采用,违反这类标准,不构成经济或法律方面的责任。应当指出的是,推荐性标准一经接受并采用,或各方商定同意纳入经济合同中,就成为各方必须共同遵守的技术依据,具有法律上的约束性。

推荐性国家标准、行业标准、地方标准、团体标准、企业标准的技术要求不得低于强制性国家标准的相关技术要求。

3.按标准对象的基本属性划分

标准分为技术标准、管理标准和工作标准。

(1)技术标准

技术标准是对标准化领域中需要协调统一的技术事项所制定的标准,它一般以"物"为对象,包括基础标准、产品标准、通用方法标准、安全卫生标准、环境保护标准等。茶叶的技术标准是指为开发茶叶新品种等技术工作、为茶叶的质量以及各种茶叶加工设备制定的标准。如乌龙茶加工标准、特级西湖龙井质量标准等都是技术标准。

(2)管理标准

管理标准是对标准化领域中需要协调统一的管理事项所制定的标准,一般对象是"事",包括国民经济管理、企业管理中涉及的管理标准等。茶叶管理标准主要是指茶叶生产加工企业在茶叶生产加工中对企业实施的各项管理工作和程序所做的规定。

(3)工作标准

工作标准是对标准化领域中需要协调统一的工作事项所制定的标准,它的主要对象是"人",是为了将技术标准、管理标准落实到具体岗位(或部门)去完成所制定的标准。茶叶的工作标准则是茶叶企业为使员工对自己的工作范围、工作重点及工作要求达到一种明确的认识所制定的规定,茶叶的工作标准还包括茶叶质量管理标准等。

# 二、中国茶叶标准化

## (一)茶叶标准化

所谓茶叶标准化,是指为了保证茶叶产品的质量,制定、发布并实施与茶叶相关的基础产品、质量安全、技术和管理标准。茶叶标准对企业来说是茶叶生产经营的规范,对市场来说是贸易的依据,使茶行业在生产、加工、贸易及管理等方面获取最佳的秩序,同时对消费者的安全、卫生起到保障作用。同样茶叶标准化也是一个过程,包括制定茶叶标准并在实践中加以实施的全部活动过程。

## (二)茶叶标准化的意义

标准化的重要意义是改进产品、过程和服务的适用性,防止贸易壁垒,促进技术合作。"通过制定、发布和实施标准,达到统一"是标准化的实质,"获得最佳秩序和社会效益"则是标准化的目的。

1.作为市场经济体制的技术支撑,维护了市场经济秩序,规范了市场

自20世纪80年代开始,国家放弃了茶叶统购统销的政策,茶叶市场和各类茶叶加工企业应运而生,产品中以次充好,以假(假冒产地)充真的不规范现象比较普遍。通过各类标准的宣贯,各级质量监督部门加强了对市场的监管,运用标准对茶叶产品进行监督抽查,使市场得到规范,产品质量有了较大的提高。

2.标准是企业组织生产的依据

企业根据国家标准、行业标准组织生产,如果企业生产某一产品时没有国家标准、行业标准,那么就必须制定企业的产品标准来组织生产。标准能规范企业行为,保证产品质量及其稳定性。贯彻和实施标准能进一步提高企业的质量意识,指导企业用标准来进行质量管理,使企业产品质量得到可靠的保证及获得市场的信任。

3.标准的实施最大限度地保障了人体的健康和安全

茶叶是供人们饮用的食品(农产品),产品质量的优劣、农药残留量及其他有害因素直接关系到人们的健康和安全。自20世纪80年代末茶园分到户后,茶园的管理较为薄弱。环境因素和部分农药施用的不合理,出现了茶叶产品农药残留多样化和残留量超标的现象。通过贯彻《茶叶卫生标准》,农药残留超标的势头得到遏制,最大限度地保障了消费者的健康和安全。

4.标准的贯彻实施,保证了茶叶产品的质量,促进了贸易的发展

随着各类标准的贯彻实施,企业的标准化程度得以提高,提升了企业的竞争能力。茶叶的生产、消费和出口近年来都出现了较好的增长,山区的茶农和茶叶生产、加工销售企业均有了较好的经济效益。

5.标准是市场运行规则健康发展的保证,是企业生存的必备条件,是市场一切执法的依据

法律法规规定,企业必须按标准组织生产,并经检验合格才能销售,否则为违法行为。

## 三、中国茶叶标准体系

我国茶叶标准体系由国家标准体系（茶叶）、全国茶叶标准化技术委员会体系和 GH/T 1119—2015《茶叶标准体系表》三个部分组成。

### (一)国家标准体系(茶叶)

由国家标准化管理委员会统一制定，包括体系类序号、体系类目代码、体系类目名称、分类编号、重点领域、TC 编号及名称、专业部、业务指导单位、ICS、中标分类等内容，国家标准体系（茶叶）框架，见表 1-1。

表1-1 国家标准体系（茶叶）框架

| ID | 体系类目代码 | 体系类目名称 | GB/T4754分类编码 | SAC/TC编号 | SAC/TC名称 | 重点领域 | 国际标准化组织TC编号及名称 | 专业部 | 业务指导单位 | ICS | 中标分类 |
|---|---|---|---|---|---|---|---|---|---|---|---|
| 29 | 000-12 | 地理标志产品 | — | SWG4 | 原产地域产品 | — | — | 农业食品部 | 国家标准化管理委员会 | — | — |
| 75 | 000-19-06 | 食品安全 | — | TC313 | 食品安全管理技术 | — | — | — | 原国家卫计委 | — | — |
| 130 | 101-00 | 农业通用 | — | TC37 | 农作物种子 | 中长期 | — | 农业食品部 | 国家农业农村部 | 65.020.01 农业和林业 | B21 种子与育种 |
| 172 | 101-03-02 | 茶叶种植 | 0164 | TC339 | 全国茶叶标准化技术委员会 | 农业 | ISO/TC34/SC8 食品/茶 | 农业食品部 | 中华全国供销合作总社 | — | — |
| 349 | 202-02-00 | 食品制造通用 | — | 3-2 | 食品标签 | — | — | 农业食品部 | 原国家卫计委 | 67.040 食品综合 | X00/09 食品综合 |
| 431 | 202-03-04-00 | 精制茶加工 | 1530 | TC339 | 全国茶叶标准化技术委员会 | 农业 | ISO/TC34/SC8 食品/茶 | 农业食品部 | 中华全国供销合作总社 | 67.140.10 茶 | X55 茶叶制品 |
| 431 | 202-03-04-01 | 精制茶加工的基础标准 | 1530 | TC339 | 全国茶叶标准化技术委员会 | 农业 | ISO/TC34/SC8 食品/茶 | 农业食品部 | 中华全国供销合作总社 | 67.140.10 茶 | X55 茶叶制品 |
| 431 | 202-03-04-02 | 精制茶加工的产品标准 | 1530 | TC339 | 全国茶叶标准化技术委员会 | 农业 | ISO/TC34/SC8 食品/茶 | 农业食品部 | 中华全国供销合作总社 | 67.140.10 茶 | X55 茶叶制品 |
| 431 | 202-03-04-02 | 精制茶加工的方法标准 | 1530 | TC339 | 全国茶叶标准化技术委员会 | 农业 | ISO/TC34/SC8 食品/茶 | 农业食品部 | 中华全国供销合作总社 | 67.140.10 茶 | X55 茶叶制品 |
| 431 | 202-03-04-03 | 精制茶加工的管理标准 | 1530 | TC339 | 全国茶叶标准化技术委员会 | 农业 | ISO/TC34/SC8 食品/茶 | 农业食品部 | 中华全国供销合作总社 | 67.140.10 茶 | X55 茶叶制品 |

## (二)全国茶叶标准化技术委员会体系

全国茶叶标准化技术委员会体系框架见表1-2。

表1-2 全国茶叶标准化技术委员会体系框架

| ID | 体系类目代码 | 体系类目名称 | GB/T4754 | 体系类说明 | SAC/TC编号 | SAC/TC名称 | 国际标准化组织TC编号及名称 | 业务指导单位 | ICS | 中标分类 |
|---|---|---|---|---|---|---|---|---|---|---|
| 172 | 101-03-02 | 茶及其他饮料作物的种植 | 0164 | 指茶、可可、咖啡等饮料作物的种植,以及茶叶、可可和咖啡等简单的采集与加工 | | | ISO TC34/SC8 食品/茶 | ISO TC34/SC8 食品/茶 | ISO TC34/SC8 食品/茶 | ISO TC34/SC8 食品/茶 |
| 431 | 202-03-04 | 精制茶加工 | 1530 | — | TC339 | 茶叶 | ISO TC34/SC15 咖啡 | ISO TC34/SC15 咖啡 | ISO TC34/SC15 咖啡 | ISO TC34/SC15 咖啡 |
| 431 | 202-03-04-00 | 精制茶加工的基础通用 | 1530 | 茶叶的基础通用类标准 | TC339 | 茶叶 | ISO TC34/SC8 食品/茶 | 中华全国供销合作总社 | 67.140.10 茶 | X55 茶叶制品 |
| 431 | 202-03-04-01 | 精制茶加工的产品 | 1530 | 茶叶的产品类标准 | TC339 | 茶叶 | ISO TC34/SC8 食品/茶 | 中华全国供销合作总社 | 67.140.10 茶 | X55 茶叶制品 |
| 431 | 202-03-04-02 | 精制茶加工的方法 | 1530 | 茶叶的检测方法类标准 | TC339 | 茶叶 | ISO TC34/SC8 食品/茶 | 中华全国供销合作总社 | 67.140.10 茶 | X55 茶叶制品 |
| 431 | 202-03-04-03 | 精制茶加工的管理 | 1530 | 茶叶的管理类标准 | TC339 | 茶叶 | ISO TC34/SC8 食品/茶 | 中华全国供销合作总社 | 67.140.10 茶 | X55 茶叶制品 |

## (三)GH/T 1119—2015《茶叶标准体系表》

GH/T 1119—2015《茶叶标准体系表》是将我国茶叶的国家标准和供销合作行业标准(不包括茶叶机械标准),按其内在联系以一定的形式排列起来的图表,包括已有的标准、正在制定(尚未发布)的标准和未来将要制定的国家与供销合作行业茶叶标准,是一种指导性的技术文件,是编制标准制、修订计划的依据,并将随着我国茶叶行业和科学技术的发展而不断更新与充实。

标准体系表的第一层为茶通用(包括基础、质量、方法、物流等)标准,第二层为各茶类标准,第三层为再加工茶类标准,层次结构见图1—1。各层次标准明细见表1—3,其中所列为已发布实施。

目前茶叶现行有效的国家标准有118项,基本涵盖茶产业领域的重要基础通用标准、产品标准、方法标准等。

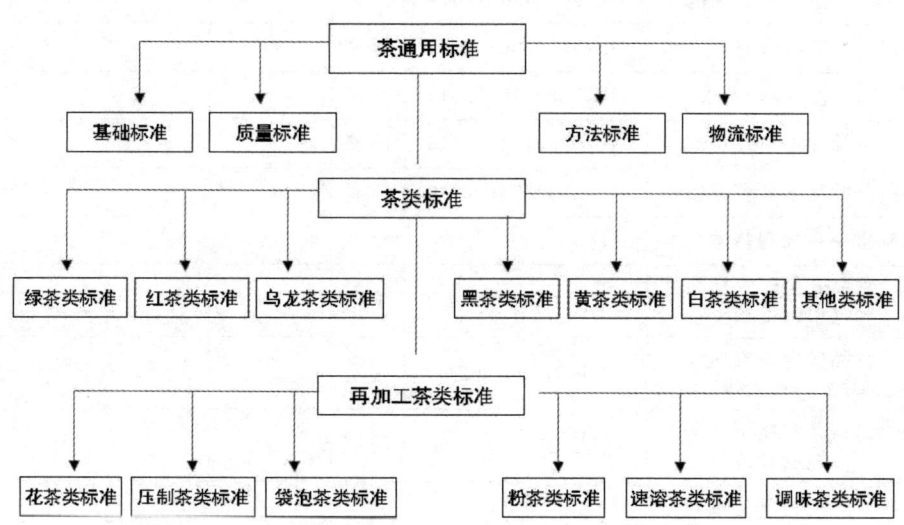

图1—1 茶叶行业现有标准体系表层次结构

表 1-3 茶叶标准体系表

(全国茶叶标准化技术委员会,2021 年)

| 序号 | 标准名称 | 标准代号和编号 | 标准类别 | 采用国际、国外标准的程度 | 采用的或相应的国际、国外标准号 | 备注 |
|---|---|---|---|---|---|---|
| 茶通用标准——基础标准 | | | | | | |
| 1. | 茶树种苗 | GB 11767—2003 | 国家 | / | / | 已发布实施 |
| 2. | 茶叶感官审评术语 | GB/T 14487—2017 | 国家 | / | / | 已发布实施 |
| 3. | 茶叶标准样品制备技术条件 | GB/T 18795—2012 | 国家 | / | / | 已发布实施 |
| 4. | 茶叶感官审评室基本条件 | GB/T 18797—2012 | 国家 | 修改采用 MOD | ISO 8589:2007 | 已发布实施 |
| 5. | 良好农业规范第 1.2 部分：茶叶控制点与符合性规范 | GB/T 20014.12—2008 | 国家 | / | / | 已发布实施 |
| 6. | 茶叶生产技术规范 | GB/Z 26576—2011 | 国家 | / | / | 已发布实施 |
| 7. | 茶叶分类 | GB/T 30766—2014 | 国家 | / | / | 已发布实施 |
| 8. | 茶鲜叶处理要求 | GB/T 31748—2015 | 国家 | / | / | 已发布实施 |
| 9. | 茶叶加工良好规范 | GB/T 32744—2016 | 国家 | / | / | 已发布实施 |
| 10. | 茶叶化学分类方法 | GB/T 35825—2018 | 国家 | / | / | 已发布实施 |
| 茶通用标准——质量标准 | | | | | | |
| 11.1 | 食品安全国家标准 食品中污染物限量 | GB 2762—2017 | 国家 | / | / | 已发布实施 |
| 12. | 食品安全国家标准 食品中农药最大残留限量 | GB 2763—2021 | 国家 | / | / | 已发布实施 |
| 13. | 出口茶叶质量安全控制规范 | GB/Z 21722—2008 | 国家 | / | / | 已发布实施 |
| 茶通用标准——方法标准 | | | | | | |
| 14. | 茶 取样 | GB/T 8302—2013 | 国家 | 非等效 | ISO 1839:1980 | 已发布实施 |
| 15. | 茶 磨碎试样的制备及其干物质含量测定 | GB/T 8303—2013 | 国家 | 修改 | ISO 1572:1980 | 已发布实施 |
| 16. | 茶 水分测定 | GB/T 8304—2013 | 国家 | 修改 | ISO 1573:1980 | 已发布实施 |
| 17. | 茶 水浸出物测定 | GB/T 8305—2013 | 国家 | 修改 | ISO 9768:1994 | 已发布实施 |
| 18. | 茶 总灰分测定 | GB/T 8306—2013 | 国家 | 修改 | ISO 1575:1987 | 已发布实施 |
| 19. | 茶 水溶性灰分和水不溶性灰分测定 | GB/T 8307—2013 | 国家 | 修改 | ISO 1576:1988 | 已发布实施 |
| 20. | 茶 酸不溶性灰分测定 | GB/T 8308—2013 | 国家 | 修改 | ISO 1577:1987 | 已发布实施 |
| 21. | 茶 水溶性灰分碱度测定 | GB/T 8309—2013 | 国家 | 修改 | ISO 1578:1975 | 已发布实施 |
| 22. | 茶 粗纤维测定 | GB/T 8310—2013 | 国家 | 修改 | ISO 15598:1999 | 已发布实施 |

续表

| 序号 | 标准名称 | 标准代号和编号 | 标准类别 | 采用国际、国外标准的程度 | 采用的或相应的国际、国外标准号 | 备注 |
|---|---|---|---|---|---|---|
| 23. | 茶 粉末和碎茶含量测定 | GB/T 8311—2013 | 国家 | / | / | 已发布实施 |
| 24. | 茶 咖啡碱测定 | GB/T 8312—2013 | 国家 | 修改 | ISO 10727:2002 | 已发布实施 |
| 25. | 茶叶中茶多酚和儿茶素类含量的检测方法 | GB/T 8313—2008 | 国家 | 修改 | ISO:14502 | 正在修订 |
| 26. | 茶 游离氨基酸总量测定 | GB/T 8314—2013 | 国家 | / | / | 已发布实施 |
| 27. | 茶中有机磷及氨基甲酸酯农药残留量的简易检验方法(酶抑制法) | GB/T18625—2002 | 国家 | / | / | 已发布实施 |
| 28. | 茶叶中硒含量的检测方法 | GB/T 21729—2008 | 国家 | / | / | 已发布实施 |
| 29. | 茶叶中茶氨酸的测定 高效液相色谱法 | GB/T 23193—2017 | 国家 | / | / | 已发布实施 |
| 30. | 茶叶中519种农药及相关化学品残留量的测定 气相色谱—质谱法 | GB/T 23204—2008 | 国家 | / | / | 已发布实施 |
| 31. | 茶叶中448种农药及相关化学品残留量的测定 液相色谱—串联质谱法 | GB/T 23205—2008 | 国家 | / | / | 已发布实施 |
| 32. | 茶叶中农药多残留测定 气相色谱/质谱法 | GB/T 23376—2009 | 国家 | / | / | 已发布实施 |
| 33. | 水果、蔬菜及茶叶中吡虫啉残留的测定 高效液相色谱法 | GB/T 23379—2009 | 国家 | / | / | 已发布实施 |
| 34. | 茶叶感官审评方法 | GB/T 23776—2018 | 国家 | / | / | 已发布实施 |
| 35. | 茶叶中铁、锰、铜、锌、钙、镁、钾、钠、磷、硫的测定 电感耦合等离子体原子发射光谱法 | GB/T 30376—2013 | 国家 | / | / | 已发布实施 |
| 36. | 茶叶中茶黄素测定—高效液相色谱法 | GB/T 30483—2013 | 国家 | / | / | 已发布实施 |
| 茶通用标准——物流标准 | | | | | | |
| 37. | 食品安全国家标准 预包装食品标签通则 | GB 7718—2011 | 国家 | / | / | 已发布实施 |
| 38. | 限制商品过度包装要求 食品和化妆品 | GB 23350—2009 | 国家 | / | / | 已发布实施 |
| 39. | 茶叶储存 | GB/T 30375—2013 | 国家 | / | / | 已发布实施 |
| 茶类标准——绿茶类标准 | | | | | | |
| 40. | 绿茶 第1部分:基本要求 | GB/T 14456.1—2017 | 国家 | MOD | ISO11287 | 已发布实施 |
| 41. | 绿茶 第2部分:大叶种绿茶 | GB/T 14456.2—2018 | 国家 | / | / | 已发布实施 |

续表

| 序号 | 标准名称 | 标准代号和编号 | 标准类别 | 采用国际、国外标准的程度 | 采用的或相应的国际、国外标准号 | 备注 |
|---|---|---|---|---|---|---|
| 42. | 绿茶 第3部分:中小叶种绿茶 | GB/T 14456.3—2016 | 国家 | | | 已发布实施 |
| 43. | 绿茶 第4部分:珠茶 | GB/T 14456.4—2016 | 国家 | | | 已发布实施 |
| 44. | 绿茶 第5部分:眉茶 | GB/T 14456.5—2016 | 国家 | | | 已发布实施 |
| 45. | 绿茶 第6部分:蒸青茶 | GB/T 14456.6—2016 | 国家 | | | 已发布实施 |
| 46. | 地理标志产品 龙井茶 | GB/T 18650—2008 | 国家 | / | / | 已发布实施 |
| 47. | 地理标志产品 蒙山茶 | GB/T 18665—2008 | 国家 | / | / | 已发布实施 |
| 48. | 地理标志产品 洞庭(山)碧螺春茶 | GB/T 18957—2008 | 国家 | / | / | 已发布实施 |
| 49. | 地理标志产品 黄山毛峰茶 | GB/T 19460—2008 | 国家 | / | / | 已发布实施 |
| 50. | 地理标志产品 狗牯脑茶 | GB/T 19691—2008 | 国家 | / | / | 已发布实施 |
| 51. | 地理标志产品 太平猴魁茶 | GB/T 19698—2008 | 国家 | / | / | 已发布实施 |
| 52. | 地理标志产品 安吉白茶 | GB/T 20354—2006 | 国家 | / | / | 已发布实施 |
| 53. | 地理标志产品 乌牛早茶 | GB/T 20360—2006 | 国家 | / | / | 已发布实施 |
| 54. | 地理标志产品 雨花茶 | GB/T 20605—2006 | 国家 | / | / | 已发布实施 |
| 55. | 地理标志产品 庐山云雾茶 | GB/T 21003—2007 | 国家 | / | / | 已发布实施 |
| 56. | 地理标志产品 信阳毛尖茶 | GB/T 22737—2008 | 国家 | / | / | 已发布实施 |
| 57. | 地理标志产品 崂山绿茶 | GB/T 26530—2011 | 国家 | / | / | 已发布实施 |
| 58. | 眉茶生产加工技术规范 | GB/T 32742—2016 | 国家 | | | 已发布实施 |
| 59. | 珠茶生产加工技术规范 | GB/T ××××—×××× | 国家 | | | 待发布 |
| 茶类标准——红茶类标准 | | | | | | |
| 60. | 红茶 第1部分:红碎茶 | GB/T 13738.1—2017 | 国家 | MOD | ISO 3720 | 已发布实施 |
| 61. | 红茶 第2部分:工夫红茶 | GB/T 13738.2—2017 | 国家 | / | / | 已发布实施 |
| 62. | 红茶 第3部分:小种红茶 | GB/T 13738.3—2012 | 国家 | / | / | 已发布实施 |
| 63. | 地理标志产品 坦洋工夫 | GB/T 24710—2009 | 国家 | / | / | 已发布实施 |
| 64. | 红茶加工技术规范 | GB/T 35810—2018 | 国家 | | | 已发布实施 |
| 茶类标准——乌龙茶类标准 | | | | | | |
| 65. | 地理标志产品 武夷岩茶 | GB/T 18745—2006 | 国家 | / | / | 已发布实施 |
| 66. | 地理标志产品 安溪铁观音 | GB/T 19598—2006 | 国家 | / | / | 已发布实施 |
| 67. | 地理标志产品 永春佛手 | GB/T 21824—2008 | 国家 | / | / | 已发布实施 |
| 68. | 乌龙茶 第1部分:基本要求 | GB/T 30357.1—2013 | 国家 | / | / | 已发布实施 |

续表

| 序号 | 标准名称 | 标准代号和编号 | 标准类别 | 采用国际、国外标准的程度 | 采用的或相应的国际、国外标准号 | 备注 |
|---|---|---|---|---|---|---|
| 69. | 乌龙茶 第2部分:铁观音 | GB/T 30357.2—2013 | 国家 | / | / | 已发布实施 |
| 70. | 乌龙茶 第3部分:黄金桂 | GB/T 30357.3—2015 | 国家 | / | / | 已发布实施 |
| 71. | 乌龙茶 第4部分:水仙 | GB/T 30357.4—2015 | 国家 | / | / | 已发布实施 |
| 72. | 乌龙茶 第5部分:肉桂 | GB/T 30357.5—2015 | 国家 | / | / | 已发布实施 |
| 73. | 乌龙茶 第6部分:单丛 | GB/T 30357.5—2017 | 国家 | | | 已发布实施 |
| 74. | 乌龙茶 第7部分:佛手 | GB/T 30357.5—2017 | 国家 | | | 已发布实施 |
| 75. | 乌龙茶 第8部分:大红袍 | GB/T 30357.8—×××× | 国家 | | | 正在制定 |
| 76. | 乌龙茶 第9部分:白芽奇兰 | GB/T 30357.9—×××× | 国家 | | | 正在制定 |
| 77. | 乌龙茶加工技术规范 | GB/T 35863—2018 | 国家 | | | 已发布实施 |
| 茶类标准——黑茶类标准 | | | | | | |
| 78. | 地理标志产品 普洱茶 | GB/T 22111—2008 | 国家 | / | / | 已发布实施 |
| 79. | 黑茶 第1部分:基本要求 | GB/T 32719.1—2016 | 国家 | | | 已发布实施 |
| 80. | 黑茶 第2部分:花卷茶 | GB/T 32719.2—2016 | 国家 | | | 已发布实施 |
| 81. | 黑茶 第3部分:湘尖茶 | GB/T 32719.3—2016 | 国家 | | | 已发布实施 |
| 82. | 黑茶 第4部分:六堡茶 | GB/T 32719.4—2016 | 国家 | | | 已发布实施 |
| 83. | 黑茶 第5部分:茯茶 | GB/T 32719.5—2018 | 国家 | | | 已发布实施 |
| 茶类标准——黄茶类标准 | | | | | | |
| 84. | 黄茶 | GB/T 21726—2018 | 国家 | / | / | 已发布实施 |
| 85. | 黄茶加工技术规范 | GB/T ××××—×××× | 国家 | | | 正在制定 |
| 茶类标准——白茶类标准 | | | | | | |
| 86. | 白茶 | GB/T 22291—2017 | 国家 | / | / | 已发布实施 |
| 87. | 地理标志产品 政和白茶 | GB/T 22109—2008 | 国家 | / | / | 已发布实施 |
| 88. | 紧压白茶 | GB/T 31751—2015 | 国家 | | | 已发布实施 |
| 89. | 白茶加工技术规范 | GB/T 32743—2016 | 国家 | | | 已发布实施 |
| 再加工茶类标准——花茶类标准 | | | | | | |
| 90. | 茉莉花茶 | GB/T 22292—2017 | 国家 | / | / | 已发布实施 |
| 91. | 花茶加工技术规范 | GB/T 34779—2017 | 国家 | | | 已发布实施 |
| 再加工茶类标准——压制茶类标准 | | | | | | |
| 92. | 紧压茶 第1部分:花砖茶 | GB/T 9833.1—2013 | 国家 | / | / | 已发布实施 |
| 93. | 紧压茶 第2部分:黑砖茶 | GB/T 9833.2—2013 | 国家 | / | / | 已发布实施 |

续表

| 序号 | 标准名称 | 标准代号和编号 | 标准类别 | 采用国际、国外标准的程度 | 采用的或相应的国际、国外标准号 | 备注 |
|---|---|---|---|---|---|---|
| 94. | 紧压茶 第3部分:茯砖茶 | GB/T 9833.3—2013 | 国家 | / | / | 已发布实施 |
| 95. | 紧压茶 第4部分:康砖茶 | GB/T 9833.4—2013 | 国家 | / | / | 已发布实施 |
| 96. | 紧压茶 第5部分:沱茶 | GB/T 9833.5—2013 | 国家 | / | / | 已发布实施 |
| 97. | 紧压茶 第6部分:紧茶 | GB/T 9833.6—2013 | 国家 | / | / | 已发布实施 |
| 98. | 紧压茶 第7部分:金尖茶 | GB/T 9833.7—2013 | 国家 | / | / | 已发布实施 |
| 99. | 紧压茶 第8部分:米砖茶 | GB/T 9833.8—2013 | 国家 | / | / | 已发布实施 |
| 100. | 紧压茶 第9部分:青砖茶 | GB/T 9833.9—2013 | 国家 | / | / | 已发布实施 |
| 101. | 砖茶含氟量 | GB 19965—2005 | 国家 | / | / | 已发布实施 |
| 102. | 砖茶含氟量的检测方法 | GB/T 21728—2008 | 国家 | / | / | 已发布实施 |
| 103. | 紧压茶原料要求 | GB/T 24614—2009 | 国家 | / | / | 已发布实施 |
| 104. | 紧压茶生产加工技术规范 | GB/T 24615—2009 | 国家 | / | / | 已发布实施 |
| 105. | 紧压茶茶树种植良好规范 | GB/T 30377—2013 | 国家 | / | / | 已发布实施 |
| 106. | 紧压茶企业良好规范 | GB/T 30378—2013 | 国家 | / | / | 已发布实施 |
| 再加工茶类标准——速溶茶类标准 | | | | | | |
| 107. | 固态速溶茶 第1部分:取样 | GB/T 18798.1—2017 | 国家 | 修改 | ISO 7516 | 已发布实施 |
| 108. | 固态速溶茶 第2部分:水分测定 | GB/T 18798.2—2018 | 国家 | 等效 | ISO 7513 | 已发布实施 |
| 109. | 固态速溶茶 第3部分:总灰分测定 | GB/T 18798.3—2008 | 国家 | 等效 | ISO 7514 | 正在修订 |
| 110. | 固态速溶茶 第4部分:规范 | GB/T 18798.4—2013 | 国家 | 修改 | ISO 6079 | 已发布实施 |
| 111. | 固态速溶茶 第5部分:自由流动和紧密堆积密度的测定 | GB/T 18798.5—2013 | 国家 | 修改 | ISO 6770 | 已发布实施 |
| 112. | 速溶茶辐照杀菌工艺 | GB/T 18526.1—2011 | 国家 | / | / | 已发布实施 |
| 113. | 固态速溶茶儿茶素类含量的检测方法 | GB/T 21727—2008 | 国家 | 修改 | ISO 14502—2 | 已发布实施 |
| 114. | 茶制品 第1部分:固态速溶茶 | GB/T 31740.1—2015 | 国家 | / | / | 已发布实施 |
| 115. | 茶制品 第2部分:茶多酚 | GB/T 31740.2—2015 | 国家 | / | / | 已发布实施 |
| 116. | 茶制品 第3部分:茶黄素 | GB/T 31740.3—2015 | 国家 | / | / | 已发布实施 |
| 再加工茶类标准——袋泡茶类标准 | | | | | | |
| 117. | 袋泡茶 | GB/T 24690—2018 | 国家 | / | / | 已发布实施 |

续表

| 序号 | 标准名称 | 标准代号和编号 | 标准类别 | 采用国际、国外标准的程度 | 采用的或相应的国际、国外标准号 | 备注 |
|---|---|---|---|---|---|---|
| 再加工茶类标准——粉茶类标准 | | | | | | |
| 118. | 抹茶 | GB/T 34778—2017 | 国家 | / | / | 已发布实施 |

# 四、中国主要茶叶标准解读

## (一)GB/T 30766—2014《茶叶分类》解读

1.茶叶分类的重要性

茶叶是我国的传统产业,在全球首先发现茶、利用茶,通过长期不断的实践,采用不同的茶树品种原料和各种加工工艺,逐渐形成了我国特有的六大茶类。目前,我国的六大茶类经过不断完善加工工艺,根据市场需求,各种茶叶产品已琳琅满目、丰富多彩。通过六大茶类的再加工,又形成了以花茶、袋泡茶、紧压茶、粉茶等为主的再加工茶。因此,统一、规范茶叶分类国家标准的制定与实施,对于我国茶叶行业健康可持续发展具有十分重要的作用。

2.茶叶分类的适用范围

GB/T 30766—2014《茶叶分类》由中华全国供销合作总社杭州茶叶研究院负责,中国标准化研究院、安徽农业大学、福建农林大学等单位共同制定,于2014年3月发布,同年10月开始实施。此标准规定了茶叶的术语和定义、分类原则和类别,适用于茶叶的生产、科研、教学、贸易、检验及相关标准的制定。

3.茶叶分类的原则

根据我国茶叶加工的特点和茶叶分类的需要,该标准规定了"鲜叶""茶叶""萎凋""杀青""做青""闷黄""发酵""渥堆""绿茶""红茶""黄茶""白茶""青茶(乌龙茶)""黑茶"和"再加工茶"15个茶叶行业的专用术语与定义;确定了以加工工艺和产品特性为主,结合茶树品种、鲜叶原料、生产地域进行分类的原则;将我国的茶叶产品分为绿茶、红茶、黄茶、白茶、青茶(乌龙茶)、黑茶和再加工茶。其中绿茶分为炒青绿茶、烘青绿茶、蒸青绿茶、晒青绿茶;红茶分为红碎茶、工夫红茶、小种红茶;黄茶分为芽型(黄芽茶)、芽叶型(黄小茶)和多叶型(黄大茶);白茶分为芽型(白毫银针)、芽叶型(白牡丹)和多叶型(贡眉和寿眉);青茶(乌龙茶)分为闽南乌龙茶、闽北乌龙茶、广东乌龙茶、台式(湾)乌龙茶、其他地区乌龙茶;黑茶分为湖南黑茶、四川黑茶、湖北黑茶、广西黑茶、云南黑茶和其他黑茶;再加工茶分为花茶、紧压茶、袋泡茶和粉茶。

## (二)GB/T 35825—2018《茶叶化学分类方法》解读

**1.茶叶化学分类方法的必要性**

GB/T 30766—2014《茶叶分类》,根据产品特征及对应的加工工艺,侧重于对工艺特征的表述,品质上侧重于感官审评,而缺乏量化的分类方法和指标。这种分类对于国外消费者和国际贸易商来说存在一定的难度。在国际贸易中,由于茶类不同感官审评评判规则有异,也容易因对茶样认识的差异而导致贸易纠纷。此外,在国际标准化组织/食品技术委员会/茶叶分委会(ISO/TC34/SC8)制定的红、绿茶 ISO 标准中,着重提出了茶多酚和(或)儿茶素含量的限制指标。因此,中国茶叶专家在现行的 GB/T 30766—2014《茶叶分类》基础上,应用茶叶中特征性化学成分的分析,结合数学判别方法,制定了 GB/T 35825—2018《茶叶化学分类方法》,作为现行 GB/T 30766—2014《茶叶分类》的有益补充,推动中国茶更好地走向世界。

**2.茶叶化学分类方法的适用范围**

GB/T 35825—2018《茶叶化学分类方法》由安徽农业大学负责,中华全国供销合作总社杭州茶叶研究院、福建农林大学、中国农业科学院茶叶研究所等单位共同制定,2018 年 2 月发布,同年 6 月开始实施。此标准规定了茶叶化学分类方法的术语和定义、原理、特征性成分因子的检测和表述、分步判别方法、分类结果的复判。此标准适用于绿茶、红茶、青茶(乌龙茶)、白茶、黄茶和黑茶的分类,不适用于以这些基本茶类为原料的再加工茶叶产品的分类。

**3.茶叶化学分类方法的主要内容**

在此标准中,主要利用国际上现行的 ISO 茶叶标准中茶多酚和儿茶素(ISO 14502)、咖啡碱(ISO 10727)和茶氨酸(ISO 19563)的检测方法,对收集的国内外六大茶类总计 1100 余个样品进行分析检测,对数据进行统计分析,按照"发酵"(氧化)程度和 Fisher 逐步判别方法(图 1-2),制定了 GB/T 35825—2018《茶叶化学分类方法》。此标准利用茶叶特征性化学成分咖啡碱、儿茶素和茶氨酸等的含量,按照茶类"发酵"(氧化)程度进行逐步判别,最终建立了六大茶类的化学分类方法,判别率在 85.7%~98.9%。同时规定对于化学分类结果存在争议的样品,由茶叶审评专家按 GB/T 23776—2018《茶叶感官审评方法》的规定进行最终判别。GB/T 35825—2018《茶叶化学分类方法》基于特征性化学成分含量的统计分析,提升了茶叶分类标准的系统性和科学性,是在传统茶叶分类基础上的一种创新。

$$Fisher1 = 0.732X_1 + 0.270X_2 + 0.062X_3 + 6.102X_4 + 1.751X_5 - 1.183X_6 - 4.548$$

$$Fisher2 = 1.269X_1 - 0.283X_2 + 0.462X_3 - 0.753X_4 + 2.358X_5 - 1.971X_6 - 1.486$$

$$Fisher3 = -0.619X_1 + 0.394X_2 - 0.202X_3 + 0.861X_4 + 0.820X_5 - 0.441X_6 - 0.300$$

$$Fisher4 = 0.808X_1 - 0.196X_2 + 9.328X_3 - 1.408X_4 - 3.488X_5 - 0.145X_6 - 2.894$$

$$Fisher5 = -4.357X_1 + 0.512X_2 - 4.452X_3 + 6.831X_4 - 2.604X_5 + 3.058X_6 + 1.377$$

式中:$X_1$——咖啡碱含量;

$X_2$——儿茶素总量[EGCG+ECG+EGC+EC+(+)C];

$X_3$——茶氨酸含量；

$X_4$——EGCG含量/儿茶素总量；

$X_5$——茶氨酸含量×茶氨酸含量；

$X_6$——茶氨酸含量×咖啡碱含量；

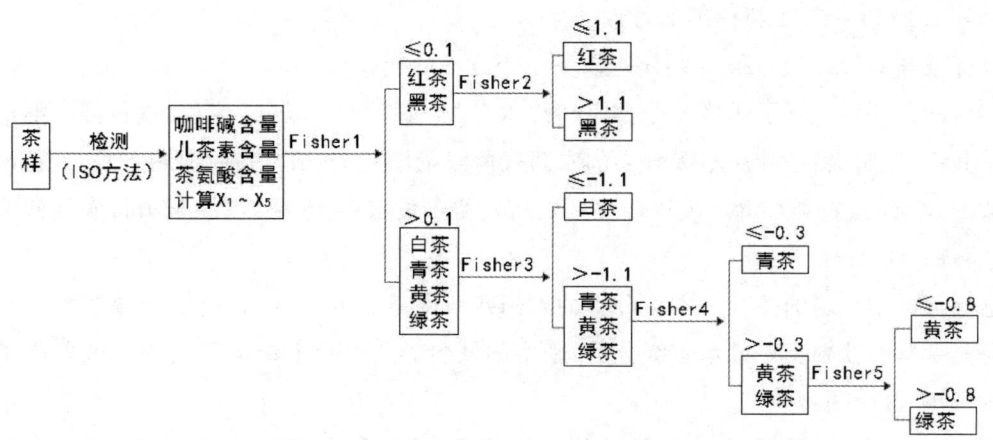

图1-2 六大茶类Fisher分步判别示意图

注：Fisher判别是一种统计方法，是将存在于多维空间内的样本点，借助方差分析的思想，找到一个最合适的投影轴，将多维空间的样本点投影到同一个平面，使不同类样本在该轴上投影之间的距离尽可能远，而同一类样本的投影尽可能紧凑，从而达到分类的目的。

### (三)茶叶质量安全标准解读

作为世界上主要的茶叶生产、消费和贸易国，保证茶叶的质量安全对我国茶产业的可持续发展具有重要的意义。为此，我国颁布了一系列茶叶质量安全相关标准，以更好地管控我国茶叶产品的质量安全。

2021年3月3日，国家卫生健康委员会、国家市场监督管理总局和农业农村部联合发布了GB 2763—2021《食品安全国家标准 食品中农药最大残留限量》，代替了GB 2763—2019《食品安全国家标准 食品中农药最大残留限量》版本，于2021年9月3日正式实施。至此，我国农药残留限量标准突破1万项，2021版GB 2763对标"最严谨的标准"要求科学设定农药残留限量，突出高风险农药和重点农产品监管，更大范围保障农产品质量安全，确保老百姓"舌尖上的安全"。

食品安全国家标准与茶叶安全相关因子主要包括农药残留、污染物、微生物和食品添加剂等，涉及的标准列举如下。

1.农药残留

(1)GB 2763—2021《食品安全国家标准 食品中农药最大残留限量》

GB 2763《食品安全国家标准 食品中农药最大残留限量》是目前我国食品中农药最大残留限量的强制性国家标准。GB 2763—2021规定了564种农药，共10092项最大残留限量，限量标准数量首次超过国际食品法典委员会数量。与2019版GB 2763相比,新增农药品种81种和残留限量标准2985项,修订限量标准194项,修订农药残留物监测定义12种和农药每日允许摄入量(ADI)4种。针对茶叶产品,GB 2763—2019中的限量要求有65项,而GB 2763—2021中的限量要求项目则达到了106项,新增项目数占比高达63%。

(2)GB 2763—2021新标准的特点

新标准与GB 2763—2019相比有以下三个方面的变化。

①对涉茶项目进行了明确的分类,分为"饮料类:茶叶—本级分类"和"饮料类—继承上级分类";其中,饮料类:茶叶—本级分类的农药残留限量增至70项,占涉茶项目农药残留限量指标总数的66%;饮料类—继承上级分类的农药残留限量增至36项,占涉茶项目农药残留限量指标总数的34%。

②新标准中新增的茶叶—本级分类的农药残留限量有6个项目,将三氯杀螨醇从茶叶—本级分类调整至饮料类—继承上级分类;新增的饮料类—继承上级分类的农药残留限量包括胺苯磺隆等35个项目。

③从106项涉茶限量指标来看,总体限量值低,其中限量值在0.05mg/kg及以下的指标有53项,部分农药限量值与相应检测方法的定量限相当,凸显了对茶树禁用农药的监控。

(3)农药残留发展趋势

我国对于茶叶农药残留的管控力度在不断加强。如茶叶中的农药残留限量由GB 2763—2005规定的9项到GB 2763—2012中的25项、GB 2763—2014中的28项,再到GB 2763—2016和GB 2763.1—2018中的50项,直到GB 2763—2019中的65项、GB 2763—2021涉茶限量指标达106项,增加了41项,增幅达63.1%。而在GB/T 8321《农药合理使用准则》系列标准中,茶叶涉及了溴氰菊酯、氰戊菊酯等15项农残限量指标,对茶叶的源头也确定了相应的管控措施。由此可见,我国对于茶叶农药残留的管控力度在不断加强。

2.污染物

(1)NY 659—2003《茶叶中铬、镉、汞、砷及氟化物限量》相关规定

原农业部在2003年发布此标准,此标准规定了在我国范围内生产和销售的仅作为饮料的茶叶中铬、镉、汞、砷及氟化物的限量和检验方法,此标准仍现行有效。

(2)GB 2762—2005《食品中污染物限量》

卫生部和国家标准化管理委员会于2005年发布了GB 2762—2005《食品中污染物限量》,该标准对茶叶中的铅和稀土做了限量要求,其中铅限量5mg/kg、稀土限量2.0mg/kg,未对铬、镉、汞、砷及氟化物做限量要求。2013年6月1日实施的GB 2762—2012《食品安全国家标准 食品中污染物限量》,规定了食品中铅、镉、汞、砷等13种污染物的限量指标,但涉及茶叶的污染物限量仍然为铅和稀土两项,铅的限量为5.0mg/kg,比2005版更加精确,稀土限量指标按原GB 2762—2005执行。

**(3) GB 2762—2017《食品安全国家标准 食品中污染物限量》**

原国家卫生和计划生育委员会、原国家食品药品监督管理总局于 2017 年 3 月 17 日联合发布了 GB 2762—2017《食品安全国家标准 食品中污染物限量》,并于 2017 年 9 月 17 日正式实施。相较于 2012 版,2017 版标准删除了茶叶中对稀土的限量要求,只对茶叶中的铅做了限量要求,限量指标仍为 5.0mg/kg。

**(4) 砖茶含氟限量**

2005 版、2012 版和 2017 版 GB 2762 对氟都没有做限量要求,但是在 GB 19965—2005《砖茶含氟量》中对砖茶的含氟量做了特别要求,每 1kg 砖茶允许含氟量不高于 300mg。新旧标准对茶叶中污染物限量的具体比较见表 1—4。

表 1—4 新旧标准对茶叶中污染物限量的具体比较

单位:mg/kg

| 序号 | 污染物名称 | GB 2762—2017 现行有效 | GB 2762—2012 已废止 | GB 2762—2005 已废止 | NY 659—2003 现行有效 | GB 19965—2005 现行有效 |
|---|---|---|---|---|---|---|
| 1 | 铅(以 Pb 计) | 5.0 | 5.0 | 5.0 | — | — |
| 2 | 稀土(以稀土氧化物总量计) | — | 2.0 | 2.0 | — | — |
| 3 | 氟 | — | — | — | 200 | 300 |
| 4 | 铬 | — | — | — | 5 | — |
| 5 | 镉 | — | — | — | 1 | — |
| 6 | 汞 | — | — | — | 0.3 | — |
| 7 | 砷 | — | — | — | 2 | — |

**3. 微生物**

我国目前的食品安全标准中涉及微生物的项目主要有大肠菌群、致病菌、冠突散囊菌等,不同标准对这些项目的限量也不同。在黑茶加工中某些特定的微生物群体的参与还对其独特品质的形成起着至关重要的作用,如茯砖茶的"发花",正是由于冠突散囊菌的作用才形成茯砖茶特殊的风味。个别茶叶标准中对一些微生物项目有限量要求,如 GB/T 22111—2008《地理标志产品 普洱茶》、GB/T 9833.3—2013《紧压茶 第 3 部分:茯砖茶》、GB/T 18745—2006《地理标志产品 武夷岩茶》、GB/T 20354—2006《地理标志产品 安吉白茶》,具体限量及检测方法见表 1—5。还有一些企业标准对菌落总数、霉菌和酵母菌有限量要求,在实际生产中,应参考相应的执行标准。

表1-5 国家标准中茶叶微生物限量要求及检测方法

| 序号 | 微生物名称 | GB/T 22111—2008《地理标志产品 普洱茶》 | GB/T 9833.3—2013《紧压茶 第3部分:茯砖茶》 | GB/T 18745—2006《地理标志产品 武夷岩茶》 | GB/T 20354—2006《地理标志产品 安吉白茶》 | 检测方法 |
|---|---|---|---|---|---|---|
| 1 | 大肠菌落/(MPN/100g) | ≤300 | — | ≤300 | ≤300 | GB 4789.3—2016《食品安全国家标准 食品微生物学检验 大肠菌群计数》 |
| 2 | 沙门菌 | — | — | — | — | GB 4789.4—2016《食品安全国家标准 食品微生物学检验 沙门菌检验》 |
| 3 | 志贺菌 | 不得检查 | — | — | — | GB 4789.5—2016《食品安全国家标准 食品微生物学检验 志贺菌检验》 |
| 4 | 金黄色葡萄球菌 | 不得检查 | — | — | — | GB 4789.10—2016《食品安全国家标准 食品微生物学检验 金黄色葡萄球菌检验》 |
| 5 | 溶血性链球菌 | 不得检查 | — | — | — | GB 4789.11—2014《食品安全国家标准 食品微生物学检验 β型溶血性链球菌检验》 |
| 6 | 冠突散囊菌(CFU/g) | — | $20 \times 10^4$ | — | — | GB 4789.15—2016《食品安全国家标准 食品微生物学检验霉菌和酵母计数》 |

【复习思考题】

1. 试述制定标准的原则和目标。
2. 论述国家标准制定程序分为哪些阶段。
3. 试述编写标准的基本要求。
4. 论述标准的主要构成及其内容。
5. 为什么国家已出台茶叶分类标准仍然出台茶叶化学分类方法标准?

# 项目二 茶叶包装标准及标签标志

【知识目标】

(1)掌握茶叶包装标准及标签标志要求的主要内容。

(2)掌握茶叶包装标准及标签标志。

【技能目标】

(1)具备将茶叶包装标准及标签标志标准转化成企业产品标签的能力。

(2)具备根据茶叶包装标签标志对产品质量情况做出一定判断的能力。

【必备知识】

茶叶是供人们饮用的食品,是一种需要用包装来防止污染、减少因受环境变化影响而劣变的产品。因此,在进行茶叶包装时,应依据相关标准规范茶叶包装标签和产品标志,达到保持产品的卫生和质量的目的。

## 一、茶叶包装标签和产品标志

### (一)茶叶包装标签制定的原则

标签是指茶叶包装容器上的一切附签、吊牌、文字、图形、符号及其他说明物。茶叶包装标签应符合《预包装食品标签通则》(GB 7718—2011)。此标准中规定了设计、制作食品标签必须遵守的四项基本原则。

(1)食品标签的所有内容,不得以错误的,或引起误解的,或欺骗的方式描述或介绍食品。作为茶叶的标签,只能对该茶的产地、历史、工艺、品质特点做简要的描述,不能标明或暗示该茶具有减肥、抗衰老、抗癌等保健或医疗效用的说明,也不能标上诸如"健康""低热量""无糖"等专用名词,除非该产品经过有关卫生部门检验审核后被批准为保健食品或特殊营养食品。

(2)食品标签的所有内容,不得以直接或间接暗示的语言、图形、符号导致消费者对该食品或该食品的某一性质与另一产品混淆。如浙江的龙井茶产品,分为西湖龙井茶和浙江龙井茶两种。西湖龙井茶是闻名中外的历史名茶,而浙江龙井茶则是近年来浙江各地仿制西湖龙井茶的外形而生产的一种扁形茶,因此统称"浙江龙井茶"。由于西湖龙井茶的价格要高于同等级的浙江龙井茶好几倍,因而有些生产或经营单位,在标签上统称"龙井茶",而不标明具体的产地,欺骗消费者,这是不允许的。

(3)食品标签的所有内容,必须符合国家法律和法规的规定,并符合相应产品标准的规定。如国家法律规定,国旗、国徽不能作为商品的标记等。而且国家颁布了《茶叶卫生标准》,这是必须严格执行的。此外,茶厂也应该有自己产品的企业标准,通过标准计量单位审核后,在包装上按企业标准中的真实内容标明。

(4)食品标签的所有内容,必须通俗易懂、准确、科学。

## (二)茶叶包装标签制定的要求

GB 7718—2011《预包装食品标签通则》中规定了标签6个方面的基本要求。

(1)食品标签不得与包装容器分开。

(2)食品标签的一切内容,不得在流通环节中变得模糊甚至脱落;必须保证消费者购买和食用时醒目、易于辨认和识读。

(3)食品标签的一切内容,必须清晰、简要、醒目。文字、符号、图形应直观、易懂,背景和底色应采用对比颜色。

(4)食品名称必须在标签的醒目位置,食品名称和净含量应排在同一视野内。

(5)食品标签所用方案必须是规范的汉字。可以同时使用汉语拼音,但必须拼写正确,不得大于相应的汉字。可以使用少数民族文字或外文,但必须与汉字有严密的对应关系,外文不得大于相应的汉字。

(6)食品标签所用的计量单位必须以国家法定计量单位为准,如 g 或克;kg 或千克。

以上6个方面的要求,在茶叶的包装标签上应严格执行。

# 二、茶叶包装标准

## (一)茶叶包装标准概述

茶叶包装标准有国家标准、对外贸易部标准、国家进出口商品检验局标准、国家质量监督检验检疫总局标准、中华全国供销合作总社标准,见表2—1。

表 2-1 茶叶包装标准

| 序号 | 代号 | 名称 | 级别 | 性质 | 批准单位 | 实施日期 |
|---|---|---|---|---|---|---|
| 1 | WMB 48—81(2) | 茶叶包装 | 部颁 | | 中华人民共和国对外贸易部、中华人民共和国国家进出口商品检验局 | 1982-01-01 |
| 2 | ZBX 50013—86 | 出口茶叶包装检验方法 | 部颁（专业） | 必检项目 | | 1987-07-01 |
| 3 | WMB 101—84 | 出口散装茶运输包装瓦楞纸箱 | 部颁（专业） | | | 1985-01-01 |
| 4 | WMB 102—84 | 出口散装茶运输包装牛皮卡纸箱 | 部颁（专业） | | | |
| 5 | ZBX 50014—86 | 出口茶叶重量鉴定方法 | 部颁（专业） | | 中华人民共和国国家进出口商品检验局 | 1987-07-01 |
| 6 | GB/T 30375—2013 | 茶叶储存 | 国家 | | 国家质量监督检验检疫总局 | 2014-06-22 |
| 7 | GH/T 1070—2011 | 茶叶包装通则 | 部颁（专业） | 必检项目（推荐性） | 中华全国供销合作总社 | 2011 |
| 8 | GH/T 1071—2011 | 茶叶贮存通则 | 部颁（专业） | | | |

## (二)茶叶包装要符合标准规定

目前,茶叶包装已突破了原有的传统模式,除铁盒、纸袋、纸盒、塑料袋等包装外,木质包装、陶瓷包装、工艺包装已走进超市商场,吸引着人们的眼球。

(1)木质包装古色古香、造型独特,将雕刻、镶嵌、书法等多种艺术手段应用于此,其间不乏名家之作,极具茶文化色彩。用其包装茶叶不仅不失茶的色、香、味,更不易霉馊变质。

(2)陶瓷包装在茶叶包装中占有一定比重,其精美典雅、绚丽多彩,再加上独特的造型,有的精练挺秀,有的端庄淡雅,有的壶身还经过素刻、镶嵌、描金、丝绸印花及化妆土装饰,观之赏心悦目,适合较多人的品位。

(3)随着家居装饰的升温,各种工艺包装日渐走俏。茶叶的工艺包装既可用来保存茶叶又具有观赏性,造型常以新、奇、特见长,不仅引人遐思,而且极富现代气息。从材质方面看,有金属制品,有玻璃制品,有复合材料制品,摆在家中,于不经意间增添了一份东方艺术品位,因而受到消费者的广泛欢迎。

(4)茶叶虽有医疗保健作用,但根据国家强制性标准 GB 7718—2011《预包装食品标签通则》的规定,不允许在茶叶包装标识中宣传"疗效食品""保健食品""强壮食品""补品""营养滋补食品"或其他类似词句;不允许茶叶名称上冠以中药名称,或以中药图像、名称暗示疗效和保健作用等。

(5)为了保护消费者的利益,定量包装的商品茶,其标签标识内容应符合国家强制性标准

GB 7718—2011《预包装食品标签通则》的有关规定和原国家技术监督局发布的定量包装称重规定。营养保健茶的包装标签还应同时符合国家强制性标准 GB 13432—2013《预包装特殊膳食用食品标签》的规定；应当按规定取得保健食品生产批准文号。

(6)按照规定，定量包装茶叶标签的内容必须包括：茶叶的具体名称、配料表(仅限花茶和保健茶、药茶类)、净含量、加工制造商的名称和地址、生产(包装)日期、保质期或保存期、质量(品质)等级、产品标准号 8 项内容。

(7)定量包装茶叶标签所有内容必须牢固地粘贴、打印、模印或压印在包装容器上，不允许把包装标签放在运输包装箱内，让零售商店自己去贴，也不允许把临时印刷的茶叶标签的部分内容(如生产日期)放在塑料包装袋内与茶叶直接接触；更不允许用不干胶条补贴生产日期。定量包装茶叶标签所用文字必须是规范的汉字；标签上使用的汉语拼音、少数民族文字或外文必须拼写正确，和汉字相对应，并不得大于相应的汉字。计量单位必须使用国家法定计量单位，即 g 或克，kg 或千克。

(8)定量包装茶叶的实际净含量与表明净含量允差应符合规定的单件负偏差和平均负偏差，不得缺秤少量。如国家对进出口茶叶的衡量检验规定，其实际重量与标明重量允差为：散装茶 10kg 装为 0.14kg，40kg 装为 0.25kg；小包装茶 100g 装为 0.5g，500g 装为 2.5g。

随着市场经济的发展，企业之间的竞争日趋激烈，因此，在提高茶叶产品质量的同时，也要重视产品包装的质量，符合国家规定标准。

### (三)国家标准强制要求茶叶包装不超过 3 层

国家标准委员会于 2009 年 3 月 1 日颁布 GB 23350—2009《限制商品过度包装要求 食品和化妆品》(以下简称《要求》)标准。根据《要求》，强制规定茶叶的包装成本不得超过商品售价的 20%，包装层数不能超过 3 层，包装空隙率应不大于 45%。

继我国对月饼过度包装进行明文规定的限制后，茶叶、糕点、酒、饮料等食品包装也被限制"过度"发展。根据《要求》规定，今后食品和化妆品的包装成本不得超过商品售价的 20%；同时，饮料、酒、糕点、茶叶的包装层数不能超过 3 层，粮食的包装层数不能超过 2 层。业内人士认为，新国标实施后，将对茶叶、化妆品、酒行业产生较大影响，因为"过度包装"在这三个领域普遍存在，部分依赖豪华、奢华包装赚取高额利润的企业可能会被淘汰。

新修订的 GB 23350—2021《限制商品过度包装要求 食品和化妆品》标准将于 2023 年 9 月 1 日实施。

【复习思考题】

1.试述茶叶包装标签制定的基本原则。
2.试述茶叶包装标签制定的基本要求。
3.阐述为什么茶叶包装要符合标准规定。

# 项目三　茶树种植与茶叶加工技术规程

【知识目标】

(1)掌握茶叶种植过程中的产地环境标准。

(2)掌握茶园管理技术规程。

(3)掌握茶叶加工技术规程。

【技能目标】

(1)具备根据茶叶种植产地环境标准的土壤、水质等产地环境及大气环境标准转换成企业技术文件的能力。

(2)能够根据茶园管理技术规程组织开展茶园管理工作。

(3)具备帮助企业创造申办绿色茶、有机茶认证条件的能力。

【必备知识】

茶园产地环境、茶树种植和茶叶加工技术规程相关标准主要包括国家标准GB 15618—2018《土壤环境质量　农用地土壤污染风险管控标准(试行)》、GB 5084—2005《农田灌溉水质标准》、GB 11767—2003《茶树种苗》、GB/T 19630—2019《有机产品　生产、加工、标识与管理体系要求》、GB/T 35810—2018《红茶加工技术规范》、GB/T 35863—2018《乌龙茶加工技术规范》、GB/T 32743—2016《白茶加工技术规范》、GB/T 24615—2009《紧压茶生产加工技术规范》等，农业行业有NY/T 5199—2002《有机茶产地环境条件》、NT/T 391—2013《绿色食品　产地环境质量》、NY/T 5010—2016《无公害农产品　种植业产地环境条件》、NY/T 5018—2015《茶叶生产技术规程》、NY/T 2019—2011《茶树短穗扦插技术规程》、NY/T 3168—2017《茶叶良好农业规范》、NY/T 5198—2002《有机茶加工技术规程》等；全国供销总社行业标准GH/T 1245—2019《生态茶园建设规范》；广东省团体标准T/GZBC5—2018《广东省生态茶园建设规范》等。

# 一、茶叶产地环境标准

茶叶产地环境标准包括土壤、水质等产地环境及大气环境等标准,有 GB 15618—2018《土壤环境质量 农用地土壤污染风险管控标准(试行)》、GB 5084—2005《农田灌溉水质标准》等,茶园产地环境常用标准有 NY/T 5199—2002《有机茶产地环境条件》、NY/T 391—2013《绿色食品 产地环境质量》、NY/T 5010—2016《无公害农产品 种植业产地环境条件》等。

## (一)茶园土壤相关标准

茶园土壤的相关标准包括 GB 15618—2018《土壤环境质量 农用地土壤污染风险管控标准(试行)》、NY/T 5010—2016《无公害农产品 种植业产地环境条件》、NY/T 391—2013《绿色食品 产地环境质量》、NY/T 5199—2002《有机茶产地环境条件》等。

GB 15618—2018《土壤环境质量 农用地土壤污染风险管控标准(试行)》由生态环境部和国家市场监督管理总局在 2018 年 6 月 22 日发布,自 2018 年 8 月 1 日起实施。自该标准实施之日起,《土壤环境质量标准》(GB 15618—1995)废止。

GB 15618—2018 标准中规定的术语和定义:

土壤。是指位于陆地表层能够生长植物的疏松多孔物质层及其相关自然地理要素的综合体。

农用地。是指 GB/T 21010—2017《土地利用现状分类》中规定的 01 耕地(0101 水田、0102 水浇地、0103 旱地)、02 园地(0201 果园、0202 茶园)和 04 草地(0401 天然牧草地、0403 人工牧草地)范围。其中还规范了农用地土壤污染风险、污染风险筛选值、污染风险管制值等定义。

农用地土壤污染风险。是指因土壤污染导致食用农产品质量安全、农作物生长或土壤生态环境受到不利影响。

农用地土壤污染风险筛选值。是指农用地土壤中污染物含量等于或者低于该值的,对农产品质量安全、农作物生长或土壤生态环境的风险低,一般情况下可以忽略;超过该值的,对农产品质量安全、农作物生长或土壤生态环境可能存在风险,应当加强土壤环境监测和农产品协同监测,原则上应当采取安全利用措施。而农用地土壤污染风险管制值则是指农用地土壤中污染含量超过该值的,食用农产品不符合质量安全标准等农用地土壤污染风险高,原则上应当采取严格管控措施。

1.农用地土壤污染风险筛选值

标准规定农用地土壤污染风险筛选值的基本项目为必检项目,包括镉、汞、砷、铅、铬、铜、镍、锌 8 个基本项目。农用地土壤污染风险筛选值见表 3—1。

表 3-1 农用地土壤污染风险筛选值(基本项目)

单位:mg/kg

| 序号 | 污染物项目[①][②] | | 风险筛选值 | | | |
|---|---|---|---|---|---|---|
| | | | pH≤5.5 | 5.5<pH≤6.5 | 6.5<pH≤7.5 | pH>7.5 |
| 1 | 镉 | 水田 | 0.3 | 0.4 | 0.6 | 0.8 |
| | | 其他 | 0.3 | 0.4 | 0.3 | 0.6 |
| 2 | 汞 | 水田 | 0.5 | 0.5 | 0.6 | 1.0 |
| | | 其他 | 1.3 | 1.8 | 2.4 | 3.4 |
| 3 | 砷 | 水田 | 30 | 30 | 25 | 20 |
| | | 其他 | 40 | 40 | 30 | 25 |
| 4 | 铅 | 水田 | 80 | 100 | 140 | 240 |
| | | 其他 | 70 | 90 | 120 | 170 |
| 5 | 铬 | 水田 | 250 | 250 | 300 | 350 |
| | | 其他 | 150 | 150 | 200 | 240 |
| 6 | 铜 | 果园 | 150 | 150 | 200 | 200 |
| | | 其他 | 50 | 50 | 100 | 100 |
| 7 | 镍 | | 60 | 70 | 100 | 190 |
| 8 | 锌 | | 200 | 200 | 250 | 300 |

注:①重金属和类金属砷均按元素总量计。
②对于水旱轮作地,采用其中较严格的风险筛选值。

标准中同时规定了其他项目为选筛项目,包括六六六、滴滴涕和苯并[a]芘,农用地土壤污染风险筛选值见表 3-2。其他项目有地方环境保护主管部门根据本地区土壤污染特点和环境管理需求进行选择。

表 3-2 农用地土壤污染风险筛选值(其他项目)

单位:mg/kg

| 序号 | 污染物项目 | 风险筛选值 |
|---|---|---|
| 1 | 六六六总量[①] | 0.10 |
| 2 | 滴滴涕总量[②] | 0.10 |
| 3 | 苯并[a]芘 | 0.55 |

注:①六六六总量为 α-六六六、β-六六六、γ-六六六、δ-六六六四种异构体的含量总和。
②滴滴涕总量为 p,p'-滴滴伊、p,p'-滴滴滴、o,p'-滴滴涕、p,p'-滴滴涕四种衍生物的含量总和。

### 2. 农用地土壤污染风险管制值

标准中规定的农用地土壤污染风险管制值项目包括镉、汞、砷、铅、铬 5 个，农用地土壤污染风险管制值见表 3－3。

表 3－3 农用地土壤污染风险管制值

单位：mg/kg

| 序号 | 污染物项目 | 风险筛选值 | | | |
|---|---|---|---|---|---|
| | | pH≤5.5 | 5.5<pH≤6.5 | 6.5<pH≤7.5 | pH>7.5 |
| 1 | 镉 | 1.5 | 2.0 | 3.0 | 4.0 |
| 2 | 汞 | 2.0 | 2.5 | 4.0 | 6.0 |
| 3 | 砷 | 200 | 150 | 120 | 100 |
| 4 | 铅 | 400 | 500 | 700 | 1000 |
| 5 | 铬 | 800 | 850 | 1000 | 1300 |

### 3. 农用地土壤污染风险筛选值和管制值的使用

当土壤中污染物含量等于或者低于表 3－1 和表 3－2 规定的风险筛选值时，农用地土壤污染风险低，一般情况下可以忽略；高于表 3－1 和表 3－2 规定的风险筛选值时，可能存在农用地土壤污染风险，应加强土壤环境监测和农产品协同监测。

当土壤中镉、汞、砷、铅、铬的含量高于表 3－1 规定的风险筛选值、等于或者低于表 3－3 规定的风险管制值时，可能存在食用农产品不符合质量安全标准等土壤污染风险，原则上应当采取替代种植等安全利用措施。

当土壤中镉、汞、铅、铬的含量高于表 3－3 规定的风险管制值时，食用农产品不符合质量安全标准等农用地土壤污染风险高，且难以通过安全利用措施降低食用农产品不符合质量安全标准等农用地土壤污染风险，原则上应当采取禁止种植食用农产品、退耕还林等严格管控措施。

土壤环境质量类别划分应以本标准为基础，结合食用农产品协同监测结果，依据相关技术规定进行划定。

### 4. 土壤污染物分析

农用地土壤污染调查监测点位布设和样品采集执行 HJ/T 166 等相关技术规定要求。土壤污染物分析方法按照表 3－4 执行。

表 3-4 土壤污染物分析方法

| 序号 | 污染物项目 | 分析方法 | 标准编号 |
|---|---|---|---|
| 1 | 镉 | 土壤质量 铅、镉的测定 石墨炉原子吸收分光光度法 | GB/T 17141 |
| 2 | 汞 | 土壤和沉积物 汞、砷、硒、铋、锑的测定 微波消解/原子荧光法 | HJ 680 |
| | | 土壤质量 总汞、总砷、总铅的测定原子荧光法 第1部分：土壤中总汞的测定 | GB/T 22105.1 |
| | | 土壤质量 总汞的测定 冷原子吸收分光光度法 | GB/T 17136 |
| | | 土壤和沉积物 总汞的测定 催化热解—冷原子吸收分光光度法 | HJ 923 |
| 3 | 砷 | 土壤和沉积物 12种金属元素的测定 王水提取—电感耦合等离子体质谱法 | HJ 803 |
| | | 土壤和沉积物 汞、砷、硒、铋、锑的测定 微波消解/原子荧光法 | HJ 680 |
| | | 土壤质量 总汞、总砷、总铅的测定 原子荧光法 第2部分：土壤中总砷的测定 | GB/T 22105.2 |
| 4 | 铅 | 土壤质量 铅、镉的测定 石墨炉原子吸收分光光度法 | GB/T 17141 |
| | | 土壤和沉积物 无机元素的测定 波长色散X射线荧光光谱法 | HJ 780 |
| 5 | 铬 | 土壤 总铬的测定 火焰原子吸收分光光度法 | HJ 491 |
| | | 土壤和沉积物 无机元素的测定 波长色散X射线荧光光谱法 | HJ 780 |
| 6 | 铜 | 土壤质量 铜、锌的测定 火焰原子吸收分光光度法 | GB/T 17138 |
| | | 土壤和沉积物 无机元素的测定 波长色散X射线荧光光谱法 | HJ 780 |
| 7 | 镍 | 土壤质量 镍的测定 火焰原子吸收分光光度法 | GB/T 17139 |
| | | 土和沉积物 无机元素的测定 波长色散X射线荧光光谱法 | HJ 780 |
| 8 | 锌 | 土壤质量 铜、锌的测定 火焰原子吸收分光光度法 | GB/T17138 |
| | | 土壤和沉积物 无机元素的测定 波长色散X射线荧光光谱法 | HJ 780 |
| 9 | 六六六总量 | 土壤和沉积物 有机氯农药的测定 气相色谱—质谱法 | HJ 835 |
| | | 土壤和沉积物 有机氯农药的测定 气相色谱法 | HJ 921 |
| | | 土壤质量 六六六和滴滴涕的测定 气相色谱法 | GB/T 14550 |
| 10 | 滴滴涕总量 | 土壤和沉积物 有机氯农药的测定 气相色谱—质谱法 | HJ 835 |
| | | 土壤和沉积物 有机氯农药的测定 气相色谱法 | HJ 921 |
| | | 土壤质量 六六六和滴滴涕的测定 气相色谱法 | GB/T 14550 |

续表

| 序号 | 污染物项目 | 分析方法 | 标准编号 |
|------|-----------|---------|---------|
| 11 | 苯并[a]芘 | 土壤和沉积物 多环芳烃的测定 气相色谱－质谱法 | HJ 805 |
| | | 土壤和沉积物 多环芳烃的测定 高效液相色谱法 | HJ 784 |
| | | 土壤和沉积物 半挥发性有机物的测定 气相色谱－质谱法 | HJ 834 |
| 12 | pH | 土壤 pH 的测定 电位法 | |

## (二)茶园水质相关标准

茶园水质相关标准主要参考 GB 5084—2005《农田灌溉水质标准》、NY/T 5199—2002《有机茶产地环境条件》、NY/T 391—2013《绿色食品产地环境质量》、NY/T 5010—2016《无公害农产品 种植业产地环境条件》。

其中,GB 5084—2005《农田灌溉水质标准》为强制性标准,控制项目分为基本控制项目和选择性控制项目。标准控制项目共计 27 项,其中农田灌溉用水水质基本控制项目 16 项,见表 3-5,农田灌溉用水水质选择性控制项目 10 项,见表 3-6。农田灌溉水质控制项目分析方法见表 3-7。

表 3-5 农田灌溉用水水质基本控制项目标准值

| 序号 | 项目类别 | 作物种类 | | |
|------|---------|--------|---|---|
| | | 水作 | 旱作 | 蔬菜 |
| 1 | 五日生化需氧量/(mg/L) ≤ | 60 | 100 | 40[a],15[b] |
| 2 | 化学需氧量/(mg/L) ≤ | 150 | 200 | 100[a],60[b] |
| 3 | 悬浮物/(mg/L) ≤ | 80 | 100 | 60[a],15[b] |
| 4 | 阴离子表面活性剂/(mg/L) ≤ | 5 | 8 | 5 |
| 5 | 水温/℃ ≤ | 35 | | |
| 6 | pH | 5.5～8.5 | | |
| 7 | 全盐量/(mg/L) ≤ | 1000[c](非盐碱土地区),2000[c](盐碱土地区) | | |
| 8 | 氧化物/(mg/L) ≤ | 350 | | |
| 9 | 硫化物/(mg/L) ≤ | 1 | | |
| 10 | 总汞/(mg/L) ≤ | 0.001 | | |
| 11 | 镉/(mg/L) ≤ | 0.01 | | |
| 12 | 总砷/(mg/L) ≤ | 0.05 | 0.1 | 0.05 |
| 13 | 铬/(mg/L) ≤ | 0.1 | | |
| 14 | 铅/(mg/L) ≤ | 0.2 | | |

续表

| 序号 | 项目类别 | | 作物种类 | | |
|---|---|---|---|---|---|
| | | | 水作 | 旱作 | 蔬菜 |
| 15 | 粪大肠菌群数/(个/100mL) | ≤ | 4000 | 4000 | 2000[a],1000[b] |
| 16 | 蛔虫卵数/(个/L) | ≤ | 2 | | 2[a],1[b] |

a 加工、烹调及去皮蔬菜。
b 生食类蔬菜、瓜类和草本水果。
c 具备一定的水利灌排设施,能保证一定的排水和地下水径流条件的地区,或有一定淡水资源能满足冲洗土体中盐分的地区,农田灌溉水质全盐量指标可以适当放宽。

表 3-6 农田灌溉用水水质选择性控制项目标准值

| 序号 | 项目类别 | | 作物种类 | | |
|---|---|---|---|---|---|
| | | | 水作 | 旱作 | 蔬菜 |
| 1 | 铜/(mg/L) | ≤ | 0.5 | | 1 |
| 2 | 锌/(mg/L) | ≤ | 2 | | |
| 3 | 硒/(mg/L) | ≤ | 0.02 | | |
| 4 | 氟化物/(mg/L) | ≤ | 2(一般地区),3(高氟区) | | |
| 5 | 氰化物/(mg/L) | ≤ | 0.5 | | |
| 6 | 石油类/(mg/L) | ≤ | 5 | 10 | 1 |
| 7 | 挥发酚/(mg/L) | ≤ | 1 | | |
| 8 | 苯/(mg/L) | ≤ | 2.5 | | |
| 9 | 三氯乙醛/(mg/L) | ≤ | 1 | 0.5 | 0.5 |
| 10 | 丙烯醛/(mg/L) | ≤ | 0.5 | | |

表 3-7 农田灌溉水质控制项目分析方法

| 序号 | 分析项目 | 测定方法 | 方法来源 |
|---|---|---|---|
| 1 | 五日生化需氧量(BOD$_5$) | 稀释与接种法 | GB/T 7488 |
| 2 | 化学需氧量 | 重铬酸盐法 | GB/T 11914 |
| 3 | 悬浮物 | 重量法 | GB/T 11901 |
| 4 | 阴离子表面活性剂 | 亚甲蓝分光光度法 | GB/T 7494 |
| 5 | 水温 | 温度计或颠倒温度计测定法 | GB/T 13195 |
| 6 | pH | 玻璃电极法 | GB/T 6920 |
| 7 | 全盐量 | 重量法 | GB/T 51 |

续表

| 序号 | 分析项目 | 测定方法 | 方法来源 |
| --- | --- | --- | --- |
| 8 | 氯化物 | 硝酸银滴定法 | GB/T 11896 |
| 9 | 硫化物 | 亚甲基蓝分光光度法 | GB/T 16489 |
| 10 | 总汞 | 冷原子吸收分光光度法 | GB/T 7468 |
| 11 | 镉 | 原子吸收分光光度法 | GB/T 7475 |
| 12 | 总砷 | 二乙基二硫代氨基甲酸银分光光度法 | GB/T 7485 |
| 13 | 铬（六价） | 二苯碳酰二肼分光光度法 | GB/T 7467 |
| 14 | 铅 | 原子吸收分光光度法 | GB/T 7475 |
| 15 | 铜 | 原子吸收分光光度法 | GB/T 7475 |
| 16 | 锌 | 原子吸收分光光度法 | GB/T 7475 |
| 17 | 硒 | 2,3-二氨基萘荧光法 | GB/T 11902 |
| 18 | 氟化物 | 离子选择电极法 | GB/T 7484 |
| 19 | 氰化物 | 硝酸银滴定法 | GB/T 7486 |
| 20 | 石油类 | 红外光度法 | GB/T 16488 |
| 21 | 挥发酚 | 蒸馏后4-氨基安替比林分光光度法 | GB/T 7490 |
| 22 | 苯 | 气相色谱法 | GB/T 11937 |
| 23 | 三氯乙醛 | 吡唑啉酮分光光度法 | GB/T 50 |
| 24 | 丙烯醛 | 气相色谱法 | GB/T 11934 |
| 25 | 硼 | 姜黄素分光光度法 | GB/T 49 |
| 26 | 粪大肠菌群数 | 多管发酵法 | GB/T 5750—1985 |
| 27 | 蛔虫卵数 | 沉淀集卵法[a] | 《农业环境监测实用手册》第三章中"水质 污水蛔虫卵的测定 沉淀集卵法" |
| a 暂采用此方法,待国家方法标准颁布后,执行国家标准 | | | |

### （三）茶园产地环境相关标准

茶园产地环境相关标准还包括原农业部发布的 NY/T 5199—2002《有机茶产地环境条件》、NY/T 391—2013《绿色食品 产地环境质量》、NY/T 5010—2016《无公害农产品 种植业产地条件》等相关标准,其中 NY/T 5199—2002 主要规定了有机茶的基本要求,空气、土壤环境、灌溉水质及相应的试验方法和检测规则,详见表3-8、表3-9、表3-10；NY/T 391—2013 规定了绿色食品产地的术语和定义、生态环境要求、空气质量要求、水质要求、土壤质量要求等,绿色食品农田灌溉用水水质要求详见表3－11;NY/T 5010—2016 主要规定了灌溉水、土壤等产地质量要求,同时还规定了采样方法等内容,无公害农产品灌溉水基本指标及选择性指标详见表3－12、表3－13。

表3－8　有机茶园环境空气质量标准

| 项目 | | 日平均 | 1h平均 |
|---|---|---|---|
| 总悬浮颗粒物(TSP)/(mg/m³)(标准状态) | ≤ | 0.12 | — |
| 二氧化硫($SO_2$)/(mg/m³)(标准状态) | ≤ | 0.05 | 0.15 |
| 二氧化氮($NO_2$)/(mg/m³)(标准状态) | ≤ | 0.08 | 0.12 |
| 氟化物(F)(标准状态) | | 7μg/m³ | 20μg/m³ |
| | | 1.8μg/(dm²·d) | — |
| 注:日平均指任何一日的平均浓度;1h平均指任何一小时的平均浓度。 | | | |

表3－9　有机茶园土壤环境质量标准

| 项目 | | 浓度限值 |
|---|---|---|
| pH | | 4.0～6.5 |
| 镉/(mg/kg) | ≤ | 0.20 |
| 汞/(mg/kg) | ≤ | 0.15 |
| 砷/(mg/kg) | ≤ | 40 |
| 铅/(mg/kg) | ≤ | 50 |
| 铬/(mg/kg) | ≤ | 90 |
| 铜/(mg/kg) | ≤ | 50 |

表3－10　有机茶园灌溉水质标准

| 项目 | | 浓度限值 |
|---|---|---|
| pH | | 5.5～7.5 |
| 总汞/(mg/L) | ≤ | 0.001 |
| 总镉/(mg/L) | ≤ | 0.005 |
| 总砷/(mg/L) | ≤ | 0.05 |
| 总铅/(mg/L) | ≤ | 0.1 |
| 铬(六价)/(mg/L) | ≤ | 0.1 |
| 氰化物/(mg/L) | ≤ | 0.5 |

续表

| 项目 | | 浓度限值 |
|---|---|---|
| 氯化物/(mg/L) | ≤ | 250 |
| 氟化物/(mg/L) | ≤ | 2.0 |
| 石油类/(mg/L) | ≤ | 5 |

表3-11 绿色食品农田灌溉用水水质要求

| 项目 | 指标 | 检测方法 |
|---|---|---|
| pH | 5.5~8.5 | GB/T 6920 |
| 总汞/(mg/L) | ≤0.001 | HJ 597 |
| 总镉/(mg/L) | ≤0.005 | GB/T 7475 |
| 总砷/(mg/L) | ≤0.05 | GB/T 7485 |
| 总铅/(mg/L) | ≤0.1 | GB/T 7475 |
| 六价铬/(mg/L) | ≤0.1 | GB/T 7467 |
| 氟化物/(mg/L) | ≤2.0 | GB/T 7484 |
| 化学需氧量(CODer)/(mg/L) | ≤60 | HJ 828 |
| 石油类/(mg/L) | ≤1.0 | HJ 637 |
| 粪大肠菌群*/(个/L) | ≤10000 | SL 355 |

注：*灌溉蔬菜、瓜类和草本水果的地表水需测粪大肠菌群,其他情况不测粪大肠菌群。

表3-12 无公害农产品灌溉水基本指标

| 项目 | 指标 | | | |
|---|---|---|---|---|
| | 水田 | 旱地 | 菜地 | 食用菌 |
| pH | 5.5~8.5 | | | 6.5~8.5 |
| 总汞/(mg/L) | ≤0.001 | | | ≤0.001 |
| 总镉/(mg/L) | ≤0.01 | | | ≤0.005 |
| 总砷/(mg/L) | ≤0.05 | ≤0.1 | ≤0.05 | ≤0.01 |
| 总铅/(mg/L) | ≤0.2 | | | ≤0.01 |
| 铬(六价)/(mg/L) | ≤0.1 | | | ≤0.05 |

注：对实行水旱轮作、菜粮套种或果粮套种等种植方式的农地,执行其中较低标准值的一项作物的标准值。

表 3-13 无公害农产品灌溉水选择性指标

| 项目 | 指标 | | | |
|---|---|---|---|---|
| | 水田 | 旱地 | 菜地 | 食用菌 |
| 氰化物/(mg/L) | ≤0.5 | | | ≤0.05 |
| 化学需氧量/(mg/L) | ≤150 | ≤200 | ≤100[a], ≤60[b] | — |
| 挥发酚/(mg/L) | ≤1 | | | ≤0.002 |
| 石油类/(mg/L) | ≤5 | ≤10 | ≤1 | — |
| 全盐量/(mg/L) | ≤1000(非盐碱土地区), 2000(盐碱土地区) | | | — |
| 粪大肠菌群/(个/100mL) | ≤4000 | ≤4000 | ≤2000[a], ≤1000[b] | |

注：对实行水旱轮作、菜粮套种或果粮套种等种植方式的农地，执行其中较低标准值的一项作物的标准值。
a 加工、烹饪及去皮蔬菜。
b 生食类蔬菜、瓜类和草本水果。

2018年，由广州市标准化促进会发布的 T/GZBC 5—2018《广东省生态茶园建设规范》同时指出，生态茶园建设产地环境中茶园土壤安全指标见表3-14，茶园空气安全指标见表3-15，茶园灌溉用水安全指标见表3-16。

表 3-14 生态茶园建设产地环境——茶园土壤安全指标

单位：mg/kg

| 指标 | 限定值 |
|---|---|
| 总砷 | ≤40 |
| 总汞 | ≤0.15 |
| 总镉 | ≤0.2 |
| 总铬 | ≤90 |
| 总铜 | ≤50 |

表 3-15 生态茶园建设产地环境——茶园空气安全指标

单位：mg/kg（氟化物除外）

| 指标 | 限定值 |
|---|---|
| 总悬浮颗粒物 | ≤0.12 |
| 二氧化硫 | ≤0.05 |
| 二氧化氮 | ≤0.08 |
| 氟化物 | ≤7 μg/m3 |

表 3－16　生态茶园建设产地环境——茶园灌溉用水安全指标

单位：mg/L(pH 除外)

| 指标 | 限定值 |
| --- | --- |
| pH | 5.5～7.5 |
| 总砷 | ≤0.05 |
| 总汞 | ≤0.001 |
| 总镉 | ≤0.005 |
| 总铅 | ≤0.1 |
| 六价铬 | ≤0.1 |
| 氰化物 | ≤0.5 |
| 氯化物 | ≤250 |
| 氟化物 | ≤2 |
| 石油类 | ≤5 |

而 2011 年实施的 GB/Z 26576—2011《茶叶生产技术规范》指出，茶园环境空气质量要求应符合表 3－17，茶园灌溉水质质量要求应符合表 3－18，茶园土壤质量要求应符合表 3－19。

表 3－17　茶园环境空气质量要求

| 项　目 | | 日平均 | 1h 平均 |
| --- | --- | --- | --- |
| 总悬浮颗粒物(标准状态)/(mg/m$^3$) | ≤ | 0.30 | — |
| 二氧化硫(标准状态)/(mg/m$^3$) | ≤ | 0.15 | 0.50 |
| 二氧化氮(标准状态)/(mg/m$^3$) | ≤ | 0.10 | 0.15 |
| 氟化物(F)(标准状态) | ≤ | 7μg/m$^3$ | 20μg/m$^3$ |
| | | 1.8μg/(dm$^3$·d) | — |
| 注：日平均指任何一日的平均浓度；1h 平均指任何 1h 的平均浓度。 | | | |

表 3－18　茶园灌溉水质质量要求

| 项　目 | 限值 |
|---|---|
| pH | 5.5～7.5 |
| 总汞 /(mg/L) ≤ | 0.001 |
| 总镉/(mg/L) ≤ | 0.005 |
| 总砷/(mg/L) ≤ | 0.1 |
| 总铅/(mg/L) ≤ | 0.1 |
| 铬(六价)/(mg/L) ≤ | 0.1 |
| 氰化物/(mg/L) ≤ | 0.5 |
| 氯化物/(mg/L) ≤ | 250 |
| 氟化物/(mg/L) ≤ | 2.0 |
| 石油类/(mg/L) ≤ | 10 |

表 3－19　茶园土壤质量要求

| 项　目 | 浓度限值 |
|---|---|
| pH | 4.0～6.5 |
| 镉 /(mg/kg) ≤ | 0.30 |
| 汞 /(mg/kg) ≤ | 0.30 |
| 砷 /(mg/kg) ≤ | 40 |
| 铅 /(mg/kg) ≤ | 250 |
| 铬 /(mg/kg) ≤ | 150 |
| 铜 /(mg/kg) ≤ | 150 |

注：重金属和砷均按元素总量计，适用于阳离子交换量＞5 cmol(＋)/kg 的土壤，若≥5cmol(＋)/kg，其标准值为表内数值的半数。

## (四)茶园大气环境相关标准

茶园大气环境相关标准主要有 NY 5199—2002《有机茶产地环境条件》、GB 3095—2012《环境空气质量标准》、NY/T 391—2013《绿色食品 产地环境质量》等。

1.有机茶园环境空气质量标准

NY 5199—2002《有机茶产地环境条件》中指出的有机茶园环境空气质量标准见表3－20。

表 3-20 有机茶园环境空气质量标准

| 项目 | | 日平均① | 1h平均② |
|---|---|---|---|
| 总悬浮颗粒物(TSP)/(mg/m³)(标准状态) | ≤ | 0.12 | / |
| 二氧化硫(SO₂)/(mg/m³)(标准状态) | ≤ | 0.05 | 0.15 |
| 二氧化氮(NO₂)/(mg/m³)(标准状态) | ≤ | 0.08 | 0.12 |
| 二氧化硫(SO₂)/(mg/m³)(标准状态) | ≤ | 7μg/m³ | 20μg/m³ |
| | | 1.8μg/(dm²·d) | / |

注:①日平均指任何一日的平均浓度;②1h平均指任何1h的平均浓度。

## 2. 环境空气质量标准

GB 3095—2012中环境空气功能区分类和质量要求部分指出,环境空气功能区分为两类:一类区为自然保护区、风景名胜区和其他需要特殊保护的区域;二类区为居住区、商业交通居民混合区、文化区、工业区和农村地区。其中环境空气功能区质量要求一类区适用一级浓度限值,二类区适用二级浓度限值,环境空气污染物基本项目浓度限值与其他项目浓度限值见表3-21和表3-22。

表 3-21 环境空气污染物基本项目浓度限值

单位:g/m³

| 序号 | 污染物项目 | 平均时间 | 浓度限值 一级 | 浓度限值 二级 |
|---|---|---|---|---|
| 1 | 二氧化硫(SO₂) | 年平均 | 20 | 60 |
| | | 24小时平均 | 50 | 150 |
| | | 1小时平均 | 150 | 500 |
| 2 | 二氧化氮(NO₂) | 年平均 | 40 | 40 |
| | | 24小时平均 | 80 | 80 |
| | | 1小时平均 | 200 | 200 |
| 3 | 一氧化碳(CO) | 24小时平均 | 4 | 4 |
| | | 1小时平均 | 10 | 10 |
| 4 | 臭氧(O₃) | 日最大8小时平均 | 100 | 160 |
| | | 1小时平均 | 160 | 200 |
| 5 | 颗粒物(粒径≤10μm) | 年平均 | 40 | 70 |
| | | 24小时平均 | 50 | 150 |
| 6 | 颗粒物(粒径≤2.5μm) | 年平均 | 15 | 35 |
| | | 24小时平均 | 35 | 75 |

表 3-22 环境空气污染物其他项目浓度限值

单位：g/m³

| 序号 | 污染物项目 | 平均时间 | 浓度限值 一级 | 浓度限值 二级 |
|---|---|---|---|---|
| 1 | 总悬浮颗粒物（TSP） | 年平均 | 80 | 200 |
|  |  | 24 小时平均 | 120 | 300 |
| 2 | 氮氧化物（$NO_3$） | 年平均 | 50 | 50 |
|  |  | 24 小时平均 | 100 | 100 |
|  |  | 1 小时平均 | 250 | 250 |
| 3 | 铅（Pb） | 年平均 | 0.5 | 0.5 |
|  |  | 季平均 | 1 | 1 |
| 4 | 苯并[a]芘（BaP） | 年平均 | 0.001 | 0.001 |
|  |  | 24 小时平均 | 0.0025 | 0.0025 |

GB 3095—2012 中实施与监督部分指出，该标准由各级环境保护行政主管部门负责监督实施，各类环境空气功能区的范围由县级以上（含县级）人民政府环境保护行政主管部门划分，报本级人民政府批准实施。按照《中华人民共和国大气污染防治法》的规定，未达到 GB 3095—2012 要求的大气污染防治重点城市，应当按照国务院或者国务院环境保护行政主管部门规定的期限，达到 GB 3095—2012 的要求。该城市人民政府应当制定限期达标规划，并可以根据国务院的授权或者规定，采取更严格的措施，按期实现达标规划。

3. 绿色食品大气环境标准

NY/T 391—2013《绿色食品 产地环境质量》中指出的绿色食品空气质量要求见表 3-23。

表 3-23 绿色食品空气质量要求

| 项目 | 指标 日平均[①] | 指标 1 小时[②] | 检测方法 |
|---|---|---|---|
| 总悬浮颗粒物/（mg/m³） | ≤0.30 | — | GB/T 15432 |
| 二氧化硫/（mg/m³） | ≤0.15 | ≤0.50 | HJ 482 |
| 二氧化氮/（mg/m³） | ≤0.08 | ≤0.20 | HJ 479 |
| 氟化物/（mg/m³） | ≤7 | ≤20 | HJ 480 |

注：①日平均指任何一日的平均指标；②1 小时指任何一小时的指标。

## 二、茶园管理技术规程

### (一)茶树品种技术规程

GB 11767—2003《茶树种苗》是茶树品种涉及的主要标准,该标准规定了茶树采穗园穗条和苗木的质量分级指标、检验方法、检测规则、包装和运输等,适用于栽培茶树的大叶、中小叶无性系品种穗条和苗木的分级指标与检验方法。

标准中规定的无性系是指以茶树单株营养体为材料,采用无性繁殖法繁殖的品种(品系)称无性系品种(品系),简称无性系。品种纯度是指品种种性的一致性程度。大叶和中小叶种是指用叶长(cm)×叶宽(cm)×0.7 计算值表示,叶面积大于 $40cm^2$ 为大叶品种,叶面积小于 $40cm^2$ 为中小叶品种。穗条是指用作扦插繁殖的枝条。标准插穗是指从穗条上剪取大叶品种长度为 3.5～5.0cm,中小叶品种长度为 2.5～3.5cm,茎秆木质化或半木质化,具有一张完整叶片和健壮饱满腋芽的短穗。穗条利用率是指可剪标准插穗占穗条量的百分率。扦插苗是指以枝条为繁殖材料,采用扦插法繁育的苗木。苗龄是指扦插到苗木出圃的时间,满一个年生长周期的称一足龄苗,未满一年生长周期的称一年生苗。苗高是指根颈至茶苗顶芽基部间的长度。苗粗是指距根颈 10cm 处的苗秆直径。侧根数是指从扦插苗原插穗基部愈伤组织处分化出的且近似水平状生长,根径在 1.5mm 以上的根总数。

标准同时对采穗园做出规定,采穗园要求土壤结构良好,土层深度 80cm 以上。种植的品种必须是省级以上审(认)定、登记或经多点多年试种的无性系品种。苗木必须符合本标准规定的质量指标。茶树种植规格为行距 1.5m,株距 0.3～0.4m,在采穗前必须先进行病虫防治。而穗条和种苗质量要求穗条分级以品种纯度、利用率、粗度为主要依据,长度为参考指标。分为两级。低于Ⅱ级为不合格穗条。大叶品种穗条质量指标见表 3—24,中小叶品种穗条质量指标见表 3—25。无性系苗木分级以品种纯度、苗龄、苗高、茎粗和侧根数为主要依据。分为两级,Ⅰ、Ⅱ级为合格苗,低于Ⅰ级为不合格苗。无性系大叶品种扦插苗质量指标见表 3—26,无性系中小叶品种扦插苗质量指标见表 3—27。

表 3—24 大叶品种穗条质量指标

| 级别 | 品种纯度/% | 穗条利用率/% | 穗条粗度 Φ/mm | 穗条长度/cm |
|---|---|---|---|---|
| Ⅰ | 100 | ≥65 | ≥3.5 | ≥60 |
| Ⅱ | 100 | ≥50 | ≥2.5 | ≥25 |

表 3-25 中小叶品种穗条质量指标

| 级别 | 品种纯度/% | 穗条利用率/% | 穗条粗度 Φ/mm | 穗条长度/cm |
|---|---|---|---|---|
| Ⅰ | 100 | ≥65 | ≥3.0 | ≥50 |
| Ⅱ | 100 | ≥50 | ≥2.0 | ≥25 |

表 3-26 无性系大叶品种扦插苗质量指标

| 级别 | 苗龄 | 苗高/cm | 茎粗 Φ/mm | 侧根数/根 | 品种纯度/% |
|---|---|---|---|---|---|
| Ⅰ | 一年生 | ≥30 | ≥4.0 | ≥3 | 100 |
| Ⅱ | 一年生 | ≥25 | ≥2.5 | ≥2 | 100 |

表 3-27 无性系中小叶品种扦插苗质量指标

| 级别 | 苗龄 | 苗高/cm | 茎粗 Φ/mm | 侧根数/根 | 品种纯度/% |
|---|---|---|---|---|---|
| Ⅰ | 一足龄 | ≥30 | ≥3.0 | ≥3 | 100 |
| Ⅱ | 一足龄 | ≥20 | ≥2 | ≥2 | 100 |

检验方法和检测规则中规定,无性系品种纯度依照该无性系品种的主要特征,对被检苗木逐株进行鉴定,计算公式为 $S(\%)=[P/(P+P')]\times100$。式中:$S$ 为品种纯度(%),$P$ 为本品种的苗木数(株),$P'$ 为异品种的苗木数(株)。

穗条利用率是随机取 500~1000g 穗条,剪取标准插穗,计算标准插穗占穗条的质量百分率,计算公式为 $L(\%)=m_0/m\times100$。式中:$L$ 为穗条利用率(%),$m_0$ 为标准插穗质量(g),$m$ 为样品穗条总质量(g)。穗条长度是指用尺测量穗条基部到顶芽基部的距离,精确到 0.1cm。穗条粗度是用游标卡尺等测量穗条中部处的穗条直径,精确到 0.1mm。苗木高度是自根颈处量至顶芽基部,苗高用尺测量,精确到 0.1cm。苗木茎粗是用游标卡尺等测距根颈 10cm 处的主干直径,精确到 0.1mm。

穗条检测在采穗园进行,按穗条总质量的多少随机抽样。当穗条总质量小于 100kg 时,穗条检测抽样数量为 0.5kg;当穗条总质量为 101~1000kg、1001~5000kg、5001~10000kg 和大于 10000kg 时,穗条检测抽样质量分别为 2.0kg、3.0kg、5.0kg、10.0kg。苗木检测在苗圃进行。当苗木总数为小于 5000 株、5001~10000 株、10001~50000 株、50001~100000 株和大于 100000 株时,随机抽样进行检测的苗木数分别为 40 株、50 株、100 株、200 株和 300 株。

在样本穗条或苗木检测时,如有一项主要指标不合格即判定被检个体不合格。纯度不合格则总体判定为不合格,在剔除不合格个体后可重新进行检验。在级别判定时,低于该等级的个体不得超过 10%,否则总体降级处理。

包装和运输中,苗木和穗条可散装或用箩筐等盛装,做到保湿透气,防止重压和风吹日晒。

起苗宜在栽种季节。检验和分级应在蔽荫背风处进行。苗木运到目的地后,应及时种植或假植。穗条或苗木调运前应按国家有关规定进行检疫,调运时应持《植物检疫证书》及苗木的标签。

### (二)茶树短穗扦插技术规程

NY/T 2019—2011《茶树短穗扦插技术规程》是茶树短穗扦插涉及的主要标准。该标准规定了茶树短穗扦插的术语和定义、采穗园建立、穗条培养、扦插圃建立、采穗、扦插、苗圃管理、起苗、苗木质量和包装运输的技术规程。该标准适用于茶树短穗扦插繁殖。

采穗园是指用于提供扦插繁殖所需穗条的茶园。短穗是指按标准剪取的插穗。炼苗是指茶苗从保护状态至自然环境状态的适应过程。

采穗园按 GB 11767 的规定建立,采穗茶园剪穗前应先进行修剪。剪去成龄茶树距地面 40cm 以上部分枝条。夏天扦插(6—7月)在春茶前进行修剪;秋天扦插(8—10月)在春茶采摘结束后进行修剪。采穗茶园施肥,10月中下旬施饼肥 3750~4500kg/hm² 或厩肥 30000~37000kg/hm²,同时施入硫酸钾 300~450kg/hm² 和过磷酸钙 450~600kg/hm²。翌年春茶发芽前 30d 施尿素 300kg/hm²,夏天扦插在剪穗后再施尿素 225kg/hm²,秋天扦插在春茶结束蓬面修剪后再施尿素 225kg/hm²。

另外,在采穗前 10~15d 摘去顶部一芽二叶或对夹叶嫩梢。病虫防治按 NY 5244 的规定执行。

扦插圃地的环境应符合 NY/T 2019—2011《茶树短穗扦插技术规程》、NY/T 5010—2016《无公害农产品 种植业产地环境条件》的规定。灌溉水源中无氧化铁(铁锈)等氧化物,扦插圃地可建立在水田上、旱地上。选择的地块应相对集中成片,地势平坦,易排灌,土壤通气性好,pH 在 4.5~6.0,同一地块应每隔 1~2 年轮作一次。旱地苗畦应地势平坦,靠近水源。苗床宜东西向,上搭荫棚。翻耕 30~40cm 深,如有塥土层应破碎,并清除前花作物根茎。按畦面宽 1.0~1.2m、高 20~40cm,畦距(沟宽)25~30cm、畦长 10~20m 做成畦坯,再于畦表层均匀施腐熟饼肥 3750~4500kg/hm²(或 25%复合肥 1200~1500kg/hm²),然后与本田土翻匀耙细。常年用作苗圃的地块应同时用杀菌剂进行土壤消毒,所用杀菌剂应符合 NY 5244 的要求。6mm 的心土,稍加压紧,压紧后的心土层保持在畦面铺 7~9cm 厚、粒径小于 5~6mm,按所需密度划出扦插痕。苗床四周开深 40~50cm、宽 30cm 的水沟,苗床上搭荫棚。荫棚有高棚和矮棚。高棚用直径 8~10cm 的木柱或 13cm×13cm 的水泥柱做立柱,柱高 1.8~2.0m,柱间距 3.0~4.0m,柱子之间用 8 号铁丝纵横拉紧柱子中间再用 10 号或 12 号铁丝拉成 2 排,构成网架。网架外覆盖遮光率为 65%~75% 的黑色遮阳网。矮棚沿畦长方向按 0.8~1.0m 的间距搭置棚架,弧形棚架中间高 40~50cm,平棚架高 30~40cm。

营养钵用塑料薄膜或稻草等材料制成高 15~18cm、直径 6~8cm 的圆柱形筒状袋。营养土按腐熟饼肥或厩肥与壤土以 1∶2 比例均匀混合而成,先将营养土填至营养钵 1/3~1/2 处,然后填充心土至与钵口持平。将填充好土的营养钵,苗床营养钵顶部与床面高度持平(水田苗床,直接放置营养钵,四周用土填实)。搭荫棚与直接扦插的要求相同。

穗条质量应符合 GB 11767 的规定。采穗时间如在夏季高温期,宜在上午 10 时以前或下午 3 时以后采集穗条,剪后随即将穗条运至阴凉处摊放并淋水备剪。剪取短穗按 GB 11767 规定执行,大叶品种短穗可剪去 1/2 叶片。

扦插前苗畦或营养钵应浇(灌)水,在扦插前 1d 浇(灌)透水。把插穗直插或稍斜插于事先画好的划痕线上,以腋芽露出土面、母叶不贴地面为度,插后随即用食指揿实。叶片朝向应与当地常年多见风向相同。扦插密度大叶类品种按行距 10～12cm、穗距 2～2.5cm,中小叶类品种行距 8～10cm、穗距 2cm 扦插。营养钵每钵交叉插 2～3 穗。如遇高温,扦插时应边插边浇水边覆盖遮阳网,当天扦插完毕随即浇一次透水。

扦插初期,即旱地苗圃和营养钵开插后 30d 以内,晴天每天早晚各浇水 1 次,阴天每天浇水 1 次,此后可隔天浇水。水田苗圃在扦插后至发根期,以淋浇为主,当根系较多或高温旱期宜采用沟灌,灌水深度以沟高 2/3 为宜,并注意及时排水。待发根后,以 3～5d 浇(灌)1 次水为宜,保持苗面适宜的含水量。幼苗成株后,适时浇(灌)水或排水。

越冬期管理应注意保温保湿和通风换气。越冬前,全面喷一次石灰半量式波尔多液(每 100kg 水加 0.3～0.35kg 生石灰和 0.6～0.7kg 硫酸铜),并在扦插行间铺草或用其他覆盖物覆盖。

华南茶区可自然越冬。或者在平顶高架棚上保留覆盖的遮阳网,高棚内每个苗畦上再搭一弧形小拱棚,小棚中部高 40～45cm 盖薄膜,将薄膜四周边缘埋入土中形成封闭状,当土壤干燥泛白时揭膜浇水,至次年 3 月去膜。

江北茶区越冬前 1～2 个月,应停止施肥。覆盖薄膜前,先浇足水。弧形棚架先覆盖厚度为 0.08～0.12mm 的聚氯乙烯或聚乙烯无滴薄膜,并将薄膜四周边缘埋入土中形成密闭状态,再于薄膜上部 20～30cm 处搭一弧形棚架(成为双层棚),覆盖遮阳网或薄膜,或者直接在薄膜上加盖一层遮阳网。在江北茶区的寒冷地区应在主要风口设风障并及时扫除积雪。

西南和江南茶区视当地温度情况,参照华南或江北茶区的越冬措施:当棚内温度高于 30℃时,应打开薄膜两端通风换气,下午 3 时以后及时封闭通风口。

幼苗生长期管理应注意炼苗、除草、施肥、水分管理和病虫害防治。炼苗是指当日平均温度稳定通过 8℃(西南和江南茶区)或 10℃(江北茶区)或雨季来临(华南茶区)时,将背风向阳面遮阳网和薄膜揭去,同时进行拔草和浇水,傍晚仍将薄膜盖上;连续 10～15d 后,在阴天全面撤去荫棚。如遇晚霜,仍要及时覆盖薄膜或遮阳网。杂草应及时拔除。当苗圃覆盖物全部揭去,拔除杂草后,用 10% 充分腐熟的饼肥(饼肥水 1 份兑清水 10 份),也可施稀释 100 倍的尿素或稀薄人粪尿,每隔 15～20d 增施一次。在幼苗生长旺季,可按 75～120kg/hm² 撒施尿素,随后浇水冲淋。水分管理是指适时浇灌或排水,保持畦面土壤不泛白。江南、江北茶区水田苗圃在 9 月中旬后以搁田为主。病虫害防治按 NY 5244 的规定执行。

最后,在起苗前 1d,旱地苗圃应浇透水,水田苗圃视墒情灌水。起苗时,应尽量保留细根。苗木质量和包装运输应符合 GB 11767 的规定。

### (三)茶园施肥技术规程

NY/T 5197—2002《有机茶生产技术规程》中规定了肥料种类,有机肥是指无公害化处理的堆肥、沤肥、厩肥、绿肥、饼肥及有机茶专用肥。但有机肥料的污染物质含量应符合表3-28的规定,并经有机认证机构的认证。矿物源肥料、微量元素肥料和微生物肥料只能作为培肥土壤的辅助材料。微生物肥料应是非基因工程产物,并符合 NY 227《微生物肥料》的要求。禁止使用化学肥料和含有毒、有害物质的城市垃圾、污泥和其他物质等。

表3-28 有机肥料的污染物质允许含量

| 项目 | 浓度限值/(mg/kg) |
| --- | --- |
| 砷≤ | 30 |
| 汞≤ | 5 |
| 镉≤ | 3 |
| 铬≤ | 70 |
| 铅≤ | 60 |
| 铜≤ | 250 |
| 六六六≤ | 0.2 |
| 滴滴涕≤ | 0.2 |

施肥方法是指基肥一般每亩施农家肥1000~2000kg,或用有机肥200~400kg,必要时配施一定数量的矿物源肥料和微生物肥料,于当年秋季开沟深施,施肥深度20cm以上。

追肥可结合茶树生育规律进行多次,采用腐熟后的有机肥,在根际浇施;或每亩每次施有机肥100kg左右,在茶叶开采前30~40d开沟施入,沟深10cm左右,施后覆土。

### (四)茶园灌溉技术规程

NY/T 3168—2017《茶叶良好农业规范》是茶园灌溉涉及的主要标准。该标准规定了茶园灌溉应根据天气、土壤含水量、茶叶生长状态和茶园条件制订合理的灌溉方案。灌溉方法除采用地面沟渗灌外,尽量采用滴灌、微喷和带状喷灌等节水灌溉措施。应结合农艺措施提高灌溉效率。茶园应避免涝害,周围不应有渍水,降水量大时应及时排水。建立灌溉操作记录,包括地块名称、品种名称、灌溉日期、用水量、操作者姓名等信息。

### (五)茶树修剪技术规程

NY/T 3168—2017《茶叶良好农业规范》指出,根据茶树的生育周期、茶树生长状况和气候条件制订合理的修剪方案。修剪应与肥水管理、病虫害防治相结合。建立茶树修剪的操作记录,包括地块或代码、修剪方法、日期、天气、机具、操作人员、病枝无害化处理情况等。建立修剪机具的维修记录。有正确的机具操作指南和机具使用人员培训记录。

NY/T 5018—2015《茶叶生产技术规程》指出,根据茶树的树龄、长势和修剪目的分别采用定型修剪、轻修剪、深修剪、重修剪和台刈等方法,培养优化型树冠,复壮树势。重修剪和台刈改造的茶园应清理树冠,宜使用波尔多液冲洗枝干,防治苔藓和剪口病菌感染等。覆盖度较大的茶园,每年进行茶行边缘修剪,相邻茶行树冠外缘保持20cm左右的间距。修剪的枝叶留在茶园内,病虫枝条清除出茶园。

NY/T 5197—2002《有机茶生产技术规程》中茶树修剪技术与NY/T 5018—2015相同,覆盖度较大的茶园,每年进行茶树边缘修剪,基本保持茶行间20cm左右的间距,以利田间作业和通风透光,减少病虫害发生。修剪的枝叶应留在茶园内,以利于培肥土壤。病虫枝条和粗干枝清除出园,病虫枝待寄生蜂等天敌逸出后再行销毁。

### (六)茶叶生产技术规程

GB/Z 26576—2011《茶叶生产技术规范》中规定的茶叶管理技术主要包括基地管理、投入品管理、生产技术管理、有害生物综合防治管理、劳动保护、批次管理、档案记录等内容。

1.基地管理

工作室:基地应建有工作室。室内桌椅、资料橱配备齐全;放置有关生产管理记录表册;张贴生产技术规范、有害生物防治安全用药标准一览表、基地管理、投入品管理等有关规章制度。

基地仓库:基地应建有专用仓库,单独存放农药、肥料和施药器械等。仓库应符合安全、卫生、通风、避光等要求;内设货架,配备必要的农药配制量具、防护服、急救箱等。

盥洗室:基地应设有盥洗室,并保持盥洗室的清洁卫生。

植保员:基地应配备植保员,负责有害生物的防治、农药使用管理指导与记录等。植保员配量应能满足基地生产的需要。废物与污染物收集设施:基地应分别设有收集粪便、垃圾和农药空包装等废物与污染物的设施。植保员应获得国家农作物植保员职业资格证书,并经过病虫害综合治理(IPM)培训。

肥料员:有条件的生产基地宜配备肥料技术人员,负责肥料的施用管理与记录等。

环境条件监测:新建基地应进行风险评估。评估内容包括土壤类型、侵蚀、地下水的质量、水资源的可持续性、相邻土地的影响等。评估确定存在危害人体健康和环境的不可控风险时,该土地不应用于农业活动。定期监测土壤肥力水平和重金属元素含量,一般要求每两年检测1次。根据检测结果,有针对性地采取土壤改良措施。

隔离防护：基地周围应建立隔离网、隔离带或者有天然隔离等有效隔离措施，防止外源污染。

标志、标示：基地有关的位置、场所，应设置醒目的平面图、标志、标示。

2.投入品管理

投入品的管理主要包括农药管理和肥料管理。农药管理包括农药的采购、农药的储藏、剩余农药的处理、农药包装物处理等，肥料的管理主要包括肥料采购和肥料的储存。

农药的采购：应从正规渠道采购合格的农药。不应采购下列农药：非法销售点销售的农药、无农药登记证或农药临时登记证的农药、无农药生产许可证或者农药生产批准文件的农药、无产品质量标准及合格证明的农药、无标签或标签内容不完整的农药、超过保质期的农药和禁止使用的农药。

农药的储藏：农药应储藏于厂区专用仓库，由专人负责保管。仓库应符合防火、卫生、防腐、避光、通风等安全条件要求，并配有农药配制量具、急救药箱，出入口处应贴有警示标志。

剩余农药的处理：对于未用完的农药制剂，应保存在其原包装中，并密封储存于上锁的地方，不应用其他容器盛装或分装；对于未施用完的药液（粉）可在该农药标签许可的情况下，将剩余药液用完。对于少量的剩余药液，应妥善处理。

农药包装物处理：农药包装物不应重复使用，乱扔。农药空包装物应清洗3次以上，将其压坏或刺破，防止重复使用，必要时应贴上标签，以便回收处理。空的农药包装物在处置前应安全存放。

3.生产技术管理

主要包括土壤管理、施肥、采摘等方面。

4.有害生物综合防治管理

主要包括综合防治原则、主要病虫害、农业防治、物理防治、生物防治、茶树主要病虫害化学防治等内容。

综合防治原则：遵循"预防为主，综合防治"植保方针。以农业防治、物理防治为基础，优先采用生物防治，辅以化学防治。

主要病虫害：茶园主要病虫害有茶尺蠖、假眼小绿叶蝉、茶丽纹象甲、茶橙瘿螨、茶毛虫、黑刺粉虱、茶蚜、茶刺蛾、长白蚧、茶芽枯病、茶白星病等。

农业防治：主要包括选用品种，换种改植或发展新茶园，应选用对当地主要病虫抗性较强的品种。向外地引种时，不应将当地尚未发生的危险性病虫随种苗带上；适时采摘，采摘对栖居在茶树蓬面上的病虫（如假眼小绿叶蝉、叶螨类等）及部分芽叶病害有一定的控制效果，因此提倡机械化采摘；合理修剪，合理控制茶树高度和春茶采摘后树冠改造，宜进行秋末修剪；茶园翻耕，秋末结合施基肥，进行茶园翻耕；及时清园，秋末将茶园根际附近的落叶及表土清理至行间深埋，可有效防治叶病类和减轻在土壤中越冬的害虫的发生。

物理防治：包括灯光诱杀，利用害虫的趋光性，在其成虫发生期，田间点灯诱杀，减轻田间虫害的发生量；人工捕杀，对发生较轻、危害中心明显及有假死特性的害虫，采用人工捕杀，减轻危害;除草,宜采用机械或人工方法防除杂草。

生物防治:保护和利用当地主要的有益生物及优势种群。

茶树主要病虫害化学防治:化学防治应符合 GB 4285 和 GB/T 8321(所有部分)的要求。同时加强病虫害的测报,及时掌握病虫害的发生动态。应掌握防治适期施药、安全间隔期和施药次数,降低农药用量。改进施药技术,提倡低容量喷雾,一般树冠表面害虫,实行扫喷;茶丛中下部害虫,提倡侧位低容量喷雾。茶园主要有害生物防治方案见表 3-29,同时为避免或减缓有害生物抗药性的产生,可轮换使用农药品种。

表 3-29 茶园主要有害生物防治方案

| 防治对象 | 防治适期 | 防治指标 | 用药方案 | 兼治 | 安全间隔期及每季最多使用次数 |
|---|---|---|---|---|---|
| 茶尺蠖 | 在 3 龄前幼虫期 | 成龄投产茶园;每平方米幼虫量 7 头以上 | 方案一:35%硫丹乳油 1000 倍液~1400 倍液喷雾；方案二:2.5%联苯菊酯乳油 6000 倍液~8000 倍液喷雾；方案三:2.5%溴氰菊酯乳油 800 倍液~1500 倍液喷雾 | 假眼小绿叶蝉 | 硫丹:7d,1 次 联苯菊酯:7d,1 次 溴氰菊酯:5d,1 次 敌敌畏:6d,2 次 吡虫啉:30d,2 次 马拉硫磷:10d,1 次 哒螨灵:5d,1 次 多菌灵:14d,2 次 甲基硫菌灵:14d,2 次 草甘膦:1 次 百草枯:1 次 |
| 茶毛虫 | 3 龄前幼虫期 | 百叶虫卵块 5 个以上 | 方案一:80%敌敌畏乳油 1500 倍液喷雾；方案二:2.5%联苯菊酯乳油 6000 倍液~8000 倍液喷雾 | 黑刺粉虱、茶丽纹象甲 | |
| 茶蚜 | 发生高峰期,一般为 5 月上中旬和 9 月下旬至 10 月中旬 | 有蚜芽梢率 4%~5%,芽下二叶有蚜叶上平均虫口 20 头 | 10%吡虫啉乳油 3000 倍液~4000 倍液喷雾 | 黑刺粉虱、假眼小绿叶蝉 | |
| 刺蛾 | 2、3 龄幼虫期 | 幼虫数幼龄茶园每平方米 10 头,成龄茶园每平方米 15 头 | 方案一:80%敌敌畏乳油 15000 倍液喷雾；方案二:2.5%溴氰菊酯乳油 800 倍液~1500 倍液喷雾 | 蚧类 | |
| 蚧类 | 卵孵化盛末期 | 卵孵化盛末期调查,百叶若虫量在 150 头以上 | 方案一:45%马拉硫磷 1000 倍液喷雾；方案二:10%吡虫啉乳油 3000 倍液~4000 倍液喷雾；方案三:2.5%溴氰菊酯乳油 800 倍液~1500 倍液喷雾 | 刺蛾 | |
| 茶丽纹象甲 | 成虫出土盛末期 | 成龄投产茶园每平方米虫量在 15 头以上 | 2.5%联苯菊酯乳油 6000 倍液~8000 倍液喷雾 | 黑刺粉虱、茶毛虫 | |

续表

| 防治对象 | 防治适期 | 防治指标 | 用药方案 | 兼治 | 安全间隔期及每季最多使用次数 |
|---|---|---|---|---|---|
| 茶橙瘿螨 | 发生高峰期以前,一般为5月中旬至6月上旬,8月下旬至9月上旬 | 中小叶种的茶叶每平方米平均虫量17头 | 15%哒螨灵乳油2000倍液~4000倍液喷雾 | 茶蚜 | |
| 黑刺粉虱 | 卵孵化盛末期 | 小叶种2头/叶~3头/叶,大叶种4头/叶~7头/叶 | 方案一:10%吡虫啉乳油3000倍液~4000倍液喷雾;方案二:2.5%联苯菊酯乳油6000倍液~8000倍液喷雾 | 茶丽纹象甲、茶毛虫 | |
| 茶芽枯病 | 春茶初期,老叶发病率4%~6%时 | 叶罹病率4%~6% | 方案一:50%多菌灵乳油800倍液~1000倍液喷雾;方案二:70%甲基硫菌灵可湿性粉剂1000倍液~1500倍液喷雾 | 茶白星病、茶褐色叶斑病 | |
| 杂草 | 夏、秋季 | 杂草生长高峰期 | 方案一:41%草甘膦乳油150倍液定向喷雾;方案二:20%百草枯乳油200倍液定向喷雾 | | |

5.劳动保护

施药人员施药时,应穿着防护服。

6.批次管理

同一地块采用同一种植管理模式在同一天采收的同一品种为1个生产批次。以1年为1个流水周期编号,共3位数。产品批次号为采收日期+流水号+产品名称拼音首字母+基地所在省(区、市)行政区划代码(6位)+基地名称拼音首字母。

7.档案记录

每个生产地块(棚室)应当建立独立、完整的生产记录档案,保留生产过程中各个环节的有效记录。

## 三、茶叶加工技术规程

茶叶加工技术规程主要有 NY/T 5019—2001《无公害食品 茶叶加工技术规程》、GB/T 19630—2019《有机产品 生产、加工、标识与管理体系要求》、GB/Z 26576—2011《茶叶生产技术规范》、NY/T 5198—2002《有机茶加工技术规程》等。

### (一)无公害食品 茶叶加工技术规程

NY/T 5019—2001《无公害食品 茶叶加工技术规程》规定了无公害茶叶加工的加工厂、人员、加工技术以及农户加工的要求,适用于无公害茶叶初制和精制加工。该标准对加工厂、加工设备、加工人员、加工技术、农户加工做了规定,其中农户加工指的是茶农自采或收购鲜叶,在家庭中加工茶叶。

1.加工厂

加工厂所处的大气环境不低于 GB 3095—1996 中规定的三级标准要求,加工厂离开垃圾场、畜牧场、医院、粪池 50m 以上,离开经常喷洒农药的农田 100m 以上,离开交通主干道 20m 以上,远离排放"三废"的工业企业。要求水源清洁、充足、光照充分。茶叶加工中直接用水、冲洗加工设备和厂房用水要达到 GB 5749 的要求,设计应遵从《中华人民共和国食品卫生法》第八条的要求。建筑应符合工业或民用建筑要求。初制加工厂宜建在茶园中心或附近安全地带,兼顾交通、生活、通信的便利。根据加工要求布局厂房和设备。加工区应与生活区和办公区隔离,无关人员不宜进入生产区,加工厂环境应整洁、干净,无异味。道路应铺设硬质路面,排水系统通畅,厂区环境需绿化,应有与加工产品、数量相适应的加工、包装厂房、场地,厂房面积不应低于设备占地面积的 8 倍,地面要硬实、平整、光洁,墙壁无污垢,加工和包装场地至少在茶季前应全面清洗消毒一次。

加工厂应有足够的原料、辅料、成品和半成品仓库或场地,原材料、半成品和成品分开放置,不得混放。茶叶仓库应具有密闭、防潮功能,推荐使用冷藏库储存茶叶,保存温度 5℃左右。灰尘较大的车间宜安装换气风扇或除尘设备,室内粉尘最高容许浓度不得超过 $10mg/m^2$,加工车间应采光良好、灯光明亮,照度达到 500lx 以上,测定按 GB/T 18204 规定执行。加工厂内不应堆放生产资料和杂物。应有卫生行政部门发放的卫生许可证,配有相应的更衣、盥洗、照明、防蝇、防鼠、污水排放、存放垃圾和废弃物的设施或厕所有化粪池。

2.加工设备

不宜使用铅及铅锑合金、铅青铜、锰黄铜、铅黄铜、铸铝及铝合金材料制造接触茶叶的加工零部件。不宜使用铜质材料制造红碎茶转子机类强烈摩擦的零部件。大宗茶类加工设备的炉灶间、热风炉应设在加工车间墙外,有压锅炉另设锅炉间。燃油设备的油箱、燃气设备的钢瓶和锅炉等易燃易爆设施与加工车间至少留有 3m 的安全距离。强烈震动的加工设备采取必要的防震措施。可分离安装的大型风机设在车间外,车间内噪声不得超过80dB。允许使用竹子、藤条、无异味木材等天然材料和不锈钢、食品级塑料制成的器具和工具,所有器具和工具应清洗干净后使用,新购设备要清除材料表面的防锈油。每个茶季的开始,对加工设备进行清洁、除锈和保养。定期润滑零、部件,每次加油应适量,不得外溢。

3.加工人员

人员上岗前应经过生产培训,掌握加工技术和操作技能。加工人员上岗前和每年度均进行健康检查,取得健康证明后方能上岗。加工人员应保持个人卫生,进入工作场所应洗手、更衣、换鞋、戴帽。离开车间时应换下工作衣、帽和鞋,存放在更衣室内。加工、包装场所不宜吸烟和随地吐痰,不得在加工和包装场所用餐与进食。食品包装、精制车间,工作人员需戴口罩上岗。

4.加工技术

鲜叶应来自无公害茶园,不宜与其他来路不明的鲜叶混合。鲜叶和毛茶严格按验收标准收购,不宜收购掺假、含有非茶类物质以及品质劣变的鲜叶和茶叶进行加工。鲜叶应合理储青,地面储青鲜叶堆放厚度不宜超过30cm,设备储青按设备要求操作,鲜叶不宜与地面直接接触。储青地面和设备应清洁、干净。根据企业标准、地方标准、行业标准或国家标准加工。按鲜叶品种、等级或原料情况,采用相应的加工工艺,确保产品质量正常。加工过程中茶叶不直接与地面接触,宜采用现有加工方法,包括自然发酵和微生物等方法加工茶叶及茶制品;宜用芳香植物窨制茶叶,包装材料符合食品要求,直接接触茶叶的包装用纸达到GB 11680的要求,同时,加工废弃物应妥善处理,不污染环境。

5.农户加工

应有专用场地加工茶叶,加工场地应宽敞、明亮、干净,地面硬实、平整,墙面洁净无污垢。加工场地无异味,有阻止家禽、家畜及宠物出入加工场所的设施。加工场地在加工期间不应存放其他杂物。加工设备、用具、器具应摆放整齐,保持清洁。在茶季开始前应全面、彻底清扫加工场地,清洁盛放器具加工设备和加工用具,除去防锈油和锈斑。加工期间应坚持每天至少清扫一次。加工茶叶的锅、灶应专用,不应使用日常生活炊具。加工茶叶炉灶处设灰坑,避免燃料、灰尘污染茶叶。烟囱口设在室外。应有足够的摊叶、盛放茶叶的器具,加工过程中应保持茶叶不与地面直接接触。炒制茶叶前应用饮用水洗手,进入加工场地应换鞋,加工处不宜抽烟和随地吐痰。患有传染病和皮肤病者不得进行茶叶加工与包装作业。成品茶要存放在干燥、密闭、避光、阴凉的地方或器皿里,防止茶叶受潮变质、吸附异味。不使用报纸等油墨印刷的纸张包装茶叶,包装用纸达到GB 11680的要求。不允许使用聚氯乙烯、聚苯乙烯材料包装茶叶,不应使用盛装过其他物品的食品袋包装茶叶。重复包装茶叶的布袋使用前应清洗干净。宜建立规范的茶叶加工厂,改农户分散加工为集中加工。

## (二)有机产品 生产、加工、标识与管理体系要求

GB/T 19630—2019《有机产品 生产、加工、标识与管理体系要求》中规定,有机生产(organic production)是指遵照特定的生产原则,在生产中不采用基因工程获得的生物及其产物,不使用化学合成的农药、化肥、生长调节剂、饲料添加剂等物质,遵循自然规律和生态学原理,协调种植业和养殖业的平衡,保持生产体系持续稳定的一种农业生产方式。有机加工(organic processing)是指主要使用有机配料,加工过程中不采用基因工程获得的生物及其产物,尽可能减少使用化学合成的添加剂、染料等投入品,最大限度地保持产品的营养成分和原有属性的一种加工方式。有机产品(organic product)是指有机生产、有机加工的供人类消费、动物食用的产品。本标准中可在具体有机产品或产品类别名称前标注"有机"。

中国有机产品认证标志(图 3—1)为"有机"的产品应在获证产品或者产品的最小销售包装上加设中国有机产品认证标志及其有机码(每枚有机产品认证标志的唯一编号)、认证机构名称或者标识。中国有机产品认证标志可以根据产品特性,采取粘贴或印刷等方式直接加施在产品或产品的最小销售包装上。不直接零售的加工原料,可以不加施。其中,基本要求指出有机产品生产者、有机产品加工者、有机产品经营者(简称有机产品生产、加工、经营者)应有合法的土地使用权和/或合法的经营证明文件。有机产品生产、加工、经营者应按本标准的要求建立和保持管理体系,该管理体系应形成要求的系列文件,加以实施和保持。

图 3—1 中国有机产品认证标志

## (三)有机茶加工技术规程

NY/T 5198—2002《有机茶加工技术规程》规定了有机茶加工的要求、试验方法和检验规则,适用于各类有机茶初制、精制加工、再加工和深加工。

1.原料

鲜叶原料应采自颁证的有机茶园,不得混入来自非有机茶园的鲜叶。不得收购掺假、含杂质以及品质劣变的鲜叶或原料。鲜叶运抵加工厂后,应摊放于清洁卫生、设施完好的储青间;

鲜叶禁止直接摊放于地面。而用于加工花茶的鲜花应采自有机种植园或有机转换种植园。颁证的芳香植物可窨制茶叶。同时,鲜叶和鲜花的运输、验收、储存操作应避免机械损伤、混杂和污染,并完整、准确地记录鲜叶和鲜花的来源与流转情况。再加工和深加工产品所用的主要原料应是有机原料,有机原料按质量计算不得少于95%(食盐和水除外)。

2.辅料

允许使用认证的天然植物做茶叶产品的配料。茶叶加工中可用制茶专用油、乌桕油润滑与茶叶直接接触的金属表面。深加工的配料允许使用常规配料,但不得超过总质量的5%。常规配料不得是基因工程产品,应获得有机认证机构的许可,该许可需每年更新。一旦能获得有机食品配料,应立即用有机食品配料替换常规配料。作为配料的水和食用盐,应符合国家食品卫生标准。同时禁止使用人工合成的色素、香料、黏结剂和其他添加剂。

允许使用表3-30中所列的添加剂和加工助剂以及调味品、微生物制品;如超出此范围的添加剂和加工助剂,应根据必要性、核准添加剂和加工助剂的条件、使用添加剂和加工助剂的优先顺序、不允许使用的添加剂和加工助剂等方面进行评估。主要评估每种添加剂和加工助剂在生产加工中是否必不可缺,没有这些添加剂和加工助剂,产品就无法生产和保存的必要性。没有可用于加工或保存有机产品的其他工艺;添加剂或加工助剂的使用最大限度地降低了产品的物理损坏或机械损坏,并有效地保证食品卫生,即天然来源物质的质量和数量不足以取代该添加剂或加工助剂,添加剂或加工助剂不妨碍产品的有机完整性;添加剂或加工助剂的使用不会给消费者造成判断质量的困惑,但不限于色素和香料;添加剂和加工助剂的使用不应损坏产品的总体品质等核准添加剂和加工助剂的条件。应优先选用按照有机认证基地生产的作物及其加工产品,这些产品不需要添加其他物质,例如做增稠剂用的面粉或作为脱模剂用的植物油,以及用机械或物理方法生产的植物和动物来源的食品或原料,如盐。其次,选用物理方法或用酶生产的单纯食品成分,如淀粉和果胶。非农业源原料的提纯产物和微生物,酵母培养物等酶和微生物制剂,与天然物质"性质等同的"人工合成物质;基本判断为非天然的或为"食品成分新结构"的合成物质,如乙酰交联淀粉;用基因工程方法生产的添加剂或加工助剂;人工合成色素和合成防腐剂等是不允许使用的添加剂和加工助剂。

表 3-30 有机茶深加工产品中允许使用的非农业源配料表

| 国际标号 | 添加剂名称 | 备注（限制条件） |
|---|---|---|
| INS 170 | 碳酸钙 | |
| INS 270 | 乳酸 | |
| INS 290 | 二氧化碳 | |
| INS 300 | 抗坏血酸 | 只有在不能获得天然的抗坏血酸产品时使用 |
| INS 306 | 生育酚（混合天然浓缩剂） | |
| INS 330 | 柠檬酸 | |
| INS 333 | 柠檬酸钙 | |
| INS 334 | 酒石酸 | |
| INS 413 | 黄芪胶 | |
| INS 414 | 阿拉伯树胶 | |
| INS 415 | 黄原胶 | |
| INS 500 | 碳酸钠、碳酸氢钠 | |
| INS 524 | 氢氧化钠 | |
| INS 941 | 氮 | |
| INS 948 | 氧 | |
| （以下无标号） | 活性碳 | |
| | 不含石棉的过滤材料 | |
| | 膨润土 | |
| | 硅藻土 | |
| | 酒精 | |
| | 明胶 | |
| | 植物油 | |
| | 微生物及酶制品 | 限制使用为非基因工程产品 |
| | 其他添加剂和助剂 | 由有机认证机构按 NY/T 5198—2002 标准进行评估 |

注：添加剂可能含载体，这些载体应予以评估。

3.加工厂

茶叶加工厂所处的大气环境不低于 GB 3095 中规定的二级标准要求，加工厂离开垃圾场、医院 200m 以上；离开经常喷洒化学农药的农田 100m 以上，离开交通主干道 20m 以上，离开排放"三废"的工业企业 500m 以上。茶叶加工用水、冲洗加工设备用水应达到 GB 5749 的要求，同时，设计、建筑有机茶加工厂应符合环境保护法、食品卫生法的要求。加工厂应有与加工产品、数量相适应的原料、加工和包装车间,车间地面应平整、光洁,易于冲洗;墙壁无污垢,并有防止灰尘侵入的措施。

加工厂还应有足够的原料、辅料、半成品和成品仓库。原材料、半成品和成品不得混放。茶叶成品采用符合食品卫生要求的材料包装后,送入具有密闭、防潮和避光功能的茶叶仓库,有机茶与常规茶应分开储存,宜用低温保鲜库储存茶叶。

加工厂粉尘最高容许浓度为 $10mg/m^3$。加工车间应采光良好、灯光照度达到500lx以上。加工厂应有更衣室、盥洗室、工休室,应配有相应的消毒、通风、照明、防蝇、防鼠、防蟑螂、污水排放、存放垃圾和废弃物的设施,加工厂还应有卫生行政管理部门发放的卫生许可证。

4.加工设备

不宜使用铅及铅锑合金、铅青铜、锰黄铜、铅黄铜、铸铝及铝合金材料制造接触茶叶的加工零部件。液态加工设备禁止使用易锈蚀的金属材料;加工设备的炉灶、供热设备应布置在生产车间墙外;需在生产车间内添加燃料,应设搬运燃料的隔离通道,并备有燃料储藏箱和灰渣储藏箱,可用电、天然气、柴(重)油、煤做燃料,少用或不用木材做燃料;设备的油箱、供气钢瓶以及锅炉等设施与加工车间应留安全距离。

允许使用无异味、无毒的竹、木等天然材料以及不锈钢、食品级塑料制成的器具和工具。新购设备和每年加工开始前要清除设备的防锈油和锈斑。茶季结束后,应清洁、保养加工设备。同时规定有机茶加工应采用专用设备。

5.加工人员

加工人员上岗前应经过有机茶知识培训,了解有机茶的生产、加工要求;加工人员上岗前和每年度均应进行健康检查,持健康证上岗;进入加工场所应换鞋,穿戴工作衣、帽,并保持工作服的清洁。包装、精制车间工作人员需戴口罩上岗。标准同时规定,不得在加工和包装场所用餐与进食食品。

6.加工方法

加工工艺应保持原料的有效成分和营养成分,可以使用机械、冷冻、加热、微波、烟熏等处理方法、微生物发酵和自然发酵工艺;可以采用提取、浓缩、沉淀和过滤工艺,但提取溶剂仅限于符合国家食品卫生标准的水、乙醇、二氧化碳、氮,在提取和浓缩工艺中不得采用其他化学试剂。禁止在加工和储藏过程中采用离子辐射处理。

7.质量管理及跟踪

应制定符合国家或地方卫生管理法规的加工卫生管理制度,茶叶加工和茶叶包装场地应在加工开始前全面清洗消毒一次。茶叶深加工厂应每天清洗或消毒。所有加工设备、器具和工具使用前应清洗干净。若与常规加工共用设备,应在常规加工结束后彻底清洗或清洁。保证加工产品不被常规产品或外来物质污染。应制定和实施质量控制措施,关键工艺应有操作要求和检验方法,并记录执行情况。同时建立原料采购、加工、储存、运输、入库、出库和销售的完整档案记录,原始记录应保存三年以上。每批加工产品应编制加工批号或系列号,批号或系列号一直沿用到产品终端销售,并在相应的票据上注明加工批号或系列号。

**(四)茶叶加工技术其他相关规程**

1.鲜叶采摘

鲜叶采摘中主要包括手工采摘和机械采摘,其中手工采摘主要包括打顶采摘法、留叶采摘法和留鱼叶采摘法。

(1)手工采摘

打顶采摘法。是一种以留养枝条为主的采摘方法,适用于培养树冠的茶树,一般用于1~3龄的幼年茶树,或者更新复壮后1~2年的茶树;当茶树的新梢展叶5片以上或当新梢即将停止生长时,采摘一芽二叶或一芽三叶,保留基部3~4叶(不包括鱼叶)。茶鲜叶采摘时,要做到"采高养低、采顶留侧",以促进多分枝,扩大充实树冠。

留叶采摘法。又称留养大叶采摘法,是一种以采摘为主,采摘与留养相结合的采摘方法。当茶树的新梢长到一芽三至五叶时,采摘一芽二三叶,保留基部1~2片大叶。留叶采摘法既注重茶鲜叶的采摘,又兼顾树冠的培养,达到采养相结合的目的。茶鲜叶采摘时,一般要根据茶树的年龄和长势情况,在茶树新梢的一年生长周期中,选择合适的时期或季节应用合适的留叶采摘法。

留鱼叶采摘法。是名茶、绿茶和大宗红茶最常用的基本采摘方法,一般当茶的新梢长到一芽一至三叶时将其采摘,只把鱼叶保留在茶树上。

(2)机械采摘

主要适用于在春茶末期和夏秋茶期间加工大宗茶或乌龙茶的鲜叶原料。

不论是手工采摘,还是机械采摘,都应遵循以下技术要求。

一是根据茶树生长特性和各茶类对加工原料的要求,遵循采留结合、量质兼顾和因园制宜的原则,按照标准适时采摘。

二是手工采摘应为提手采,不宜捋采、掐采和抓采。应保持鲜叶完整、匀净,不将茶梗、老叶及其他非茶物质带入,鲜叶不得重压、日晒。

三是机械采茶应保证采摘质量,应使用无铅汽油和机油,防止污染茶园、土壤和茶树。

2.鲜叶运输

鲜叶一经采摘后,应盛装在清洁、通风性良好的竹匾、带有网眼的茶篮或篓筐内。在茶园进行鲜叶验收时,鲜叶过秤、验收处应设在遮阴的地方,避免阳光长时间暴晒引起鲜叶变质。经验收、过秤的鲜叶,需用透气竹筐存放,且要求清洁卫生,竹筐的大小要与运输车货箱相匹配。采后或验收后的鲜叶应及时运抵茶厂,防止变质。在运输过程中,鲜叶应妥善防护,不能直接接触地面,不得日晒、雨淋,以免受到微生物的污染;禁止与其他易污染的物品混运;运输车厢应有足够的空间,保证空气流通。

### 3.鲜叶储存

鲜叶送至茶厂后,应存放在清洁、通风、阴凉的场所,防止混入有毒、有害物质,有条件的可设储青间。储青间最好坐南朝北,防止太阳直接照射,保持室内较低温度。室内最好是水泥地面,且有一定的倾斜度,以便于冲洗。

鲜叶送至储存场所后,要及时摊放在竹篾或摊放架等摊青装置上进行摊凉,防止鲜叶堆积散热而变质,不能将鲜叶直接摊放在地面上。此外,储青间不允许采工和非加工人员入内,室内应开启吊扇,促进空气流通,定时翻叶。

### 4.各类茶加工技术规程

国家标准体系中,不同茶类加工技术规程主要有 GB/T 35810—2018《红茶加工技术规范》、GB/T 35863—2018《乌龙茶加工技术规范》、GB/T 32743—2016《白茶加工技术规范》、GB/T 24615—2009《紧压茶生产加工技术规范》等。

GB/T 35810—2018《红茶加工技术规范》中规定了初加工技术规范、精加工技术规范、质量管理规定及标志、标签、包装、运输和储存规范等。

初加工技术规范包括红碎茶初制工艺流程、工夫红茶初制工艺流程、小种红茶初制工艺流程等。

红碎茶初制工艺流程:鲜叶→萎凋→揉切→解块筛分→发酵→干燥→毛茶。

工夫红茶初制工艺流程:鲜叶→萎凋→揉捻→解块→发酵→干燥→毛茶。

小种红茶初制工艺流程:鲜叶→萎凋(熏烟)→揉捻→解块→发酵→熏焙(干燥)→毛茶。

精加工技术规范包括红碎茶精制工艺流程、工夫红茶精制工艺流程和小种红茶精制工艺流程等。

红碎茶精制工艺流程:毛茶→筛分→风选→拣剔→拼配匀堆→补火→成品。

工夫红茶精制工艺流程:毛茶→筛分→风选→拣剔→拼配匀堆→补火→成品。

小种红茶精制工艺流程:毛茶→筛分→风选→拣剔→拼配匀堆→熏烟→成品。

质量管理规定即加工过程的卫生管理、质量安全应符合 GB 14881《食品安全国家标准 食品生产通用卫生规范》的要求,加工过程不能添加任何非茶类物质。鲜叶、毛茶、在制品应按批次经检验符合要求后方可进入下一生产工序,并做好检验记录。企业应对出厂的产品逐批进行检验,出厂检验项目包括感官品质、净含量、水分、碎茶和粉末。产品污染物限量应符合 GB 2762—2017《食品安全国家标准 食品中污染物限量》的要求,产品农药最大残留限量应符合 GB 2763—2021《食品安全国家标准 食品中农药最大残留限量》的要求。

产品标签应符合 GB 7718《食品安全国家标准 预包装食品标签通则》和《国家质量监督检验检疫总局关于修改〈食品标识管理规定〉的决定》的相关规定;运输包装箱的图示标志应符合 GB/T 191 的要求;产品包装应符合 GH/T 1070 的要求;储存应符合 GB/T 30375 的要求。

GB/T 35863—2018《乌龙茶加工技术规范》规定了初制技术规范、精制技术规范、质量管理规定和产品的标志、标签、包装、运输和储存规范等内容。

初制技术规范包括:鲜叶要求→萎凋(自然萎凋、日光萎凋→晒青、控温萎凋)→做青(摇青和晾青交替进行)→杀青→揉捻(包揉)→干燥。

精制技术规范包括:毛茶→拣剔→筛分→风选→拼配→烘焙→(拼配)→包装。

质量管理规定即加工企业应制定质量管理手册并实施质量控制措施,关键工艺应有作业指导书,并记录执行情况,毛茶采(收)购、加工、储运、运输、出入库和销售的记录应完整;每批加工的产品应编制加工批号或系列号,并一直沿用到产品终端销售;出厂检验应实施逐步检验制度,应有相应的检验原始记录。上述记录的保存应不少于两年。

成品茶的标志应符合 GB/T 191《包装储运图示标志》的规定,标签应符合 GB 7718《食品安全国家标准 预包装食品标签通则》和《国家质量监督检验检疫总局关于修改〈食品标识管理规定〉的决定》的要求;包装应符合 GH/T 1070《茶叶包装通则》的规定;贮存应符合 GB/T 30375《茶叶储存》的规定。

GB/T 32743—2016《白茶加工技术规范》中规定了白茶初制工艺流程包括萎凋(自然萎凋、加温萎凋、复式萎凋等)、精致工艺流程、初制技术规范等。

自然萎凋加工工艺流程:鲜叶→自然萎凋→干燥→毛茶。

加温萎凋加工工艺流程:鲜叶→加温萎凋→干燥→毛茶。

复式萎凋加工工艺流程:鲜叶→自然萎凋→加温萎凋→干燥→毛茶。

精制工艺流程包括:毛茶→拣剔→拼配→匀堆→复烘→包装→成品茶。

初制技术规范鲜叶原料要求、鲜叶验收和摊放、萎凋、干燥等。

鲜叶原料要求:白毫银针原料为单芽以及一芽一叶的嫩芽连枝全采后的"抽针",白牡丹原料为一芽一二叶,贡眉原料为一芽二三叶,寿眉原料为一至三叶带驻芽嫩梢或叶片。

鲜叶验收和摊放:鲜叶进厂应分级验收,分别摊放,晴天叶与雨(露)水叶分开,上午采的与下午采的分开,不同嫩度、不同品种的芽叶分开。鲜叶摊放环境应清洁卫生、阴凉、通风、防雨、防雾,避免日晒,储运过程轻放轻翻。鲜叶应及时制作。

萎凋要适时掌握摊叶量、萎凋温度、萎凋时间,当萎凋叶含水率接近20%即为适度,可适时烘干。

干燥指精制技术规范工艺流程,一般按2~3次干燥,温度不高于100℃,萎凋叶含水率应控制在8%以下,包括毛茶定级、归堆、拼配、付制、拣剔、拼配、匀堆、复烘、包装。

质量管理规定即鲜叶原料和毛茶原料的验收与加工各关键控制点应有相应的记录,各记录应保留三年。企业应建立白茶各等级产品的实物样,实物样每三年更换一次。企业应按产品标准的规定对出厂的产品逐批进行检验。企业应建立污染物限量控制与管理制度,同时建立农药残留限量控制与管理制度。

产品的标志、标签、包装、运输和储存规范即成品茶的标志应符合 GB/T 191 的规定,标签应符合 GB 7718 的规定,包装材料应符合 GH/T 1070 的规定,储存应符合 GB/T 30375 的规定。

GB/T 24615—2009《紧压茶生产加工技术规范》规定了紧压茶原料要求、紧压茶原料的加工、紧压茶原料的包装运输、紧压茶的加工设备、紧压茶的基本加工工艺流程和紧压茶产品的标志标签、包装、运输和储存规范等。

紧压茶原料要求在原料生产基地,监控鲜叶氟含量,及时采摘鲜叶;应采摘当季一轮新梢或对夹叶为宜,不应混有隔季或隔年生老叶,不应有枯叶、落地叶以及其他非茶类夹杂物,采下的鲜叶直接装入包装容器,不应与地面直接接触。

紧压茶原料的加工包括黑毛茶加工工艺流程、老青茶加工工艺流程、四川边茶加工工艺流程等。

黑毛茶加工工艺流程:鲜叶→杀青→揉捻→渥堆→干燥。

老青茶分为面茶和里茶。其中,面茶加工工艺流程:鲜叶→条青→初揉→初晒→复炒→复揉→晒干。里茶加工工艺流程:鲜叶→杀青→揉捻→晒干。

四川边茶分为做庄茶、毛庄茶和条茶。其中,做庄茶加工工艺流程:鲜叶→杀青→蒸揉→渥堆→干燥。毛庄茶加工工艺流程:鲜叶→杀青→揉捻→干燥→发水→蒸揉→渥堆→干燥。条茶加工工艺流程:鲜叶→杀青→揉捻→渥堆→干燥。

晒青毛茶加工工艺流程:鲜叶→摊晾→杀青→揉捻→解块→日光干燥。

紧压茶原料加工时,应注意对于用煤作为燃料进行加工的企业,应杜绝煤燃烧带来的氟污染。涉及摊放、摊晾、晒干或晾干(必要时)等工序时,应将茶叶摊放在竹簟等器皿上,避免茶叶与地面直接接触。

紧压茶原料的包装运输。加工好的紧压茶原料应装于无异味、无毒无害材料制成的专用包装,杜绝原料直接暴露于空气中,以免吸附灰尘、潮气和其他物质。运输原料时,应做好防雨淋、防异味等工作。

紧压茶原料的验收、标识和储存需注意,原料的验收应有专门的质检人员,对进厂的每批次紧压茶原料进行取样和品质验收。验收项目包括感官品质、净含量、茶梗、非茶类夹杂物、水分、总灰分等。原料的标识即每批次紧压茶原料应根据原料质量和氟含量进行归堆保存,堆旁突出位置应附有格式一致的原料标签,标签内容包括原料名称、批次、水源、进厂时间、氟含量、茶梗和非茶类夹杂物含量、水分含量等。原料的储存即验收后的紧压茶原料应有序堆放在清洁、干燥、阴凉、通风、无异味的紧压茶原料专用仓库,同时做好原料仓库的防潮、防雨和防鼠等工作。

加工设备即紧压茶加工应具有筛分、风选、称量、压制、干燥、锅炉包装等设备。宜使用竹、藤、无异味木材等天然材料和不锈钢、食品级塑料制成的器具和工具。

基本加工工艺流程包括茯砖茶、青砖茶、康砖茶、金尖茶、紧茶、黑砖茶、米砖茶、花砖茶和沱茶等的加工工艺流程。

茯砖茶:黑毛茶原料拼配→黑毛茶筛分→半成品拼配→渥堆→蒸汽压制定形→发花干燥→成品包装。

青砖茶:老青茶→发酵→复制→拼配小堆→蒸汽压制定形→干燥→成品包装。

康砖茶:毛茶筛分→半成品拼配→蒸汽压制定形→干燥→成品包装。

金尖茶:毛茶筛分→半成品拼配→蒸汽压制定形→干燥→成品包装。
紧茶:毛茶匀堆筛分→拣剔→渥堆→拼配→蒸汽压制定形→干燥→成品包装。
黑砖茶:黑毛茶筛分→半成品拼配→渥堆→蒸汽压制定形→干燥→成品包装。
米砖茶:红碎茶→复制→拼配小堆→蒸汽压制定形→干燥→成品包装。
花砖茶:黑毛茶筛分→半成品拼配→渥堆→压制定形→干燥→成品包装。
沱茶:晒青毛茶匀堆筛分→拣剔→半成品拼配→蒸汽压制定形→干燥→成品包装。

紧压茶加工工艺根据各批次原料的质量和氟含量,对原料进行拼配,控制茶梗、氟含量以及原料和总体质量。必要时对在制品进行氟含量的验证检验。

紧压茶产品的标志、标签、包装、运输和储存规范即产品的标志应符合 GB/T 191 的规定,标签应符合 GB 7718 的规定,内包装纸应符合 GB 4806.8 的规定,运输包装箱的图示标志应符合 GB/T 191 的要求;产品包装应符合 GB/T 1070 的要求;储存应符合 GB/T 30375 的要求。

应有足够的原料、包装材料、半成品、成品仓库或场地。原料、半成品、成品及包装材料应分别放置,不得混放。产品应储存在清洁、通风、避光、干燥、无异味的库房内,仓库周围应无异味气体污染。产品不应与有毒、有害、有异味、易污染的物品混储、混放。

【复习思考题】

1. 茶叶产地环境相关标准包括哪些?
2. 广东省生态茶园产地环境要求的主要内容是什么?
3. 茶园技术管理规程的主要内容是什么?
4. 茶叶生产技术规程的主要内容及要求有哪些?
5. 请分别列出六大茶类加工工艺流程。

# 项目四　茶叶团体标准与企业标准

【知识目标】
(1)掌握茶叶团体标准编制内容与程序。
(2)掌握茶叶企业标准分类、体系及编制要求。

【技能目标】
(1)具有参与编制茶叶团体标准的能力。
(2)能够编制茶叶企业标准。

【必备知识】

根据茶叶标准化法规定,中国茶叶标准按级别可分为国家标准、行业标准、地方标准、团体标准和企业标准,各层次之间有一定的依从关系和内在联系,形成一个层次分明的标准体系。新形势下,茶产业的健康发展离不开茶叶标准化建设,茶叶标准化关系到茶产业的可持续发展,对人们树立规范意识、相关法律意识起到重要的作用,同时为更好地应对市场竞争起到积极作用。

## 一、茶叶团体标准

茶叶团体标准是国家鼓励学会、协会、商会、联合会、产业技术联盟等社会团体协调相关市场主体共同制定满足市场和创新需要的团体标准,由本团体成员约定采用或者按照本团体的规定供社会自愿采用。国家鼓励社会团体制定高于推荐性标准相关技术要求的团体标准。团体标准不同于国家标准、行业标准和地方标准,需要按照既定的程序制定、发布和实施,只要团体需要就可按自己制定的程序发布和实施,由团体来承担相应的责任,中国茶叶流通协会和中国茶叶学会已成立标准专业委员会参与其团体标准制定、修订。

团体标准的编号由团体标准的代号"T"、团体代号、团体标准发布的顺序号和团体标准发布的年号构成。团体代号由各团体自主拟定。目前已有一些茶叶相关团体标准发布使用,如T/GDNB 62—2021《英德茶区灰茶尺蠖绿色防控技术规程》等。

2015年，国务院印发《深化标准化工作改革方案》，明确提出培育发展本国标准的重大改革举措，激发市场主体活力，完善标准供给结构，拉开了我国团体标准发展的帷幕。2018年新修订的标准化法正式实施。其中第十八条规定，国家鼓励学会、协会、商会、联合会、产业技术联盟等社会团体协调相关市场主体共同制定满足市场和创新需要的团体标准，由本团体成员约定采用或者按照本团体的规定供社会自愿采用。

根据国家标准化管理委员会"全国团体标准信息平台"(www.ttbz.org.cn)对社会团体的注册、团体标准信息的发布等监管统计，截至2019年底，完成公示并审核通过的社会团体2945家，共发布团体标准12201项。其中，茶叶行业社会团体62家，共发布涉茶类团体标准179项，内容包括茶叶产品、代用茶、含茶制品、茶叶机械、生产技术、茶叶品牌、服务规范等，对全国现有茶叶标准体系进行了补充，对我国茶产业发展起到积极的推动作用。

### (一)团体标准的作用和意义

团体标准是中国标准化发展史上的新产物，规范推行团体标准的制定与实施对于解决市场标准缺失问题、推动产业可持续发展及提高我国各级标准的整体质量水平都有着重要且深远的意义。通过培育和发展团体标准，建立政府主导制定的标准与市场自主制定的标准协同发展、协调配套的新型标准体系，健全统一协调、运行高效、政府与市场共治的标准化管理体制，形成政府引导、市场驱动、社会参与、协同推进的标准化工作格局。

发展团体标准，技术层面能有效快速地满足市场需要和创新需求，同时能优化整合利用各类标准化资源，进一步激发市场主体活力。一般情况下，团体标准具有"快、新、活、高"的特点，能更好地满足多方面的需求。即团体标准制、修订速度较快，迅速跟进新技术、新产品，标准机制灵活，易协商一致，标准指标高于或严于国家标准甚至国际标准。同时，团体标准由本团体成员约定采用或者按照本团体的规定供社会自愿采用，可以有效弥补原有标准体系存在的不足，可以完善原有标准体系存在的漏洞及交汇留白，是对国家标准、行业标准、地方标准的有力补充。

### (二)团体标准编制原则

团体标准编制的基本原则包括协商一致、公平公正、公开透明，同时还应遵守新修订的《标准化法》第二十二条的规定，即制定团体标准应当有利于科学合理利用资源，推广科学技术成果，增强产品的安全性、通用性、可替换性，提高经济效益、社会效益、生态效益，做到技术上先进、经济上合理。参照《标准化法》第二十二条规定，团体标准编制原则还包括如下内容。

(1)团体标准应符合国家法律法规和政策要求。如团体标准的技术要求不得低于强制性标准的相关技术要求。

(2)团体标准应符合产业阶段和特点的需要。标准中的技术内容既不能过于超越也不能落后，甚至脱离产业发展实际。

(3)团体标准应充分反映标准起草者对市场和创新的判断与期望。

(4)团体标准应充分反映标准使用者的需求与期望。

(5)团体标准应充分反映消费者的需求预期。

### (三)团体标准编制要求

**1.科学性和规范性**

《团体标准管理规定》中明确指出,团体标准编制过程中的具体要求如下。

(1)第四条"社会团体开展团体标准化工作应当遵守标准化工作的基本原理、方法和程序"。

(2)第八条"社会团体应当依据其章程规定的业务范围进行活动,规范开展团体标准化工作,应当配备熟悉标准化相关法律法规、政策和专业知识的工作人员,建立具有标准化管理协调和标准研制等功能的内部工作部门,制定相关的管理办法和标准知识产权管理制度,明确团体标准制定、实施的程序和要求"。

(3)第九条"制定团体标准应当遵循开放、透明、公平的原则,吸纳生产者、经营者、使用者、消费者、教育科研机构、检测及认证机构、政府部门等相关方代表参与,充分反映各方的共同需求。支持消费者和中小企业代表参与团体标准制定"。

(4)第十条第二款"制定团体标准应当在科学技术研究成果和社会实践经验总结的基础上,深入调查分析,进行实验、论证,切实做到科学有效、技术指标先进"。

(5)第十一条第二款"对于术语、分类、量值、符号等基础通用方面的内容应当遵守国家标准、行业标准、地方标准,团体标准一般不予另行规定"。

(6)第十三条第一款"制定团体标准应当以满足市场和创新需要为目标,聚焦新技术、新产业、新业态和新模式,填补标准空白"。

**2.具体要求**

(1)第十四条第二款"征求意见应当明确期限,一般不少于30日。涉及消费者权益的,应当向社会公开征求意见,并对反馈意见进行处理协调"。

(2)第十四条第三款"技术审查原则上应当协商一致。如需表决,不少于出席会议代表人数的3/4同意方为通过。起草人及其所在单位的专家不能参加表决"。

(3)第十四条第四款"团体标准应当按照社会团体规定的程序批准,以社会团体文件形式予以发布"。

**3.监督管理**

(1)第三十三条规定:"对于已有相关社会团体制定了团体标准的行业,国务院有关行政主管部门结合本行业特点,制定相关管理措施,明确本行业团体标准发展方向、制定主体能力、推广应用、实施监督等要求,加强对团体标准制定和实施的指导和监督。"

(2)第三十六条第二款规定:"对举报、投诉,标准化行政主管部门和有关行政主管部门可采取约谈、调阅材料、实地调查、专家论证、听证等方式进行调查处理。相关社会团体应当配合有关部门的调查处理。"

(3)第三十六条第三款规定:"对于全国性社会团体,由国务院有关行政主管部门依据职责和相关政策要求进行调查处理,督促相关社会团体妥善解决有关问题;如需社会团体限期改正的,移交国务院标准化行政主管部门。对于地方性社会团体,由县级以上人民政府有关行政主管部门对本行政区域内的社会团体依据职责和相关政策开展调查处理,督促相关社会团体妥善解决有关问题;如需限期改正的,移交同级人民政府标准化行政主管部门。"

4.其他要求

如需社会团体限期改正的,新修订的标准化法第三十九条第二款要求由标准化行政主管部门责令限期改正,移交标准化行政主管部门,做好有效衔接,各司其职,形成合力。

### (四)团体标准的制定程序

规范的团体标准的制定程序是协商一致过程的需要,是社团开展好团体标准化工作公信力的来源,是开展好团体标准化工作的基本保障;是团体内部规范性、专业化的体现。整体而言,团体标准是普遍同意的、协商一致的。新修订的标准化法第十二条规定的制定团体标准的一般程序包括:提案、立项、起草、征求意见、技术审查、批准、编号、发布、复审。同时,按照ISO/IEC规定的9个程序,团体标准的制定除遵守标准制定、修订的基本程序外,重点是应把握制定程序中,立项、起草、征求意见、技术审查是保证标准质量的核心环节。

1.预备阶段——提案、立项

在社会团体层面根据需求确定要制定哪些标准;除考虑标准的协调配套和产业适应之外,还应对标准的收益性进行预估。

2.起草

在技术团队层面形成标准草案,标准各项质量特性应得到充分满足,特别是标准文本的统一性、协调性、适用性、一致性和规范性应得到基本控制。

3.征求意见

在技术团队或技术工作组织层面就技术内容进行征询协商并达成一致,标准的适应性、完整性、经济性(主要是专利)应基本满足要求,即标准涉及的重大技术问题应充分协商解决并最终达成一致,做到满足市场和创新需要。

4.技术审查

在技术工作组织或社团层面就技术内容进行征询审核并达成一致,应对标准质量总体情况进行审核评估批准。

5.复审

在社团层面就标准效用进行评估,决定是否修改或继续有效或废止。

## (五)团体标准的评价

为协调和指导团体标准化良好行为评价工作,2018年国家市场监督管理总局和国家标准化管理委员会批准发布了GB/T 20004.2—2018《团体标准化 第2部分:良好行为评价指南》,2019年实施,对社会团体应用实施GB/T 20004.1—2016《团体标准化 第1部分:良好行为指南》的情况进行评价。

### 1.第三方评价机制

为提高团体标准的公信力,使团体标准更具有竞争力、符合市场发展需求,引用第三方评价机制,逐步建立团体标准优胜劣汰的团体标准发展环境,遵循过程、结果公开透明的原则,通过对团体标准的制定主体、管理运行机制、制定程序、编制质量、实施效果等各类因素开展客观专业的第三方评价并与政府对团体标准的事中事后监管工作相结合,是建立团体标准评价机制的有效办法。

同时,团体标准的第三方评价也将增强公众对团体标准的关注度和信心,激发学会、协会、商会、联合会、产业技术联盟等社会团体组织不断完善内部治理结构、提高自身标准化水平的内生动力。

### 2.团体标准评价指标体系

团体标准评价指标体系包括制定主体的能力与水平、制定主体管理与运行机制、制定过程、编制质量、推广情况、实施效果六大评价目标22项评价指标,具体见表4-1。

表4-1 团体标准评价指标体系

| 评价目标 | 序号 | 指标名称 | 具体内容 |
| --- | --- | --- | --- |
| 制定主体的能力与水平 | 1 | 团体标准组织成立要件 | 具备社会团体法人资质、满足全国标准信息平台、团体标准化良好行为指南等的相关要求(该项不纳入体系,但不满足不予评价) |
| | 2 | 标准化能力的人才队伍 | 具有良好标准化素质及专业技能的、经验丰富的人才所组成的具备创新能力、实践能力、学习能力、科研能力的队伍 |
| | 3 | 行业技术和经验 | 与组织涉及的行业相关的专业技术能力和经验 |
| | 4 | 组织影响力和信誉度 | 组织对标准使用者及同行业标准制定者的影响力秉承公正公平,承担团体标准的技术责任,建立良好的信誉度 |

续表

| 评价目标 | 序号 | 指标名称 | 具体内容 |
|---|---|---|---|
| 制定主体管理与运行机制 | 5 | 组织内部治理能力 | 明确责权关系,使组织中的成员互相协作配合、共同劳动,实现组织目标具备标准化决策、标准技术工作管理协调、标准编制的功能及相应组织机构 |
| | 6 | 外部协调与申诉机制 | 根据"协商一致"原则,组织需拥有良好的外部申诉与沟通机制,使制定、修订标准时的信息能够在各相关方之间及时地输送,确保对于标准没有明确的反对意见 |
| | 7 | 项目管理 | 运用相关技能、方法,对项目范围、时间、成本、质量、人力资源、沟通、风险、集成、相关方等进行管理 |
| 制定过程 | 8 | 知识产权处置 | 对组织内的相关文件有明确的知识产权归属,拥有处理内外部知识产权的规章及流程 |
| | 9 | 完备的标准制定程序 | 满足中国国家标准要求的制定程序(包含快速程序) |
| | 10 | 透明的标准制定过程 | 中立、公正、开放、透明的程序机制,解决制定主体分散、程序封闭、监督缺失等问题 |
| | 11 | 适宜的标准制定周期 | 在不影响标准编制质量前提下尽量缩短标准制定周期,寻求适宜的标准制定周期 |
| 编制质量 | 12 | 标准制定的阶段检查 | 每个阶段的标准制定工作是否完成,提交的资料是否齐全 |
| | 13 | 技术内容相关要求 | 技术内容体现先进性、科学性、可操作性、协调性、前瞻性、指标合理性等要求,并通过相关验证测试 |
| | 14 | 标准编写相关要求 | 标准内容的叙述方法、编排方式和图表、注解的表达方式等符合标准编写要求 |
| | 15 | 标准信息的发布 | 组织在相关媒体上公开发布相关标准信息 |
| 推广情况 | 16 | 标准的大量发行 | 发行量达到一定数量(如1000份以上) |
| | 17 | 标准推广活动的开展 | 组织针对每一项标准开展的标准宣贯、培训、论坛等活动 |
| | 18 | 标准衍生物的制定 | 制定与标准实施相关的指南、手册、软件、图集等标准衍生物 |
| 实施效果 | 19 | 标准的适用性 | 标准应用方应用时是否将标准作为生产、设计、施工、验收管理的依据 |
| | 20 | 对政府的贡献度 | 为政府的决策提供建设性意见 |
| | 21 | 经济效益 | 标准的贯彻实施有利于企业提高生产、质量与效率,降低成本 |
| | 22 | 社会效益 | 最大限度地利用有限的资源。有效促进行业技术进步,保护环境,促进贸易和交流,保护人身健康和公众利益 |

3.第三方评价方法

第三方评价机构应当是公正的标准化专业机构,获得政府行政主管部门的认可或授权,以确保评价结果的公信力。

评价方法可采用"社团组织自评+部价机构评分"的办法来衡量。评价流程包括:对标准制定组织申报的材料进行审核;根据申报的材料,制订评价方案;组织专业技术与管理评价人员进行实地调研和核实;根据评价标准对评价指标进行评分、评级;形成评价报告,做出结论等。

4.第三方评价结果应用

第三方评价报告可作为政府、企业和专业技术人员采信或选用团体标准的参考依据。同时,第三方评价结论将成为政府主管部门推动团体标准化,上升为国家标准、行业标准、地方标准的重要参考,也为政府购买标准服务提供选择社团组织的依据。团体标准开放后,不同专业领域将会出现大量的团体标准,由于各个社团组织之间目前尚未形成统一的协调机制,面对可能出现较多的团体标准选择,企业和专业技术人员如何去选用,第三方评价报告也会成为团体标准被选用的最直接的参考依据。

### (六)团体标准的监管

国务院办公厅印发的《深化标准化工作改革方案》(国发〔2015〕13号)指出,在标准管理上,对团体标准不设行政许可,由社会组织和产业技术联盟自主制定发布通过市场竞争优胜劣汰。国务院标准化主管部门会同国务院有关部门制定团体标准发展指导意见和标准化良好行为规范,对团体标准进行必要的规范、引导和监督。监管的主要形式有以下几种。

1.政府监督即通过法规、认证,进行直接或间接监督。

2.社会团体自身监督,进行自我约束。团体标准制定发布和采信机构对标准实施有要求的会进行监督,没有实施要求的一般会发布免责声明。

3.标准使用者自我监督,负自我判断责任。标准使用者的参与各方会根据保险约束、诚信机制约束、自身职业发展约束、司法约束等,按照合同规定或法律法规的规定,执行标准的相关要求。

## 二、茶叶企业标准

企业标准(enterprise standard),简称企标,是在企业范围内需要协调、统一的技术要求、管理要求和工作要求所制定的标准,是企业组织生产、经营活动的依据。在实际生产过程中,企业生产的产品没有国家标准和行业标准的,应当制定企业标准,作为组织生产的依据,并报有关部门备案。企业可根据需要自行制定企业标准,或者与其他企业联合制定企业标准。如已有国家标准或者行业标准的,则国家鼓励企业制定严于国家标准或者行业标准的企业标准,于企业内部适用。企业标准化(enterprise standardization),是为在企业生产、经营、管理范围内获得最佳秩序,对实际的或潜在的问题制定共同的和重复使用的规则的活动。

国家鼓励企业自行制定严于国家标准或者行业标准的企业标准。企业标准由企业制定,经企业法人代表或法人代表授权的主管领导批准、发布。企业标准的编号由企业标准的代号"Q"、企业代号、行业标准发布的顺序号和行业标准发布的年号构成。企业代号由企业所在地区主管标准的行政部门授予。企业标准没有推荐性标准。例如,Q/914451007857893117MHCY003—2021《紫莲红茶安全生产技术规程》。

企业在执行标准时,选用的标准顺序一般为:国家标准—地方标准—行业标准—团体标准—企业标准。而按照标准的严格程度排序则为:国际标准＜国家标准＜地方标准＜行业标准＜团体标准＜企业标准。企业标准是最高标准,当关键技术指标低于国家标准、地方标准和行业标准时,企业标准就被视为无效标准。

## (一)企业标准化的作用和意义

标准化是企业的一项综合性基础工作,贯穿于企业整个生产、技术和管理活动的全过程,是质量管理的基础,可使企业的所有资源达到最佳组合。首先,标准化是企业管理走向现代化管理的需要,也是企业组织生产和提供服务的依据。企业严格按照标准要求生产,产品品质才有保证,生产效率才能提高,行业整体质量水平才能得以提升。标准化还是激发企业科技自主创新的原动力。标准的实施过程就是科技成果普及推广的过程,而科技创新不断提升标准水平,标准又不断促进科技成果转化,两者互为基础、互为支撑。其次,标准化是提升企业核心竞争力的有力武器。最后,企业根据生产和经营的需要,可自行制定本企业所需要的标准,不必经过其他机构的批准或认定。因而企业制定的标准能够快速满足市场的需求,提升企业自身的市场竞争力,在市场竞争中占据优势。

## (二)企业标准分类

企业标准按其类型大致可分为以下五类。

1.企业生产的产品,没有国家标准、地方标准、行业标准和团体标准的,制定的企业产品标准。

2.为提高产品质量和促使技术进步,制定的严于国家标准、行业标准或地方标准的企业产品标准。

3.对国家标准、行业标准的选择、融合或补充的标准。

4.工艺、工装、半成品和方法标准。

5.生产、经营活动中的管理标准和工作标准。

## (三)企业标准体系

企业标准体系的建立是一项综合性、系统性工程,涉及多个部门和不同的工作环节。企业将标准化工作同企业管理有机结合,可以使企业的产品设计试验、工艺技术管理、生产经营活动科学规范、有序地进行。建立和实施企业标准体系是一项系统工程,是一个动态的不断完善的过程,涉及企业技术和管理工作的各个部门、各个环节,需要整合和利用企业各项资源,是企业实施标准化的核心部分。

标准是企业组织生产和提供服务的依据,包括技术标准(technical standard)、管理标准(management standard)和工作标准(duty standard)。其中,技术标准是主体,管理标准是保证,工作标准受技术标准和管理标准的指导与制约。新修订的《标准化法》将企业标准体系调整为产品实现标准体系(product realization standards system)、基础保障标准体系(fundamental supportive standards system)和岗位标准体系(position standards system)。

GB/T 15496—2017《企业标准体系要求》指出,企业标准体系主要包括产品实现标准体系、基础保障标准体系、岗位标准体系。该体系主要包含五个标准:GB/T 15496—2017《企业标准体系 要求》;GB/T 15497—2017《企业标准体系 产品实现》;GB/T 15498—2017《企业标准体系 基础保障》;GB/T 19273—2017《企业标准化工作 评价与改进》;GB/T 35778—2017《企业标准化工作 指南》。

1.产品实现标准体系

根据 GB/T 15497—2012《企业标准体系 产品实现》规定,产品实现标准体系是指企业为满足顾客需求所执行的,规范产品实现全过程的标准按其内在联系形成的科学的有机整体。产品实现标准体系包括产品标准子体系、设计和开发标准子体系、生产/服务提供标准子体系、营销标准子体系、售后/交付后标准子体系等。

产品标准子体系主要包括企业声明执行的国家标准、行业标准、地方标准或团体标准;企业声明执行的企业产品和服务标准;为保证和提高产品质量,制定严于国家标准、行业标准、地方标准、团体标准或企业产品和服务标准,作为内部质量控制的企业产品和服务内控标准;与顾客约定执行的技术要求或其他标准,如国外技术法规、国际标准、国外先进标准及其他国家的标准等。

设计和开发标准子体系主要包括产品决策标准:企业对所开发产品的市场或顾客需求和本企业具体情况进行分析、研究,做出开发的决策,收集、制定的产品决策标准;产品设计标准:企业将产品决策输出的信息作为输入,进行方案拟订、研究实验、设计评审,完成全部技术文件的设计,收集、制定的产品设计标准;产品试制标准:企业对通过试验、试制或用户试用,验证产品设计输出的技术文件的正确性、产品符合质量特性要求,收集、制定的产品试制标准;产品定型标准:企业为确保持续稳定达到产品生产/服务提供条件,在产品试制的基础上进一步完善产品生产/服务提供的方法和手段,改进、完善并定型产品生产/服务提供过程中使用的工具、器具,配置必要的产品生产/服务提供和试验/测试用的设施、设备,收集、制定的产品定型标准;设计改进标准:企业为提高产品质量和适用性,对产品实现各阶段收集到的反馈信息进行分析、处理和必要的试验,收集、制定的设计改进标准等。

生产/服务提供标准子体系主要包括生产/服务提供计划标准;采购标准;工艺/服务标

准；监视、测量和检验标准；不合格控制标准；标识标准；包装标准；储存标准；运输标准；产品交付标准等。

营销标准子体系主要包括营销策划标准、产品销售标准等。

售后/交付后标准子体系主要包括维保服务标准、三包服务标准、售后/交付后技术支持标准、售后/交付后信息控制标准、产品召回和回收再利用标准等。

2.基础保障标准体系

根据 GB/T 15498—2017《企业标准体系 基础保障》规定，基础保障标准体系是指企业为保障企业生产、经营、管理有序开展所执行的，以提高全要素生产率为目标的标准，按其内在联系形成的科学的有机整体。一般包括规划设计和企业文化标准子体系、标准化工作标准子体系、人力资源标准子体系、财务和审计标准子体系、设备设施标准子体系、质量管理标准子体系、安全和职业健康管理标准子体系、环境和能源管理标准子体系、法务和合同标准子体系、知识管理和信息标准子体系、行政事务和综合标准子体系等。

规划设计和企业文化标准子体系主要包括规划计划标准：企业对规划、计划的管理机制和方法等事项所形成的标准；品牌标准：确定企业品牌建设、策划、品牌运营和管理事项形成的标准；企业文化标准：确立企业的价值观念、行为规范、道德、风尚、习俗等事项形成的标准；与顾客约定执行的技术要求或其他标准，如国外技术法规、国际标准、国外先进标准及其他国家的标准等。

标准化工作标准子体系包括但不限于标准化工作组织与管理标准，以企业标准化活动普遍使用的事项形成的标准；标准化工作评价标准，以确定标准化管理效果所采用的标准。

人力资源标准子体系主要包括劳动组织标准：以确定企业的组织机构，人员配备，定员定岗定编、劳动组织等事项形成的标准；劳动关系标准：以确定企业员工的用工形式、工作内容、工作要求、劳动关系管理等事项形成的标准；绩效标准：以企业员工绩效为对象的有关绩效计划制订、绩效辅导沟通、绩效考核评价、绩效结果应用和绩效目标提升等事项形成的标准；薪酬福利保障标准：以建立企业薪酬福利体系形成的标准；培训和人才开发标准：以建立企业员工培训与人才开发体系形成的标准等。

财务和审计标准子体系主要包括预算标准：以企业预、决算要求和管理等事项形成的标准；成本管理标准：以企业生产成本、销售成本以及为保证和提高产品质量而发生的质量成本等的核算、控制、考核工作等事项形成的标准；资金管理标准：以企业资金管理事项形成的标准；资产管理标准：以企业固定资产、无形资产、物质储备、资产管理等事项形成的标准；投资、融资标准：以企业投资、融资管理事项形成的标准；税务管理标准：以相关税务政策规定为依据，企业税务工作形成的标准；审计管理标准：以相关审计政策规定为依据，企业审计工作形成的标准等。

设备设施标准子体系主要包括设备设施设计和选购标准：以企业生产、经营和管理需要，购置或自制设备设施的设计或选购等事项形成的标准；储运标准：企业收集编制设备及其购置或自制的备品备件的储存运输标准;安装调试和交付标准:以企业设备设施安装、调试、现场制造与交付事项形成的标准;使用保养和维护标准:以企业设备设施使用、保养与维护事项形成的标准;改造停用和废弃标准:以企业设备设施改造、停用、废弃等事项形成的标准;工艺装备标准:以企业产品实现过程中使用的各种工具(包括)的结构、尺寸、规格、材质、精度等事项形成的标准;基础设施标准:以企业生产、经营和管理活动中需要的构筑物、建筑物及其基础设施维护、管理等事项形成的标准;监视和测量标准:对企业生产、经营和管理活动中使用的设备、设施进行监视或测量方面的标准等。

质量管理标准子体系主要包括质量控制标准:以保障产品质量满足要求而开展的质量控制标准;精细化管理标准:以保障产品质量满足要求而开展的将管理责任具体化、明确化的标准;精益化管理标准:以保障产品质量满足要求、杜绝浪费和无间断的作业流程的标准,包含整理、整顿、清扫、清洁、保养等。

安全和职业健康管理标准子体系主要包括安全标准:以保护生命和财产安全为目的,企业建立安全管理体系形成的标准,如产品安全、生产安全、信息安全、事故处置、交通安全、消防安全等;应急标准:以企业为减少紧急事件发生带来的人员伤害、财产损失及环境破坏,采取技术和管理控制等事项形成的标准;职业健康标准:以企业在生产、经营和管理活动中各环节在保障人身健康,动植物生命与健康等事项形成的标准等。

环境和能源管理标准子体系主要包括环境标准:以表明产品在生产、使用、消费及处理过程中符合环境保护要求,企业使用标志,采取环保措施形成的标准等;废弃物排放标准:以企业生产、经营和管理活动各环节中有关废弃物处置及向大气、土壤、水体排放控制等事项形成的标准;能源标准:以利用能源、节约能源、降低消耗、提高效益为目的形成的标准等。

法务和合同标准子体系主要包括法务管理标准:以企业法律风险防控、总法律顾问履职、法律工作体系建设等事项形成的标准;合同管理标准:以企业与相关方达成一致的契约、合同及法律法规承诺等事项形成的标准等。

知识管理和信息标准子体系主要包括知识产权管理标准:以自身的经营战略及核心业务,鉴别企业内的知识资源,建立相应的管理体系并形成标准;信息标准:对企业各类信息采集、甄别、分析、应用和监管等事项形成的标准;文件与记录标准:以企业生产、经营和管理活动中信息及承载媒介的形成和管理等事项形成的标准;档案标准:以企业生产、经营和管理活动中形成的具有保存价值的信息归档、保管、利用等事项形成的标准。

行政事务和综合标准子体系主要包括行政事务标准:以企业除研发、生产、营销之外的办公事务和行政事务等事项形成的标准;技术、资源标准:以企业生产经营和管理活动中的创新、储备、积累、推广、应用等事项形成的标准;风险管理标准:与企业风险识别、评估、处置、规避等事项形成的标准;内控管理标准:以企业采取的对人、财务、资产、工作流程实行有效监督管理事项形成的标准等。

**3.岗位标准体系**

岗位标准体系是指企业为实现基础保障标准体系和产品实现标准体系有效落地执行的,以岗位作业为组成要素,按其内在联系形成的科学的有机整体。企业内的最高决策层要熟悉标准化工作,特别是《企业标准化管理办法》和 GB/T 19004—2011/ISO 9004:2009《追求组织的持续成功 质量管理方法》等,负责组织构建企业标准体系;企业职能部门应有专兼职的标准化人员或机构,具备相应的专业知识标准化知识和工作技能,熟悉与本企业相关的标准化法及相关的法律法规,熟悉 GB/T 13016—2018《标准体系构建原则和要求》和 GB/T 13017—2018《企业标准体系表编制指南》等,组织并落实企业标准体系的建设及运行,对新产品、改进产品、技术改造和技术引进等提出标准化要求,负责标准化审查,并组织制定企业标准化管理标准(或标准化规章制度),负责企业内的日常标准化培训。岗位标准体系应明确各岗位的职责和权限,以及相关岗位的相互关系,各负其责,避免交叉,协调一致。岗位标准体系是企业科学管理的需要,是依法依规治理企业的需要,更是企业提高经济效益的需要。

## (四)茶叶企业标准的编制

标准制(修)定程序一般分为立项、起草草案、征求意见、审查、批准、复审(复审结论包括继续有效、修订和废止三种)和废止七个阶段。企业标准应当符合国家法律法规的规定,不得与强制性标准相抵触。企业应对所制定标准的合法性、科学性、与强制性标准的符合性以及标准的实施后果负责。

**1.茶叶企业标准编制原则**

标准编写格式可在参照现行的类似标准的基础上,按照 GB/T 1.1—2002《标准化工作导则 第1部分:标准的结构和编写规则》进行;如是产品标准,按照 GB/T 20001.10—2014《标准编写规则 第10部分:产品标准》进行。茶叶企业除了出口产品的技术要求需依照合同的约定执行外,在自主研制企业标准时应当遵循以下原则。

(1)符合国家有关法律、法规和规章的规定,如标准化法、标准化法实施条例、食品安全法、食品安全法实施条例等。

(2)符合强制性的国家标准、行业标准和地方标准,与相关标准具有协调性。

(3)符合国家有关产业发展方针、政策。

(4)促进新技术、新发明成果转化和提高市场占有率。

(5)改善环境、安全和健康,节约资源。

(6)增强产品/服务的兼容性和有效性,能完整反映产品的质量特征和功能特性,并保证产品质量和产品安全。

(7)有利于发展贸易,规划市场秩序,保护消费者的合法权益。

(8)标准实施的可行性。

(9)本企业内的企业标准各要素之间、各标准之间要保持协调一致。

2.茶叶企业标准编制方式

标准的结构格式需符合 GB/T 35778—2017《企业标准化工作 指南》、GB/T 20001.10—2014《标准编写规则 第 10 部分:产品标准》、GB/T 1.2—2002《标准化工作导则 第 2 部分:标准中规范性技术要素内容的确定方法》等的规定,结合相关强制性国家标准的要求,内容完整并准确表述产品、服务的功能和特性。企业标准的编写可按以下方式进行。

(1)依据国际标准,按 GB/T 20000.2—2009《标准化工作指南 第 2 部分:采用国际标准》的规定进行转化。

(2)对国家标准、行业标准、地方标准或团体标准进行选择或补充,既可以整体施用,也可以将各种标准组合后在企业融合施用。

(3)自主编制特别需要指出的是,企业标准化工作过程中,并不是所有的企业活动均需要制定企业标准,企业标准并不是越多越好,企业标准的指标和要求也不是越高、越严越好,需要考虑产品实现或服务提供是否有相应或适用的国家标准、行业标准等,是否需要制定严于国家标准或行业标准的企业标准来提供基础保障和要求等。

3.企业标准的标准号编码

企业标准由企业制定,经企业法人代表或法人代表授权的主管领导批准、发布,以"Q"开头。企业标准编号一经制定并颁布,即对整个企业具有约束力,是企业的法律性文件。企业标准编号一般"企业代号"可用汉语拼音字母或阿拉伯数字或两者兼用组成,其具体按中央所属企业和地方企业分别由国务院有关行政主管部门和省、自治区、直辖市人民政府标准化行政主管部门会同同级有关行政主管部门规定。因此,企业标准的具体编号规则要向所在地的市场监督管理局标准化部门咨询。

如 Q/320801 BQH 030—2019《智能化果园避障中耕除草管理机》,其中 320801 是 BQH 企业所在地江苏省淮安市经济技术开发区所在的行政区划代码;BQH 为企业名称缩写;030 是企业标准的顺序号;2019 是发布年份;智能化果园避障中耕除草管理机是标准名称。

## (五)茶叶企业标准的实施

1.实施原则

企业标准体系的实施属过程管理,需要企业的生产、经营等各个环节实行标准化管理,持续改进,使企业取得良好的经济效益和社会效益。茶叶企业在标准体系实施的过程中,要遵守以下原则。

(1)国家标准、行业标准、地方标准中的强制性标准和技术法规,企业必须严格执行;不符合技术法规和强制性标准的产品,禁止出厂、销售和进口。

(2)推荐性标准,企业一经采用,应严格执行。

(3)已公开声明的企业产品标准和其他企业标准,均应严格执行。

(4)出口产品的技术要求,依照合同的约定执行。

2.标准制定(修订)工作

(1)掌握和采用国际标准。在国际标准或国外先进标准方面,企业可根据自身需要和国内外市场需求,检索和收集相关国际标准或国外先进标准,企业通过采用国际标准或国外先进标准,可消化并吸收所采用标准承载的先进技术,减少技术性贸易障碍,快速适应国际贸易的需求,提高产品质量和技术水平,拓宽贸易市场。

(2)积极参与国家标准制定(修订)。积极培养标准化人才,强化标准意识。茶叶企业可积极申请全国茶叶标准化技术委员会的委员或观察员,以了解我国茶叶标准制、修订情况。

(3)参与团体标准的制定(修订)。积极参与具有法人资格和相应专业技术能力的相关茶叶行业组织(如中国茶叶学会、中国茶叶流通协会)等社会团体成立的标准化技术委员会的标准化活动。

3.现行企业标准制度

我国现行的国标、行标、地标等政府主导的标准更多属于保障型和基础型的标准,难以作为领跑标准,企业标准应严于国家标准和行业标准的要求,成为领跑者标准选择的主体。

2018年,国家市场监督管理总局等八部门联合发布了《关于实施企业标准"领跑者"制度的意见》(国市监标准〔2018〕84号),提出强化企业标准引领,树立行业标杆,促进全面质量提升,推动建立企业标准"领跑者"制度的要求。

意见明确了企业标准"领跑者"激励政策。在标准创新贡献奖和各级政府质量奖评选、品牌价值评价等工作中采信企业标准"领跑者"评估结果;鼓励政府采购在同等条件下优先选择企业标准"领跑者"符合相关标准的产品或服务;统筹利用现有资金渠道,鼓励社会资本以市场化方式设立企业标准"领跑者"专项基金;鼓励和支持金融机构给予企业标准"领跑者"信贷支持;鼓励电商、大型卖场等平台型企业积极采信企业标准"领跑者"评估结果。

企业标准"领跑者"制度建立的企业标准排行榜,有利于企业打造品牌,提高优秀产品和服务的市场认知度与占有率,进一步提升企业的行业竞争能力;有利于企业信用制度和市场信息公开机制建设,营造良好的营商和市场竞争格局。形成优标优质优价、优胜劣汰的良好氛围。此外,企业标准"领跑者"作为行业标杆,为普通企业质量、技术提升指明了发展方向。

## (六)企业标准体系评价

根据 GB/T 19273—2017《企业标准体系评价与改进》规定,企业要对自身建立的标准体系进行自我评价及改进,或者以用户或采购方进行的第二方评价,以及独立企业和第二方机构的第三方机构进行评价。评价要遵循客观公正、科学严谨、全面准确、注重实效等原则;评价的依据主要如下。

(1)国家有关的方针、政策。

(2)标准化及相关法律法规和强制性标准(如标准化法及其实施条例、食品安全法及其实施条例、农产品质量安全法、合同法、侵权责任法、产品质量法、消费者权益保护法、进出口商品检验法;食品安全国家标准 GB 2760—2014、GB 2762—2017、GB 2763—2021、GB 4806—2016、GB 5009—2016、GB 7718—2011 等)。

(3)企业标准化战略、方针、目标。

(4)企业标准体系系列标准依据 GB/T 15496—2017《企业标准体系要求》编制企业标准体系。

(5)企业标准体系及相关文件。

企业根据评价结果和复核结果对企业标准体系进行改进,以提升标准化活动的战略与策略,完善标准体系的结构与内容,提升企业标准化人员的素质和能力等。若是第三方评价,企业可申请领发《企业标准化工作评价证书》。

在质量管理活动中,要求把各项工作按照做出计划(plane)、执行(do)、检查(check)、行动(action),即运用 PDCA 循环方式不断提高企业全方位的质量管理水平。然后将成功的纳入标准,不成功的留待下一循环去解决,通过周而复始的动态循环,实现持续改进。

### (七)企业标准自我声明公开和监督

新修订的标准化法规定,企业标准实行自我声明公开和监督制度(Self-declaration, Disclosure and Supervision of Enterprise Standard)。其取消了在我国实施 30 年的企业产品标准备案管理制度,由事前监管转变为事中和事后监管。

建立企业标准自我声明公开和监督制度,是营造公平竞争市场环境的重要举措。一是有利于放开搞活企业,保障企业主体地位,落实企业主体责任。二是有利于消除消费者(用户)与企业之间对产品质量信息不对称的问题,维护消费者(用户)知情权,引导消费者(用户)理性消费。三是有利于政府更好地提供公共服务和事中、事后监管。四是有利于社会监督,能够充分调动消费者(用户)、行业组织、技术机构等的积极性,促进形成全社会质量共治机制,提升企业产品和服务标准水平,推动市场秩序健康稳定发展。

企业应在其产品和服务进入市场公开销售之前,将产品和服务执行的标准信息公开。企业已在产品包装或者产品和服务的说明书上公开其执行的标准的,仍鼓励企业通过标准信息公共服务平台公开。

企业生产的产品和提供的服务,如果执行国家标准、行业标准、地方标准和团体标准的,企业应公开相应的标准名称和标准编号;如果企业生产的产品和提供的服务所执行的标准是本企业制定的企业标准,企业除了公开相应的标准名称和标准编号,还应当公开企业产品、服务的功能指标和产品的性能指标。企业应对公开的产品和服务标准的真实性、准确性、合法性负责。需要注意的是,公开标准指标的类别和内容由企业根据自身特点自主确定,企业可以不公开生产工艺、配方、流程等可能含有企业技术秘密和商业秘密的内容。

企业标准自我声明公开和监督制度调整的对象是企业生产的产品和提供的服务所执行的标准,这类标准规定了企业生产的产品和提供的服务所应达到的各类技术指标与要求,是企业对其产品和服务质量的硬承诺,应当公开并接受市场监督。因此,企业产品和服务标准公开是企业的法定义务。为此,国家标准化管理委员会建立了企业标准信息公共服务平台(www.qybz.org.cn)。自我声明公开和监督制度业已成为矫正经营者与消费者信息不对称的标准化制度通道。

企业生产的产品和提供的服务应当符合企业自我声明公开的标准提出的技术要求,不符合企业自我声明公开标准提出的技术要求的,应依法承担相应的责任。如构成标准承诺失信违约的,应依合同法的规定承担违约责任,消费者可根据产品质量法请求缺陷产品的合同责任或损害赔偿责任;涉嫌欺诈的,可根据消费者权益保护法请求惩罚性赔偿。

【复习思考题】

1. 茶叶团体标准的作用和意义是什么?
2. 请阐明茶叶团体标准的发展趋势。
3. 茶叶团体标准编制包括哪些内容?
4. 茶叶团体标准的第三方评价要求有哪些方面的内容?
5. 茶叶企业标准的分类包括哪些内容?
6. 茶叶企业标准的体系包括哪些内容?
7. 我国茶叶企业标准实施的原则包括什么?
8. 茶叶企业标准的自我声明目的是什么?

# 项目五　茶叶质量安全与茶叶生产经营许可管理

【知识目标】

(1)掌握茶叶质量安全概念、评价体系。

(2)熟悉《食品生产许可管理办法》的内容。

(3)熟悉申办茶叶(食品)生产许可证的要求和程序。

【技能目标】

(1)具备一定茶叶质量安全状况的评价能力。

(2)具备申请茶叶生产许可证的能力,包括软硬条件的准备能力、陪同审查小组现场审查的协作能力。

(3)具备将《食品生产许可审查通则》《茶叶生产许可证审查细则》要求转换成内部管理文件的能力。

## 一、食品质量安全与食品生产许可管理制度

茶叶是一类食品,对其质量安全管理规定的认识先要从国家有关食品质量安全相关法律法规和管理制度学习开始。

### (一)食品质量安全概念

1.食品质量

食品质量是由各种要素组成的。这些要素被称为食品所具有的特性,不同的食品特性各异。因此,食品所具有的各种特性的总和,便构成了食品质量的内涵。按照 GB/T 19000—2016(ISO 9000:2015)对质量的定义,我们可以将食品的质量规定为:食品的一组固有特性满足要求的程度。

"要求"可以包括安全性、营养性、可食用性、经济性等几个方面。食品的安全性是指食品

在消费者食用、储运、销售等过程中,保障人体健康和安全的能力。食品的营养性是指食品对人体所必需的各种营养物质、矿物质元素的保障能力。食品的可食用性是指食品可供消费者食用的能力。任何食品都具有其特定的可食用性。食品的经济性是指食品在生产、加工等各方面所付出或所消耗成本的程度。

2.食品质量安全

食品质量安全是指食品质量状况对食用者健康、安全的保证程度。用于消费者最终消费的食品不得出现因食品原料、包装问题或生产加工、运输、储存过程中存在的质量问题对人体健康、人身安全造成或者可能造成不利影响。食品的质量必须符合国家的法律、行政法规和强制性标准的要求,不得存在危及人体健康和人身、财产安全的不合理危险。

食品质量安全实际包括四个方面内容。

(1)食品的污染给人类的健康、安全带来的威胁。按食品污染的性质划分,有生物性污染、化学性污染、物理性污染;按食品污染的来源划分,有原料污染、加工过程污染、包装污染、运输和储存污染、销售污染;按食品污染发生情况划分,有一般性污染和意外性污染。目前,畜禽肉品激素和兽药的残留问题日益突出,可能成为21世纪的重点食品污染问题之一。

(2)食品工业技术发展所带来的质量安全问题。如食品添加剂、食品生产配剂、介质以及辐射食品、转基因食品等。这些食品工业的新技术多数采用化工、生物以及其他的生产技术。采用这些技术生产加工出来的食品对人体有什么影响,需要一个认识过程,不断发展的新技术不断带来新的食品质量安全问题。

(3)滥用食品标识。食品标识是现代食品质量不可分割的重要组成部分,各种不同食品的特征及功能主要是通过标识来展示的。因此,食品标识对消费者选择食品的心理影响很大。一些不法的食品生产经营者时常利用食品标识的这一特性,欺骗消费者,使消费者受骗,甚至身心受到伤害。当前食品标识的滥用比较严重,主要有以下问题。

①伪造食品标识。如伪造生产日期,冒用厂名、厂址,冒用质量标志。

②缺少警示说明。

③虚假标注食品功能或成分,用虚夸的方法展示该食品本不具有的功能或成分。

④缺少中文食品标识。进口食品,甚至有些国产食品,利用外文标识,让国人无法辨认。

(4)人为加入非食品添加剂。不法商家为牟取暴利,人为添加三聚氰胺以达到用凯氏氮法测定蛋白质含量高的目的,三聚氰胺是工业化学品而不是食品添加剂。

## (二)食品生产许可管理制度

食品质量安全市场准入制度就是为保证食品的质量安全,具备规定条件的生产者才允许进行生产经营活动、具备规定条件的食品才允许生产销售的监管制度。因此,实行食品质量安全市场准入制度是一种政府行为,是一项行政许可制度。

食品质量安全市场准入制度包括以下三项具体制度。

(1)对食品生产企业实施生产许可证制度。对于具备基本生产条件、能够保证食品质量安全的企业,发放《食品生产许可证》,准予生产获证范围内的产品;未取得《食品生产许可证》的企业不准生产食品。这就从生产条件上保证了企业能生产出符合质量安全要求的产品。

(2)对企业生产的食品实施强制检验制度。未经检验或经检验不合格的产品不准出厂销售。对于不具备自检条件的生产企业强令实行委托检验。这项规定适合我国企业现有的生产条件和管理水平,能有效地把住产品出产安全质量关。

(3)食品企业必须取得"SC"认证。《食品生产许可管理办法》(2020年1月2日国家市场监督管理总局令第24号公布 自2020年3月1日起施行)第三十条规定:"食品生产许可证编号由SC('生产'的汉语拼音字母缩写)和14位阿拉伯数字组成。数字从左至右依次为:3位食品类别编码、2位省(自治区、直辖市)代码、2位市(地)代码、2位县(区)代码、4位顺序码、1位校验码。"这组编号一经确定便不再更改,以后申请许可证延续及变更时,编号也不再变,相当于企业唯一的"身份证号码"。

### (三)《食品生产许可管理办法》的适用范围

(1)适用地域:中华人民共和国境内。

(2)适用主体:从事食品生产活动,先行取得营业执照等合法主体资格。企业法人、合伙企业、个人独资企业、个体工商户、农民专业合作组织等,以营业执照载明的主体作为申请人。

(3)适用产品:申请食品生产许可,应当按照以下食品类别提出:粮食加工品,食用油、油脂及其制品,调味品,肉制品,乳制品,饮料,方便食品,饼干,罐头,冷冻饮品,速冻食品,薯类和膨化食品,糖果制品,茶叶及相关制品,酒类,蔬菜制品,水果制品,炒货食品及坚果制品,蛋制品,可可及焙烤咖啡产品,食糖,水产制品,淀粉及淀粉制品,糕点,豆制品,蜂产品,保健食品,特殊医学用途配方食品,婴幼儿配方食品,特殊膳食食品,其他食品等。进出口食品按照国家有关进出口商品监督管理规定进行管理。

### (四)《食品生产许可管理办法》的核心内容

《食品生产许可管理办法》的核心内容主要包括以下三个方面。

1.对食品生产加工企业实行生产许可证管理

对食品生产加工企业实行生产许可证管理是指对食品生产加工企业的环境条件、生产设备、加工工艺过程、原材料把关、执行产品标准、人员资质、储运条件、检测能力、质量管理制度和包装要求等条件进行审查,并对其产品进行抽样检验。对符合条件且产品经全部项目检验合格的企业,颁发食品生产许可证,允许其从事食品生产加工。

2.对食品出厂实行强制检验

其具体要求有三点:一是取得食品质量安全生产许可证并经质量技术监督部门核准,具有产品出厂检验能力的企业,可以自行检验其出厂的食品。自行检验的企业,应当定期将样品送到指定的法定检验机构进行检验。二是已经取得食品质量安全生产许可证,但不具备产品出厂检验能力的企业,按照就近就便的原则,委托指定的法定检验机构进行食品出厂检验。三是承担食品检验工作的检验机构,必须具备法定资格和条件。

3.实施食品生产许可管理

获得食品质量安全生产许可证的企业,其生产加工的食品经出厂检验合格的,在出厂销售之前,必须在最小销售单元的食品包装上标注由国家统一制定的食品质量安全生产许可证编号(SC号)。

**(五)食品生产许可申请条件**

申请食品生产许可,应当符合下列条件。

(1)具有与生产的食品品种、数量相适应的食品原料处理和食品加工、包装、储存等场所,保持该场所环境整洁,并与有毒、有害场所以及其他污染源保持规定的距离。

(2)具有与生产的食品品种、数量相适应的生产设备或者设施,有相应的消毒、更衣、盥洗、采光、照明、通风、防腐、防尘、防蝇、防鼠、防虫、洗涤以及处理废水、存放垃圾和废弃物的设备或者设施;保健食品生产工艺有原料提取、纯化等前处理工序的,需要具备与生产的品种、数量相适应的原料前处理设备或者设施。

(3)有专职或者兼职的食品安全专业技术人员、食品安全管理人员和保证食品安全的规章制度。

(4)具有合理的设备布局和工艺流程,防止待加工食品与直接入口食品、原料与成品交叉污染,避免食品接触有毒物、不洁物。

(5)法律、法规规定的其他条件。

# 二、茶叶质量安全概念

茶叶质量安全包含了茶叶质量与茶叶安全,茶叶质量是指"茶叶的特性及其满足消费要求的程度",茶叶安全是指"长期正常饮用对人体不会有危害"。茶叶质量安全为茶叶质量与茶叶安全的总称。茶叶质量与茶叶安全相关的标准与制度是生产经营者必须遵守的法则。企业经营者应该认识到质量与安全不是检验出来的而是生产出来的,因此国家制定了从田间到茶杯的一系列法律、行政管理制度、各类标准,给了生产经营者明确的指引。

**(一)茶叶质量**

GB/T 19000—2016(ISO 9000:2015)《质量管理体系 基础和术语》中,关于质量的定义:一组固有特性满足要求的程度。"固有"是指存在于某事或某物中,尤其是那种永久的特性。"要求"是指明示的、通常隐含的或必须履行的需求或期望。根据质量的一般定义,茶叶质量可定义为"茶叶特性及其满足消费要求的程度"。

(1)茶叶特性是指茶叶本身固有的各种品质特征:①感官品质特征,如茶叶外形、汤色、香气、滋味和叶底;②理化品质成分,包括茶叶营养成分和保健成分等;③茶叶安全性,包括各种有毒有害物质含量。

(2)对茶叶的要求。消费者和社会对茶叶的要求,包括明示的要求和隐含的期望。明示要求是指在文件中阐明的要求,如关于茶叶生产、加工及茶叶本身的食用安全性等方面的法律法规的规定;国家、行业或地方制定的茶叶标准、规范和技术要求;市场对茶叶的要求,如食品标签、包装标识和市场准入条件等。隐含的期望是指消费者和社会的需求或期望,是消费者对茶叶的理解和要求,并没有文件规定,如消费者通常认为龙井茶是一种外形扁平光直、色绿、清香的茶叶,否则,就不是龙井茶。

(3)满足消费者的程度。茶叶满足消费者的程度是指茶叶满足明示的要求和隐含的期望水平状态,生产的茶叶既要满足规定要求的客观水平,如茶叶质量标准,符合标准茶叶质量就合格,合格是对茶叶质量的基本要求,并不等于茶叶质量无缺陷。茶叶质量标准是根据一定时期的茶叶科技水平和经济状况而制定的,是相对稳定的,而消费者对茶叶质量的要求则是时时在变化的,因此,茶叶还要满足消费者的主观要求。

## (二)茶叶食用或饮用安全影响因素

茶叶安全是指长期正常饮用对人体不会有危害的茶叶。目前影响茶叶安全性的主要因素如下:

(1)化学性有害因素。茶叶中的有害化学物质首先来源于农药、除草剂、生长调节剂等的正常或违规使用,导致茶叶中有害化学物质残留;其次是产地环境污染,如土壤、大气和水的污染,导致茶叶中有毒有害元素和放射性物质残留。另外,还有茶叶加工、包装等不当引起的化学物质污染。

(2)生物性有害因素。茶叶生产环节多,在生产、加工、包装、储藏、运输和销售等过程中都有被微生物污染的可能,如生产加工用具和包装材料等被微生物污染;茶叶在加工过程中放置不当,如将茶叶半成品或成品直接放置在地上造成微生物污染;从事茶叶加工、包装等工作人员的健康有问题,也可能导致茶叶被致病性病源微生物污染。

(3)人为故意因素。个别茶叶生产经营者受经济利益驱使,违法使用色素、香精、化工原料、水泥和滑石粉等物质,导致茶叶中对人体有害成分的增加。

(4)生理性因素。茶树的生理性原因造成茶树某些化学物质的富集,如茶树是富氟植物,导致每公斤茶叶中氟含量低的几十毫克,高的数百毫克,最高可超过1000毫克,人体少量摄入氟有利于健康,但摄入量过多,则会给人体健康带来危害。

## (三)茶叶质量安全评价

1. 感官品质评价

感官品质是茶叶的外在品质,或称茶叶的商业品质。主要靠感官检验来确定,根据专业审评人员正常的视觉、嗅觉、味觉、触觉感受,使用规定的评茶术语,或参照实物样对茶叶产品的感官特性(形态、嫩度、色泽、香气、滋味等)进行评定,需要时还可以评分表述。茶叶感官审评必须依赖敏锐、熟练的评茶员,因此,评审结果将受审评场所、评茶员的健康状况、评茶员的主观原因、知识水平以及经验等影响,因此,从第三者来看,往往对审评结果的客观性、普遍性感到不安,甚至产生怀疑。但目前利用科学仪器还难以将茶叶感官品质的优劣进行数值化。

2. 理化品质评价

理化品质是茶叶的内在质量,主要靠仪器检测来判定。目前,常见的茶叶理化品质指标有:水分、灰分、水浸出物、粗纤维、水溶性灰分、酸不溶性灰分和水溶性灰分碱度等。水分和灰分直接与茶叶质量安全有关,水分含量过高,茶叶储藏性差,不仅茶叶感官品质易发生改变,而且茶叶易变质,存在较大质量安全隐患。我国茶叶水分含量一般规定≤7.0%,部分产品由于品质特殊性,水分含量要求适当放宽,如碧螺春茶7.5%、茉莉花茶8.5%和砖茶14.0%,日本规定茶叶水分含量为5.0%;灰分既是茶叶品质指标,又是茶叶安全指标,正常茶叶灰分含量为4%~7%,灰分含量过少则可能是假茶,灰分含量过高,说明茶叶受到泥沙、灰尘等污染。多数茶叶产品国标规定灰分≤7.0%,砖茶≤8.5%,国际红茶标准(ISO 3720)规定的灰分为4.0%~8.0%,海湾六国进口茶叶灰分标准为8.0%;规定水浸出物和粗纤维两项指标目的在于控制采用粗老茶树叶子加工茶叶,从而保证茶叶产品的品质。绿茶水浸出物含量≥36.0%,一般茶叶≥32.0%,砖茶≥21.0%,国际红茶标准(ISO 3720)最低要求≥32.0%,粗纤维含量一般要求≤16.0%;茶叶水溶性灰分一般要求≥45.0%,酸不溶性灰分要求≤1.0%,水溶性灰分碱度(以KOH计)为1.0~3.0%;另外,还有部分茶叶产品对茶多酚、氨基酸和咖啡碱等成分及粉末碎茶含量也有要求。

3. 安全指标评价

茶叶是采摘多年生常绿茶树鲜叶加工的,环境中除阳光外,土壤、水源、大气等都是茶树生长发育的影响因素,在茶树栽培管理过程中各种农资都有可能带来有害物质污染。因此,没有任何有害成分的茶叶是不存在的,对茶叶安全应有科学评价方法,以国家食品安全标准形式设定指标加以规范。

为确保农产品消费安全,原农业部于2001年启动了无公害食品行动计划,其中对茶叶从产地环境、生产技术、加工技术到最终的产品质量均制定了标准,涉及茶叶安全指标有8项(mg/kg):联苯菊酯≤5.0、氯氰菊酯≤0.5、溴氰菊酯≤5.0、乐果≤0.1、敌敌畏≤0.1、杀螟硫磷≤0.5、喹硫磷≤0.2、铅(以Pb计)≤5.0和1项大肠菌群≤300个/100克。无公害食品茶叶标准是基于基本满足茶叶消费安全而制定的,是对茶叶质量安全的最低要求,也是市场准入标准。从茶叶安全的角度看,安全指标越多,限量标准越严,茶叶安全性就越好,但对茶叶供应和产业影响就越大,因此,评价茶叶安全性的重要方法是对茶叶进行风险分析。

### (四)茶叶质量安全政策体系

茶叶质量安全政策体系包括茶叶质量安全标准体系、茶叶质量安全监督检测体系、茶叶质量安全认证体系、茶叶生产技术推广体系、茶叶质量安全执法体系和茶叶市场信息体系,这里主要介绍前三个体系。

(1)茶叶质量安全标准体系。茶叶质量安全标准主要有政府主导制定的强制性国家标准、推荐性国家标准、推荐性行业标准、推荐性地方标准以及市场自主制定的团体标准和企业标准。茶叶质量安全标准体系即与茶叶质量安全标准相关的所有组织或行为。茶叶标准体系框架(表1-1)由国家标准化管理委员会统一制定,可涵盖全部除茶叶机械以外的国家标准和行业标准。

(2)茶叶质量安全监督检测体系。茶叶质量安全监督检测体系是保障茶叶质量安全的重要组成部分,也是依照法律法规和标准,对茶叶实现从产地环境、农业投入品、农业标准化生产到市场准入监督管理的重要技术执法手段。茶叶质量安全监督检测是在食品质量安全监督管理基础上建立的。

2018年3月,十三届全国人大一次会议通过国务院机构改革方案,涉及食品安全方面的政府职能调整有以下几方面。

①组建农业农村部,不再保留农业部;组建国家卫生健康委员会,不再保留国家卫生和计划生育委员会。

②组建国家市场监督管理总局,不再保留国家工商行政管理总局、国家质量监督检验检疫总局、国家食品药品监督管理总局。其职能有18条包括负责食品安全监督管理综合协调、食品安全监督管理、统一管理标准化工作、统一管理检验检测工作、统一管理、监督和综合协调全国认证认可工作,管理国家药品监督管理局、国家知识产权局。

(3)茶叶质量安全认证体系。茶叶质量安全认证体系,按强制程度分为自愿性认证和强制性认证两种,按认证对象分为官方认证、体系认证和产品认证。自愿性体系认证有质量管理ISO 9001体系认证、HACCP管理体系认证、ISO 22000食品安全管理体系认证三种;自愿性产品认证,分别有绿色食品、有机产品、生态原产地保护产品三种认证,而绿色食品认证又细分为AA级和A级。

# 三、茶叶生产经营许可

## (一)茶叶生产经营许可管理

食品安全法第三十五条规定,国家对食品生产经营实行许可制度。从事食品生产、食品销售、餐饮服务,应当依法取得许可。但是,销售食用农产品和仅销售预包装食品的,不需要取得许可。仅销售预包装食品的,应当报所在地县级以上地方人民政府食品安全监督管理部门备案。

县级以上地方人民政府食品安全监督管理部门应当依照《中华人民共和国行政许可法》的规定,审核申请人提交的本法第三十三条第一款第(一)项至第(四)项规定要求的相关资料,必要时对申请人的生产经营场所进行现场核查;对符合规定条件的,准予许可;对不符合规定条件的,不予许可并书面说明理由。

企业法人、合伙企业、个人独资企业、个体工商户、农民专业合作组织等经合法注册,取得营业执照,并且在营业执照的经营范围中,有茶叶或食品生产经营的,生产经营茶叶时,需要取得许可,办理食品生产许可证(有生产过程的),方可开展茶叶的生产加工。如果没有生产过程,只有零售或批发经营的,需要取得食品经营许可证,才能批发或零售经营。因此,许可的类型,有食品生产许可和食品经营许可。

2015年10月1日起,新修定的食品安全法、《食品生产许可管理办法》《食品生产许可审查通则》发布实施"食品生产许可制度"[简称SC(由生产的汉语拼音字母字头组合)认证]取代了原来"食品质量安全市场准入制度"下的QS认证。由茶企以食品安全法为前提,根据《食品生产许可管理办法》《食品生产许可审查通则》以及《茶叶生产许可证审查细则》的要求,提出茶叶(食品)生产许可申请,经主管部门材料审查和专家组现场核查后,符合生产要求条件的即能取得食品生产许可证号即SC号。茶叶属食品,纳入食品生产许可管理范围,茶企生产茶叶及相关产品质量安全严格受到国家法律法规的管控,产品质量、安全的主体是企业。

## (二)茶叶生产许可认证

(1)茶叶生产许可认证的管理部门与机构。

国家市场监督管理总局负责监督指导全国食品生产许可管理工作。县级以上地方市场监督管理部门负责本行政区域内的食品生产许可监督管理工作。

省、自治区、直辖市市场监督管理部门可以根据食品类别和食品安全风险状况,确定市、县级市场监督管理部门的食品生产许可管理权限。

(2)茶叶生产许可的申请、受理、审查、决定及监督检查,按照国家市场监督管理总局《食品生产许可管理办法》执行。

①茶叶及相关制品在原《食品生产许可分类目录》中列为第十四类食品,包括茶叶、边销

茶、茶制品、调味茶、代用茶五个品种。

②2020年2月23日,国家市场监督管理总局发布公告(2020年第8号):根据《食品生产许可管理办法》(国家市场监督管理总局令第24号),对《食品生产许可分类目录》进行修订,自2020年3月1日起施行。《食品生产许可证》中"食品生产许可品种明细表"按照新修订的《食品生产许可分类目录》填写。

③茶叶及制品类新旧分类目录主要变化:删除了原1402边销茶(花砖茶、黑砖茶、茯砖茶、康砖茶、沱茶、紧茶、金尖茶、米砖茶、青砖茶、方包茶、其他)的类别,调整至紧压茶类别中。新修订的《食品生产许可分类目录》(茶叶及相关制品类)见表5-1。

表5-1 新修订的《食品生产许可分类目录》(茶叶及相关制品类)

| | | | |
|---|---|---|---|
| 茶叶及相关制品 | 1401 | 茶叶 | 1.绿茶:龙井茶、珠茶、黄山毛峰、都匀毛尖、其他<br>2.红茶:祁门工夫红茶、小种红茶、红碎茶、其他<br>3.乌龙茶:铁观音茶、武夷岩茶、凤凰单枞茶、其他<br>4.白茶:白毫银针茶、白牡丹茶、贡眉茶、其他<br>5.黄茶:蒙顶黄芽茶、霍山黄芽茶、君山银针茶、其他<br>6.黑茶:普洱茶(熟茶)散茶、六堡茶散茶、其他<br>7.花茶:茉莉花茶、珠兰花茶、桂花茶、其他<br>8.袋泡茶:绿茶袋泡茶、红茶袋泡茶、花茶袋泡茶、其他<br>9.紧压茶:普洱茶(生茶)紧压茶、普洱茶(熟茶)紧压茶、六堡茶紧压茶、白茶紧压茶、花砖茶、黑砖茶、茯砖茶、康砖茶、沱茶、紧茶、金尖茶、米砖茶、青砖茶、其他 |
| | 1402 | 茶制品 | 1.茶粉:绿茶粉、红茶粉、其他<br>2.固态速溶茶:速溶红茶、速溶绿茶、其他<br>3.茶浓缩液:红茶浓缩液、绿茶浓缩液、其他<br>4.茶膏:普洱茶膏、黑茶膏、其他<br>5.调味茶制品:调味茶粉、调味速溶茶、调味茶浓缩液、调味茶膏、其他<br>6.其他茶制品:表没食子儿茶素没食子酸酯、绿茶茶氨酸、其他 |
| | 1403 | 调味茶 | 1.加料调味茶:八宝茶、三泡台、枸杞绿茶、玄米绿茶、其他<br>2.加香调味茶:柠檬红茶、草莓绿茶、其他<br>3.混合调味茶:柠檬枸杞茶、其他<br>4.袋泡调味茶:玫瑰袋泡红茶、其他<br>5.紧压调味茶:荷叶茯砖茶、其他 |
| | 1404 | 代用茶 | 1.叶类代用茶:荷叶、桑叶、薄荷叶、苦丁茶、其他<br>2.花类代用茶:杭白菊、金银花、重瓣红玫瑰、其他<br>3.果实类代用茶:大麦茶、枸杞子、决明子、苦瓜片、罗汉果、柠檬片、其他<br>4.根茎类代用茶:甘草、牛蒡根、人参(人工种植)、其他<br>5.混合类代用茶:荷叶玫瑰茶、枸杞菊花茶、其他<br>6.袋泡代用茶:荷叶袋泡茶、桑叶袋泡茶、其他<br>7.紧压代用茶:紧压菊花、其他 |

(3)按照《食品经营许可管理办法》第十条规定,茶叶经营许可主业态为食品销售经营。茶叶经营者申请通过网络经营应当在主业态后以括号标注。茶叶经营许可经营项目分为预包装和散装茶叶销售。

(4)茶农对茶鲜叶进行初加工形成的毛茶,属食用农产品,不需要取得许可。

# 四、茶叶质量安全监管

## (一)茶叶生产企业主体责任

茶叶生产属食品生产,需严格执行食品安全法、农产品质量安全法、《食品生产许可管理办法》等。茶叶生产企业应当严格按照食品安全法等法律、法规、标准和相关文件的规定,落实茶叶质量安全主体责任。

1.严把原料进厂安全关

茶叶生产企业应当严把原料采购关,确保采购的原料符合相关规定。认真落实原料进货查验记录制度,必要时对原料的农药残留、污染物、着色剂等项目进行检验,包括对原料中可能添加的铅铬绿、孔雀石绿、苏丹红等非食品原料进行检验。外购茶叶原料的茶叶生产企业,应当建立供应商名录,相对固定原料来源,并定期审核评估。鼓励企业建立茶叶原料基地,并对茶叶种植过程农业投入品的使用按要求严格控制,严禁使用国家明令禁止的农药。

2.严格组织生产

茶叶生产企业要严格按照相关法律、法规、标准和生产许可条件等组织生产,保证生产条件持续符合规定。新修订的《茶叶生产许可审查细则》,对原辅料、生产过程、产品出厂等全环节质量安全控制,提出更加严格的要求。企业在生产许可证有效期届满换证时,必须遵照执行。

3.不得使用食品添加剂

茶叶生产企业要遵照 GB 2760—2014《食品安全国家标准 食品添加剂使用标准》的规定,生产茶叶不允许使用任何食品添加剂。

4.不得使用非食品原料生产茶叶

茶叶生产企业要严格执行原辅料采购、生产过程管控、储存管理等食品安全管理制度,加强对原辅料和成品在储存、运输环节的质量安全管理,严禁使用铅铬绿、孔雀石绿、苏丹红或其他工业染料等非食品原料生产加工茶叶。

5.严格规范标签标识

茶叶生产企业要按照食品安全法、《总局关于进一步加强茶叶质量安全监管工作的通知》、GB 7718—2011《食品安全国家标准 预包装食品标签通则》、企业明示采用标准和相关茶叶标准等规定,严格规范标签标识。严格做到"五个不准":不准虚假标注产品执行标准、质量等级;不准生产无标识、标识不全或标识信息不真实的茶叶;不准虚假标注生产日期;不准虚假标注茶叶原料种植地区或类似表述;不准虚假标注手工制作、野生、储存年份或类似表述。

**6.强化出厂检验**

茶叶生产企业要按照相关食品安全国家标准和企业明示采用标准,进行产品出厂检验,检验不合格的,一律不得出厂销售。企业不具备自检能力的,要委托有法定资质的食品检验机构进行检验。一旦发现产品中铅、农药残留等安全指标不合格的,或检出着色剂、非食品原料的,要立即停产、彻查原因、召回产品,并向所在地食品药品监管部门报告。

**7.建立安全追溯体系**

食品安全法第四十二条规定,国家建立食品安全全程追溯制度。茶叶(食品)生产经营者应当依照食品安全法的规定,建立食品安全追溯体系,保证食品可追溯。国家鼓励食品生产经营者采用信息化手段采集、留存生产经营信息,建立食品安全追溯体系。

目前有关食品安全追溯体系的标准有 GB/T 33915—2017《农产品追溯要求－茶叶》、NY/T 1763—2009《农产品质量安全追溯操作规程》。

茶叶产品质量安全可追溯系统建设的实质是茶叶产品质量安全可追溯制度信息化,信息系统作为质量安全管理的手段和载体,其目标可以用"源头可追溯、生产(加工)记录、流向可跟踪、信息可查询、产品可召回、责任可追究"概括。

## (二)加强全面监督管理

**1.严格实行生产许可管理**

严格审查茶叶生产企业资质,达不到许可条件要求的,一律不予许可。完善退出机制,对不能持续满足生产许可条件、不能保证茶叶质量安全和整改后仍达不到要求的,必须依法关停,强制退出。建立和完善茶叶生产企业食品安全信用档案,促进企业依法生产、诚信经营、优胜劣汰。

**2.加强监督检查**

加强对茶叶生产企业的监督检查,加大对企业原辅料采储、生产环境条件、生产记录、出厂检验、销售记录等各环节检查力度,监督企业持续满足生产许可条件,确保产品符合标准要求。研究制定具体措施,加强对茶叶生产加工小作坊和原料茶、毛茶交易市场的监督管理,落实监管责任,对监督检查中发现的涉及其他部门的事项应及时通报。

**3.加大监督抽检和风险监测力度**

结合属地实际,制订监督抽检和风险监测计划,持续开展茶叶抽检监测工作。

**4.加大飞行检查力度**

质量监管执法部门组织开展茶叶生产企业飞行检查,严厉查处违法行为。对在监督检查和监督抽检等工作中发现的茶叶中农药残留超标、污染物超标、着色剂、非食品原料及标签标识等问题,以及企业原材料把关不严、使用食品添加剂或非食品原料生产加工茶叶、不严格产品出厂检验等问题的,组织飞行检查,对查出的问题,依照相关规定予以公开。

5.严厉打击违法违规行为

执法部门依法查处茶叶生产销售中的违法违规行为,严厉打击未取得食品生产许可证生产茶叶、使用不合格原料及工业染料等非食品原料生产茶叶、滥用食品添加剂生产茶叶等违法行为;坚决取缔制假售假黑窝点、黑作坊;加强与公安机关的协作配合,涉嫌犯罪的,及时移送公安机关追究刑事责任。

食品安全法第一百二十二条规定:未取得食品生产经营许可从事食品生产经营活动,或者未取得食品添加剂生产许可从事食品添加剂生产活动的,由县级以上人民政府食品药品监督管理部门没收违法所得和违法生产经营的食品、食品添加剂以及用于违法生产经营的工具、设备、原料等物品。

违法生产经营的食品、食品添加剂货值金额不足一万元的,并处五万元以上十万元以下罚款;货值金额一万元以上的,并处货值金额十倍以上二十倍以下罚款。

【复习思考题】

1.简要回答茶叶质量安全概念。

2.介绍茶叶质量安全评价体系。

3.中国食品生产许可证号的编号编制规则是什么?

# 项目六  茶叶质量与安全体系认证

【知识目标】
(1)掌握茶叶质量安全体系基本内容和体系认证的意义。
(2)熟悉茶叶质量安全体系认证(包括绿色食品、有机食品)的要求和程序。
(3)了解地理标志产品保护与农产品地理标志登记、出口卫生和出口茶叶基地备案要求与申领程序。

【技能目标】
(1)具备编制茶叶质量安全体系认证(包括绿色食品、有机食品)资料的能力。
(2)具备将茶叶质量安全体系认证(包括绿色食品、有机食品)转换成内部管理文件和培训资料的能力。

## 一、茶叶质量认证概况

企业为提高管理水平,通过有资质的第三方认证机构进行质量认证,可以有效地推动企业管理和产品质量水平的提高。质量认证分为产品认证和体系认证两种。

### (一)茶叶质量产品认证

为了提高我国农产品的质量安全,近年来先后在农产品中开展了无公害农产品认证、绿色食品认证和有机食品认证,农产品认证得到快速发展,认证产品正从基地通过市场走进千家万户。这三项认证已构成保障我国农产品质量安全的重要措施,三项认证的共同之处是保证农产品或食品的质量安全;由于各自目标不同,其立足点不同,它们之间又有一些差异。

产品认证的特点是认证的对象为特定的产品。评定依据为产品质量符合指定的标准要求,质量体系满足指定的质量保证标准要求及特定的产品补充要求,评定依据应经认证机构认可。

茶叶产品认证属自愿性质,从质量安全角度分为三级别的茶叶,低残留的无公害茶叶、绿色食品茶和有机茶,都属于食品安全有保障的茶叶。但它们的生产技术有较大的区别,产品的农药残留量、污染物残留量有不同表现。

无公害农产品(茶叶)是指产地环境清洁,按照特定的技术操作规程生产,将有害物质含量控制在规定标准内的初级农产品。原国家农业部在2001年推出无公害农产品行动计划以来效果显著,到目前为止无公害农产品已是市场准入的最低标准,国家已停止无公害农产品认证。

有机茶和AA级绿色食品茶在安全性方面要求更高,规定生产基地要远离工厂、公路、生活区和传统农业区以避免各种污染源,在生产过程中不准使用任何化学合成的农药、化肥和除草剂,只能使用有机肥料,以农业、生物和物理方法控制病虫害。

## (二)茶叶质量体系认证

茶叶生产企业已进行的质量体系认证主要有 ISO 9001(质量管理和质量保证体系)认证、ISO 14001(环境管理和环境保证体系)认证和 HACCP(危害分析与关键控制点体系)认证、良好农业规范认证(GAP)。

质量体系认证的特点是认证的对象为供方(生产、经营方)的质量体系,评定依据是质量体系满足申请的质量保证模式标准要求和必要的补充要求。企业根据自身生产经营实际制定质量目标,由企业质量办公室制定及发布管理文件和程序文件,通过定期的内部审核和外部审核来实现质量体系运行的有效性。

# 二、绿色食品(茶叶)认证

## (一)绿色食品(茶叶)认证概述

绿色食品(茶叶)指的是遵循可持续发展原则,按照特定的生产方式生产,经专门机构认定,许可使用绿色食品标志的无污染的安全、优质、营养茶叶产品。绿色食品(茶叶)分为 A 级和 AA 级绿色食品两种,其标志如图 6-1 所示。

绿底白标志为A级绿色食品　白底绿标志为AA级绿色食品

图 6-1　绿色食品(茶叶)标志

A级绿色食品(茶叶)指的是在生态环境质量符合规定的产地,生产过程中允许限量使用高效低毒的农药、化肥和除草剂,但是使用的品种和数量必须控制在国家制定的标准范围以内,即使用限定的化学合成物质,按特定的生产操作规程生产、加工,产品质量及包装经检测、检查符合特定标准,并经专门机构认定、许可使用A级绿色食品标志的茶叶产品。

AA级绿色食品(茶叶)指的是在生态环境质量符合规定的产地,生产过程中不使用任何有害化学合成物质,按特定的生产操作规程生产、加工,产品质量及包装经检测、检查符合特定标准,并经专门机构认定、许可使用AA级绿色食品标志的茶叶产品。

### (二)绿色食品(茶叶)的一般特征

为区别于一般的普通食品,绿色食品实行标志管理。绿色食品标志是由中国绿色食品发展中心在原国家工商行政管理局商标局正式注册的质量证明商标。

绿色食品(茶叶)与普通茶叶相比具有以下四个明显的特征。

1.强调产品出自最佳生态环境

绿色食品(茶叶)生产从原料产地的生态环境入手,通过对原料产地及其周围的生态环境因子严格监测,判定其是否具备生产绿色食品(茶叶)的基础条件,只有符合绿色食品(茶叶)对生态环境的要求,才能发展绿色食品(茶叶)生产。

2.对产品实行全程质量控制

绿色食品(茶叶)的生产实施"从茶园到茶杯"全程质量控制,即通过产前环节的环境监测和原料监测,产中环节的具体生产、加工操作规程的落实,以及产后环节产品质量、卫生指标、包装、保险、运输、储藏、销售控制,确保绿色食品(茶叶)的整体产品质量,并提高整个生产过程的技术含量。

3.对产品依法实行标志管理

绿色食品标志是一个质量证明商标,属知识产权范畴,受《中华人民共和国商标法》保护。政府授权专门机构管理绿色食品标志。因此,绿色食品在认定的过程中是质量认证行为,在认定后与商标管理结合,使质量认证和商标管理有机地结合。

4.严密的质量标准体系

绿色食品产地环境质量标准、生产技术标准、产品标准、产品包装标准和储藏运输标准构成了绿色食品完整的质量标准体系,确保绿色食品的质量。

### (三)绿色食品(茶叶)认证程序

1.绿色食品(茶叶)认证的管理部门与机构

中国绿色食品发展中心隶属农业农村部,负责制定发展绿色食品的政策、法规及规划,组织制定绿色食品标准,组织和指导全国绿色食品开发与管理工作;专职管理绿色食品标志商标,审查、批准绿色食品标志产品;委托和协调地方绿色食品工作机构与环境及产品质量监测工作；组织开展绿色食品科研、技术推广、培训、宣传、信息服务、示范基地建设，以及对外经济技术交流与合作。

2.绿色食品（茶叶）认证程序

绿色食品（茶叶）认证程序如图6-2所示。

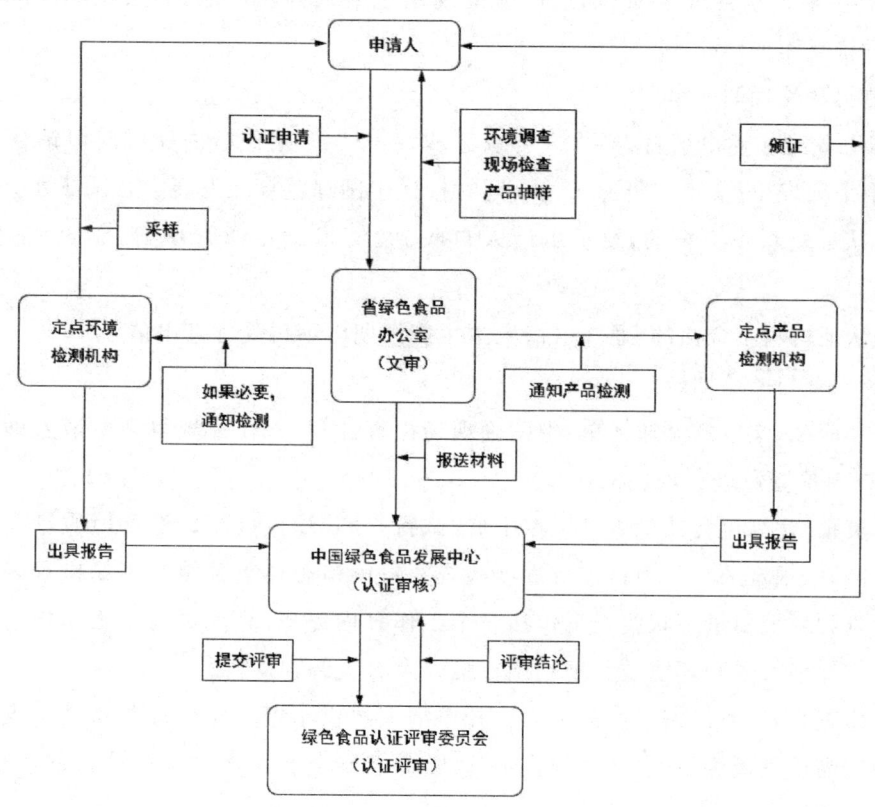

图6-2 绿色食品（茶叶）认证程序

(1)认证申请材料

申请绿色食品（茶叶）认证的单位和个人（以下简称"申请人"）向中国绿色食品发展中心及其所在省、自治区和直辖市绿色食品办公室或绿色食品发展中心（以下简称"省绿办"）领取《绿色食品标志使用申请书》《企业及生产情况调查表》及有关资料，或从中国绿色食品发展中心官方网站（网址：www.greenfood.agri.cn）下载，申请人填写并向所在的省绿办递交《绿色食品标志使用申请书》《企业及生产情况调查表》及以下材料。

① 保证执行绿色食品标准和规范的声明。

② 企业的申请报告。

③《绿色食品标志使用申请书》（一式两份）。

④《企业及生产情况调查表》。

⑤《农业环境质量监测报告》及《农业环境质量现状评价报告》。

⑥ 省委托管理机构考察报告及《企业情况调查表》。

⑦ 产品的执行标准,即 NY/T 288—2018《绿色食品 茶叶》以及具体的产品标准。

⑧ 茶叶种植和生产加工操作技术规程。

⑨ 企业营业执照复印件、商标注册证复印件。

⑩ 其他:企业质量管理手册、加工产品的现用包装式样及产品标签、原料购销合同(原件、附购销发票复印件)等。

(2)申请材料受理和文审

① 省绿办收到上述申请材料后,进行登记和编号,5 个工作日内完成对申请认证材料的审查,并向申请人发出《文审意见通知单》,同时抄送中国绿色食品发展中心认证处。

② 申请认证材料不齐全的,要求申请人自收到《文审意见通知单》后 10 个工作日内提交补充材料。

③ 申请认证材料不合格的,通知申请人本生产周期内不再受理其申请。

(3)现场检查与产品抽样

① 省绿办应在《文审意见通知单》中明确现场检查计划,并在计划得到申请人确认后委派 2 名或 2 名以上检查员进行现场检查。

② 检查员根据《绿色食品检查员工作手册(试行)》和《绿色食品产地环境质量现状调查技术规范(试行)》中规定的有关项目进行逐项检查。每位检查员单独填写现场检查表和检查意见。现场检查和环境质量现状调查工作在 5 个工作日内完成,完成后 5 个工作日内向省绿办递交现场检查评估报告和环境质量现状调查报告及有关调查资料。

③ 现场检查合格,可以安排产品抽样。凡申请人提供了近一年内绿色食品定点产品监测机构出具的产品质量检测报告,并经检查员确认,符合绿色食品产品检测项目和质量要求的,免产品抽样检测。

④ 产品抽样时,当时可以抽到适抽产品的,检查员依据《绿色食品产品抽样技术规范》进行产品抽样,并填写《绿色食品产品抽样单》,同时将抽样单抄送中国绿色食品发展中心认证处。特殊产品(如动物性产品等)另行规定。

⑤ 产品抽样时,当时无适抽产品的,检查员与申请人当场确定抽样计划,同时将抽样计划抄送中国绿色食品发展中心认证处。

⑥ 申请人将样品、产品执行标准、《绿色食品产品抽样单》和检测费寄送绿色食品定点产品监测机构。

⑦ 现场检查不合格,不安排产品抽样。

(4)环境监测

绿色食品产地环境质量现状调查由检查员在现场检查时同步完成。

① 经调查确认,产地环境质量符合《绿色食品产地环境质量现状调查技术规范(试行)》规定的免测条件,免做环境监测。

②根据《绿色食品产地环境质量现状调查技术规范(试行)》的有关规定,经调查确认,有必要进行环境监测的,省绿办自收到调查报告后在2个工作日内以书面形式通知绿色食品定点环境监测机构进行环境监测,同时将通知单抄送中国绿色食品发展中心认证处。

③定点环境监测机构收到通知单后,40个工作日内出具环境监测报告,连同填写的《绿色食品环境监测情况表》,直接报送中国绿色食品发展中心认证处,同时抄送省绿办。

(5)产品监测

绿色食品定点产品监测机构自收到样品、产品执行标准、《绿色食品产品抽样单》、检测费后,20个工作日内完成检测工作,出具产品检测报告,连同填写的《绿色食品产品检测情况表》,报送中国绿色食品发展中心认证处,同时抄送省绿办。

(6)认证审核

①省绿办收到检查现场检查评估报告和环境质量现状调查报告后,3个工作日内签审查意见,并将认证申请材料、现场检查评估报告、环境质量现状调查报告及《省绿办绿色食品认证情况表》等材料报送中国绿色食品发展中心认证处。

②中国绿色食品发展中心认证处收到省绿办送的材料、环境检测报告、产品检测报告及申请人直接寄送的《申请绿色食品认证基本情况调查表》后,进行登记编号,在确认收到最后一份材料后2个工作日内下发受理通知书,书面通知申请人并抄送省绿办。

③中国绿色食品发展中心认证处组织审查人员及有关专家对上述材料进行审查,20个工作日内做出审核结论。

④审核结论为"有疑问,需现场检查"的,中国绿色食品发展中心认证处在2个工作日内完成现场检查计划,书面通知申请人并抄送省绿办,得到申请人确认后5个工作日内检查员再次进行现场检查。

⑤审核结论为"材料不完整或需要补充说明"的,中国绿色食品发展中心认证处将向申请人发送《绿色食品认证审核通知单》同时抄送省绿办。申请人需在20个工作日内将补充材料报送中国绿色食品发展中心认证处,并抄送省绿办。

⑥审核结论为"合格"或"不合格"的,中国绿色食品发展中心认证处将认证材料、认证审核意见报送绿色食品评审委员会。

(7)认证评审

绿色食品评审委员会自收到认证材料、认证审核意见后10个工作日内进行全面评审,并做出认证终审结论。认证终审结论分为两种情况:认证合格、认证不合格。

①结论为"认证合格",执行第8条颁证。

②结论为"认证不合格",评委员会秘书处再做出终审结论。

③2个工作日内,将《认证结论通知单》发送申请人,并抄送省绿办本生产周期不再受理其申请。

(8)颁证

中国绿色食品发展中心在5个工作日内将办证的有关文件寄送"认证合格申请人,并抄送省绿办。申请人在60个工作日内与中国绿色食品发展中心签订《绿色食品标志商标使用许可合同》,中国绿色食品发展中心主任签发证书。

## (四)绿色食品(茶叶)的相关标准

现行绿色食品(茶叶)相关标准多为产品标准,涵盖了茶叶、茶饮料以及代用茶等茶产品,对产品的检验规则,标签、包装和储运均做了系统要求,而在绿色食品(茶叶)的产地环境、生产管理等环节,主要遵循绿色食品通用标准。现行的绿色食品(茶叶)相关标准见表6-1。

表6-1 绿色食品(茶叶)相关标准

| 序号 | 标准名称 | 标准主要内容 | 标准适用对象 |
| --- | --- | --- | --- |
| 1 | NY/T 288—2018《绿色食品 茶叶》 | 该标准规定了绿色食品(茶叶)的检验规则,标签,包装、储藏和运输要求 | 适用于绿色食品(茶叶)产品 |
| 2 | NY/T 391—2013《绿色食品 产地环境质量》 | 该标准规定了绿色食品产地的术语和定义、生态环境要求、空气质量要求、水质要求、土壤质量要求 | 适用于绿色食品(茶叶)产地 |
| 3 | NY/T 393—2013《绿色食品 农药使用准则》 | 该标准规定了绿色食品生产和仓储中有害生物防治原则、农药选用、农药使用规范和绿色食品农药残留要求 | 适用于绿色食品(茶叶)生产和储运管理以及产品质量安全评价 |
| 4 | NY/T 394—2013《绿色食品 肥料使用准则》 | 该标准规定了绿色食品生产中肥料使用原则、肥料种类及使用规定 | 适用于绿色食品(茶叶)生产施肥管理 |
| 5 | NY/T 1056—2006《绿色食品 储藏运输准则》 | 该标准规定了绿色食品储藏运输的要求 | 适用于绿色食品(茶叶)产地环境监测评价 |
| 6 | NY/T 1055—2015《绿色食品 产品检验规则》 | 该标准规定了绿色食品的检验分类、抽样、检验依据和判定规则 | 适用于绿色食品(茶叶)检验 |
| 7 | NY/T 658—2015《绿色食品 包装通用准则》 | 该标准规定了绿色食品包装的术语和定义、基本要求、安全卫生要求、生产要求、环保要求、标志与标签要求和标识、包装、储藏与运输要求 | 适用于绿色食品(茶叶)包装 |
| 8 | NY/T 1054—2013《绿色食品 产地环境调查、检测与评价规范》 | 该标准规定了绿色食品产地环境调查、产地环境质量检测和产地环境质量评价的要求 | 适用于绿色食品(茶叶)产地环境监测与评价 |
| 9 | NY/T 1713—2018《绿色食品 茶饮料》 | 该标准规定了绿色食品茶饮料的术语和定义、产品分类、要求、检验规则、标签、包装、运输和储藏 | 适用于绿色食品茶饮料 |
| 10 | NY/T 2140—2015《绿色食品 代用茶》 | 该标准规定了绿色食品代用茶的术语和定义、分类、要求、检验规则、标签、包装、运输及储藏 | 适用于绿色食品代用茶产品 |

## 三、有机茶认证

### (一)有机茶概述

有机茶是根据国际有机农业运动联合会(IFOAM)的《有机生产和加工基本标准》进行生产加工的,产品面向国内外市场。其要求经过有机食品认证机构(专门机构)审查、认定、颁证,获得有机茶标识。中国有机产品认证标志及其含义如图6-3所示,其他国家和地区的有机产品认证标志如图6-4所示。

图6-3 中国有机产品认证标志及其含义

a.欧盟有机认证　　　b.美国有机认证　　　c.日本有机认证

图6-4 其他国家和地区有机产品认证标志

有机茶主要特点是在生产过程中禁止使用人工合成肥料、农药、除草剂、食品添加剂等化学合成物质,不受重金属污染。只能使用有机肥料,以农业、生物和物理方法控制病虫害。

有机茶园、茶叶加工厂必须建在环境良好、无任何污染的地带,这里所说的环境主要指空气、水源和周边条件三个因素。

(1)空气。有机茶加工厂所处的大气环境应符合 GB 3095《环境空气质量标准》中规定的二级标准要求。这比通常的无公害茶叶加工厂高了一个级别(无公害茶叶加工厂为三级标准)。我国茶区大部分地区的环境空气质量较好,因茶区多分布在无工业污染的山区,目前发展的有机茶园位于高山区和半山区，如果加工厂就近修建的话，环境空气质量都能符合标准要求。

(2)水源。茶叶加工要用水冲洗加工厂设备和厂房，地面必须符合卫生要求；生产紧压茶如砖茶、沱茶要把水直接加到茶叶中，其水质要达到GB 5749《生活用水卫生标准》的要求。在绿茶或乌龙茶加工厂，即使加工时用水极少，也要求使用的水至少也是日常生活用的井水或泉水，不得使用池塘水或受到污染的溪水、河水。

(3)周边条件。有机茶加工厂属食品类加工，要求周边环境不能影响茶叶的质量，要求加工厂离开垃圾场、医院200米以上；离开经常喷洒化学农药的农田100米以上，离开交通主干道20米以上，离开排放"三废"的工业企业500米以上。除了这些硬性要求外，还要求加工厂附近不能嗅到异味和臭味。新建加工厂尽可能不要修建在居民区附近，避免生活垃圾和人为因素的污染。此外，加工厂周边不应有餐饮、汽车或拖拉机修理厂等服务设施。

有机食品(茶叶)产出条件可归纳如下：一是茶园和茶树栽培管理符合有机农业生产标准；二是按有机食品加工标准生产；三是加工出来的食品(茶叶)必须经有关机构进行质量检查，符合有机食品(茶叶)产品标准，并颁给证书。

总之，有机茶园生产、加工厂周边的环境不能对茶叶产生污染，特别应注重水源和周边条件。有机茶加工厂可以建在符合上述条件的农村和城市，只要环境达到要求，对地域没有限制要求。《有机产品认证管理办法》和GB/T 1930—2019《有机产品生产、加工、标识与管理体系要求》明确规定：标识为"有机"的产品必须在获证产品或者产品的最小销售包装上加施中国有机产品标志及其唯一编号、认证机构名称或者其标识，三者缺一不可。

## (二)有机茶的发展

1.有机食品发展

有机农业在第二次世界大战之前就已经在西方一些国家实施，起初只是有个别生产者针对局部市场需求而自发地生产某种产品，而后逐步由这些散在的生产者自发组合成区域性的社团组织或协会等民间团体，自行制定规则或标准指导生产和加工，并相应设立一些民间认证机构。由于它的产生是自发性的，在检查、管理、监督等方面还没有形成完善的体系。

由于有机农业与生产加工在世界发展迅速，产品的市场迅速扩大，国际贸易也迅速增加，而各国、各认证机构的有机农业与生产加工标准又存在差异，在国际贸易中不可避免地因标准差异而产生贸易摩擦。为保证有机食品生产标准、认证和检查程序在全球的一致性，从20世纪80年代末起，国际有机农业运动联盟开始建立了国际有机认可体系(International Organic Accreditation System，IOAS)。

进入20世纪80年代，法国、美国、丹麦、日本、澳大利亚等国纷纷设立政府管理有机农业的机构，制定有关生产、加工标准以及管理条例，或进行立法。欧盟于1991年制定了"欧共体2092/91有机农业条例"；日本于2000年制定了"日本有机农产品和加工食品标准"；美国于2001年制定了"美国有机农业条例"；联合国食品法典委员会(CAC)也制定了"有机食品生产、加工;标识和市场导则"。形成了由政府协调各协会、认证机构,并通过政府制定标准条例、法规,将有机食品的认证、管理纳入政府管理渠道的局面。

日本早在20世纪70年代就开始试产有机茶,并在许多商店设立有机茶专柜,其售价明显高于其他茶。坦桑尼亚也生产有机茶,并第一个与英国伦敦茶叶公司签订包销合同,产品主要销往美国、加拿大。随后斯里兰卡、肯尼亚及印度等国也开始生产有机茶。这些国家有一个共识,只有发展有机茶才可摆脱国际茶叶市场疲软的局面,使消费者增强茶叶饮用安全方面的信心。

2.中国有机食品发展

中国绿色食品事业的发展是在立足国情的基础上起步的。在绿色食品的开发和管理上,并不是简单地照搬国外同类农产品的认证模式,而是在参考其相关技术、标准及管理方式的基础上,结合我国的国情,选择了自己的发展道路。

受农业农村部委托,中国绿色食品发展中心负责制定发展绿色食品的政策、法规及规划,组织制定绿色食品标准,组织和指导全国绿色食品开发与管理工作;专职管理绿色食品标志商标,审查、批准绿色食品标志产品;委托和协调地方绿色食品工作机构和环境及产品质量监测工作;组织开展绿色食品科研、技术推广、培训、宣传、信息服务、示范基地建设,以及对外经济技术交流与合作。

1990年,荷兰有机食品认证机构SKAL对位于中国浙江省和安徽省的两个茶园与两个茶叶加工厂实施了有机认证食品检查并给予认证,标志着中国有机茶发展的起步。1994年,南京环境科学研究所农村环保室在充分借鉴国外有机食品标准和管理体系的基础上,成立了有机食品发展中心,开始在我国从事有机食品的检查和认证。该中心根据国家有关规定的要求,已经注册成为独立的法人实体,并向国际有机农业运动联盟申请认可。中国农业科学院茶叶研究所也成立了有机茶认证中心。

根据2018年8月发布的《中国有机产品认证与有机业发展(2018)》,2017年我国有机茶认证概况为:颁发证书1991张(有机证书1137张、转换证书854张),获证企业1583家;有机茶叶生产面积9.03万公顷,其中有机种植面积5.20万公顷,有机转换种植面积3.83万公顷;有机鲜叶产量10.36万吨,有机转换鲜叶6.88万吨。有机茶出口欧洲、美国、加拿大、日本、韩国、马来西亚、新加坡等国家和地区,其价格比普通茶叶高出50%左右,经济效益十分明显,促进茶产业可持续发展。

### (三)发展有机食品(茶叶)的意义

发展有机茶产品具有以下几个方面的作用和意义。

(1)有机茶产品除了食品安全有保证外,品质更胜一筹。陈彦峰等对有机茶和常规茶的成分进行了研究,通过对茶多酚、儿茶素、咖啡碱等含量的对比,认为有机茶相比常规茶嫩度和滋味都较好,营养价值也较高,从而为有机茶的价值认定提供了科学依据。

(2)有机农业生产方式强调遵从千百年传统农业的自然法则,改变用化肥、农药追求产量的茶叶生产观念,注重食品安全、生态环境和谐、质量等方面的问题,提高生产者科学、合理使用肥料以及茶树病虫害综合防控的意识,从整体上提高茶叶卫生质量水平。

(3)改善茶园生态状况,丰富茶园生物多样性,实现人与自然和谐共生。

有机食品(茶叶)的发展,促进了茶产业的提质增效,提升区域茶叶经济的效益,发挥环境生态效益,保障茶产业可持续发展。

### (四)有机茶认证的程序

检查和认证的程序

(1)向认证组织索取申请表格,其他材料如检查认证标准等也可以根据客户的要求提供;

(2)申请者填写申请表格并寄回认证组织;

(3)认证组织制订检查计划并确定费用预算,客户同意后,认证组织与客户签订《检查合同》和《遵守有机农作条例的协议》;

(4)客户向认证组织支付检查认证预算费用的一半;

(5)收到费用后,认证组织委派合适的检查员对客户进行实地检查;

(6)检查将在实地进行,检查完成后,检查员填写检查报告并寄给认证组织;

(7)认证组织将召集颁证会议,形成认证决定;

(8)客户缴纳检查和认证费用的余额;

(9)认证组织给客户颁发认证决定以及证书。

有机食品认证的程序基本按照以下步骤:确定申请人的合法性,如是否遵守了生产和加工的有关标准;申请人向认证组织提交必需的材料;对申请者的田块或工厂进行现场检查;对检查报告进行评审后,决定认证意见。

其程序还可以用图6-5来表示。

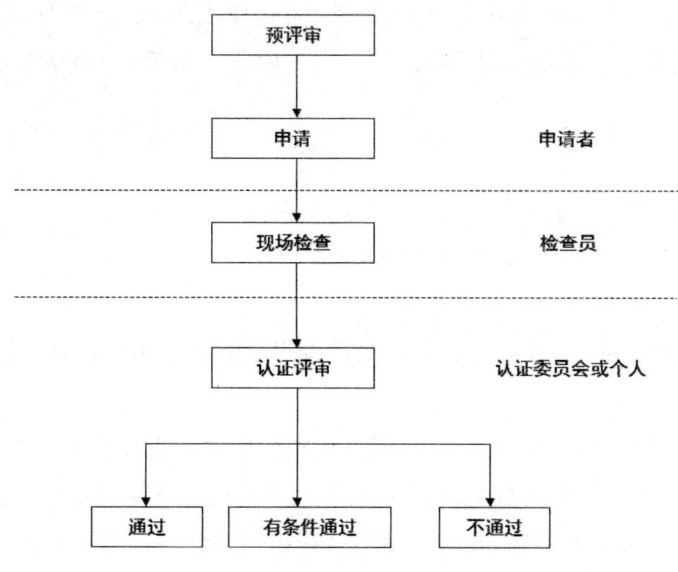

图 6－5 有机食品的认证程序

（1）预评审

确认申请者是否遵守了有机生产和加工的有关标准。评审要点包括如下内容。

①种植业生产：农场外部系统物质的投入和使用（应尽量依靠农场系统内的物质和能量）；标准允许、限制和禁止使用的物质的使用；病虫草害的控制方法；高水溶性矿质肥料以及限制性合成杀虫剂、杀菌剂、杀真菌剂的使用。

②动物性生产：动物福利，是否给动物提供了合适的生长、活动空间和其他条件；动物来源，限制常规生产的动物作为幼畜；喂养，是否尽量利用了有机饲料；疾病防治，对抗疗法、预防等药物措施应尽量避免；屠宰加工，应尽量减少对动物精神和肉体上的损害。

③加工和保证：产品的原料与配料；工厂病虫害的防治措施是否符合要求。

（2）申请

申请者填写认证机构提供的表格。表格填写的内容包括：有机和非有机生产单元的基本情况，有机耕种的土地面积，储藏以及有关生产、加工、运输的所有情况。并提供地图、农田生产历史以及最后一次使用禁用物品的时间等。

对加工者，应提交食品配料的种类、数量、来源、加工流程图、清洗措施、害虫防治措施及档案等。

此外，申请者还应该和认证组织签订合同，保证执行按时缴纳费用、允许认证组织检查生产场所和查阅有关档案以及遵守有机农业生产的规定。

（3）现场检查

现场检查一般应每年一次。

对认证组织派出的检查员，申请人有权利根据利益冲突等原因要求检查员回避。

主要的检查内容包括：会谈，就生产活动、对标准的理解等与负责人交谈；农场、工厂巡视，确认生产情况与申请人提供的信息吻合,如储藏、药物使用等;记录检查,进、出物料的量是否平衡,是否有被污染的农产品进入农场或工厂等;土壤或产品采样,如检查员怀疑有污染,可采样进一步分析。

(4)认证评审

检查完成后,检查员进行报告编写并送交认证组织。

认证结果有同意颁证、不颁证和有条件颁证。

不同类型颁证结果和条件的关系如下。

在收到检查报告后,申请者应对检查员的检查报告和认证组织的认证决定仔细审查,寻找不适合的地方;

及时采取措施解决认证决定中存在的问题(特别注意对认证前要求完成的工作一定要完成,否则不能获得证书),如提交有关材料、制订有关计划等,对要求持续解决的问题应该在以后的工作中注意解决;在认证决定上签字,及时返回给认证组织;缴纳费用后,获得证书,注意证书的有效期、证书授予人员、产品品种和数量;如不同意认证决定,有权利以书面形式申诉(图6-6)。

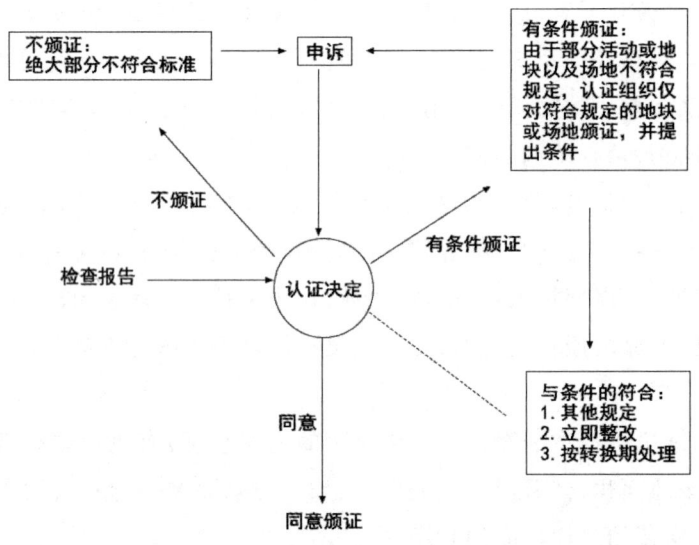

图6-6 有机食品认证决定的形式

### (五)有机茶的相关标准

2002年,原农业部出台有机茶的产品、产地环境条件、生产管理、加工技术规程等标准有力地推动了我国有机茶的标准化工作。GB/T 19630.1—4—2011国家标准涵盖了有机产品的生产管理、加工技术、标识与销售、管理体系等方面,使国内有机茶的生产经营有了国家标准。GB/T 19630—2019《有机产品 生产、加工、标识与管理体系要求》替代了GB/T 19630.1—4—2011。与有机茶相关的标准列于表6-2。

表6-2 与有机茶相关的标准

| 序号 | 标准名称 | 标准主要内容 |
|---|---|---|
| 1 | NY 5196—2002《有机茶》 | 该标准规定了有机茶的术语和定义、要求、试验方法、检验规则、标志、标签、包装、贮藏、运输和销售的要求 |
| 2 | NY 5199—2002《有机茶产地环境条件》 | 该标准规定了有机茶产地环境条件的要求、试验方法和检验规则 |
| 3 | NY/T 5197—2002《有机茶生产技术规程》 | 该标准规定了有机茶生产的基地规划与建设、土壤管理和施肥、病虫草害防治、茶树修剪和采摘、转换、试验方法和有机茶园判别要求 |
| 4 | NY/T 5198—2002《有机茶加工技术规程》 | 该标准规定了有机茶加工的要求、试验方法和检验规则 |
| 5 | GB/T 19630—2019《有机产品 生产、加工、标识与管理体系要求》 | 该标准规定了有机产品生产、加工、标识与管理体系的要求 |

## 四、地理标志产品保护与农产品地理标志登记

### (一)农产品地理标志

农产品地理标志是指标示农产品来源于特定地域,产品品质和相关特征主要取决于自然生态环境和历史人文因素,并以地域名称冠名的特有农产品标志。农产品是指来源于农业的初级产品,即在农业活动中获得的植物、动物、微生物及其产品。

农产品地理标志公共标识基本图案由中华人民共和国农业农村部中英文字样、农产品地理标志中英文字样、麦穗、地球、日月等元素构成。麦穗代表生命与农产品,橙色寓意成熟和丰收,绿色象征农业和环保。图案整体体现了农产品地理标志与地球、人类共存的内涵。农产品地理标志图案如图6-7所示。

图 6-7 农产品地理标志图案

农产品地理标志的管理依据是《农产品地理标志管理办法》,该管理办法在 2007 年 12 月 6 日农业部第 15 次常务会议审议通过,2007 年 12 月 25 日中华人民共和国农业部令第 11 号发布,自 2008 年 2 月 1 日起施行,2019 年 4 月 25 日农业农村部令 2019 年第 2 号修改。

依据《农产品地理标志管理办法》,农业农村部负责全国农产品地理标志登记保护工作。农业农村部中国绿色食品发展中心负责农产品地理标志登记审查、专家评审和对外公示工作。省级人民政府农业农村行政主管部门负责本行政区域内农产品地理标志登记保护申请的受理和初审工作。农业农村部设立的农产品地理标志登记专家评审委员会负责专家评审。

(1)农产品地理标志申请主体是县级以上人民政府农业行政主管部门。该管理办法第五条规定:农产品地理标志登记不收取费用。县级以上人民政府农业行政主管部门应当将农产品地理标志管理经费编入本部门年度预算;第六条规定:县级以上地方人民政府农业行政主管部门应当将农产品地理标志保护和利用纳入本地区的农业和农村经济发展规划,并在政策、资金等方面予以支持。

(2)申请农产品地理标志登记保护应当符合下列 5 个条件。

①称谓由地理区域名称和农产品通用名称构成;

②产品有独特的品质特性或者特定的生产方式;

③产品品质和特色主要取决于独特的自然生态环境和人文历史因素;

④产品有限定的生产区域范围;

⑤产地环境、产品质量符合国家强制性技术规范要求。

(3)农产品地理标志登记保护申请人由县级以上地方人民政府择优确定,应当是农民专业合作经济组织、行业协会等服务性组织,包括社团法人、事业法人等,并满足下列 3 个条件。

①具有监督和管理农产品地理标志及其产品的能力;

②具有为地理标志农产品生产、加工、营销提供指导服务的能力;

③具有独立承担民事责任的能力。企业和个人不能作为农产品地理标志登记保护申请人。

(4)符合下列条件的单位和个人,可以向登记证书持有人申请使用农产品地理标志。

①生产经营的农产品产自登记确定的地域范围;

②已取得登记农产品相关的生产经营资质;

③能够严格按照规定的质量技术规范组织开展生产经营活动;

④具有地理标志农产品市场开发经营能力。

使用农产品地理标志,应当按照生产经营年度与登记证书持有人签订农产品地理标志使用协议,在协议中载明使用的数量、范围及相关的责任义务。

### (二)地理标志保护产品专用标志

国家知识产权局负责统一制定发布地理标志专用标志使用管理要求,组织实施地理标志专用标志使用监督管理。地方知识产权管理部门负责地理标志专用标志使用的日常监管。

2019年10月16日,国家知识产权局发布地理标志专用标志官方标志。根据商标法、专利法等有关规定,国家知识产权局对地理标志专用标志予以登记备案,并纳入官方标志保护。2020年4月3日,国家知识产权局公告第354号《地理标志专用标志使用管理办法(试行)》。原相关地理标志产品专用标志同时废止,原标志使用过渡期至2020年12月31日。

地理标志专用标志(图6-8)以经纬线地球为基底,表现了地理标志作为全球通行的一种知识产权类别和地理标志助推中国产品"走出去"的美好愿景;以长城及山峦剪影为前景,兼顾地理与人文的双重意向,代表着中国地理标志卓越品质与可靠性,透明镂空的设计增强了标志在不同产品包装背景下的融合度与适应性。稻穗源于中国,是中国最具代表性农产品之一,象征着丰收。中文为"中华人民共和国地理标志",英文为"GEOGRAPHICAL INDICATION OF P.R.CHINA",均采用华文宋体。GI为国际通用的"Geographical Indication"缩写名称,采用华文黑体。标志整体庄重大方,构图合理美观,体现官方标志的权威,象征中国传统的深厚底蕴,作为地理标志专用标志,具有较高的辨识度和较强的象征性。

图6-8 地理标志专用标志图案

1.地理标志专用标志的使用要求如下:

(1)地理标志保护产品和作为集体商标、证明商标注册的地理标志使用地理标志专用标志的,应在地理标志专用标志的指定位置标注统一社会信用代码。国外地理标志保护产品使用地理标志专用标志的,应在地理标志专用标志的指定位置标注经销商统一社会信用代码。

(2)地理标志保护产品使用地理标志专用标志的,应同时使用地理标志专用标志和地理标志名称,并在产品标签或包装物上标注所执行的地理标志标准代号或批准公告号。

(3)作为集体商标、证明商标注册的地理标志使用地理标志专用标志的,应同时使用地理标志专用标志和该集体商标或证明商标,并加注商标注册号。

2.地理标志专用标志的合法使用人包括下列主体:

(1)经公告核准使用地理标志产品专用标志的生产者;

(2)经公告地理标志已作为集体商标注册的注册人的集体成员;

(3)经公告备案的已作为证明商标注册的地理标志的被许可人;

(4)经国家知识产权局登记备案的其他使用人。

3.地理标志专用标志合法使用人应当遵循诚实信用原则,履行如下义务:

(1)按照相关标准、管理规范和使用管理规则组织生产地理标志产品;

(2)按照地理标志专用标志的使用要求,规范标示地理标志专用标志;

(3)及时向社会公开并定期向所在地知识产权管理部门报送地理标志专用标志使用情况。

## (三)地理标志证明商标

关于证明商标和集体商标的概念《中华人民共和国商标法》有明确的界定。根据《中华人民共和国商标法》第三条的规定:"经商标局核准注册的商标为注册商标,包括商品商标、服务商标和集体商标、证明商标。本法所称集体商标,是指以团体、协会或者其他组织名义注册,供该组织成员在商事活动中使用,以表明使用者在该组织中的成员资格的标志。本法所称证明商标,是指由对某种商品或者服务具有监督能力的组织所控制,而由该组织以外的单位或者个人使用于其商品或者服务,用以证明该商品或者服务的原产地、原料、制造方法、质量或者其他特定品质的标志。"

地理标志产品是某一地域精华的特色产品,申请地理标志证明商标需要证明某商品的独特质量、风味、信誉确与该商品的产地密切相关。也就是说,只有某商品的特定品质受产地的特定地域环境或者人文环境决定,该商品才能申请地理标志证明商标。

因此,地理标志证明商标在助推地方特色产品市场化方面有积极的作用。例如,2006年,新会柑、新会陈皮入选国家地理标志产品。陈皮,源于芸香科植物橘及其栽培变种的干燥成熟果皮,此中又以用新会柑果皮为原料制成的广陈皮最为道地。现代医学研究表明,新会陈皮所含的"挥发油""黄酮类物质"和其他活性成分、营养元素,明显高于其他地区陈皮。而入选地理标志产品,是对新会柑、新会陈皮的一个重要肯定。

地理标志证明商标与地理标志集体商标之间也存在本质的区别,主要如下。

(1)在注册主体上,二者的注册主体都不是具体商品或服务的生产者、提供者,但地理标志证明商标的注册主体是具有检测、监督能力的机构;地理标志集体商标的注册主体,一般是有识别、监督能力的工、农、商业团体、协会或其他组织。

(2)在表明来源上,地理标志证明商标与地理标志集体商标保证的都是来自指定区域、地域、地点的商品或服务的特定品质、特征、信誉,但地理标志证明商标侧重表明的是来自哪个指定区域、地域、地点;而地理标志集体商标更突出的特征是表明商品或服务来自哪个集体,商标使用人与集体的从属关系。

(3)在使用主体上,地理标志证明商标的注册人不能以自己的名义使用该标记,具体使用人必须是在该地理位置上利用其资源进行生产、服务的生产者、服务提供者;而根据我国的法律规定,地理标志集体商标注册人可以以自己的名义使用该商标。

## 五、出口卫生注册和出口茶叶基地备案

### (一)出口食品生产企业卫生注册

根据海关总署第243号令《海关总署关于修改部分规章的决定》新的《出口食品生产企业备案管理规定》于2018年11月23日起施行。国家实行出口食品生产企业备案管理制度。海关总署负责统一组织实施全国出口食品生产企业备案管理工作。主管海关具体实施所辖区域内出口食品生产企业备案和监督检查工作。

出口食品生产企业应当建立和实施以危害分析与预防控制措施为核心的食品安全卫生控制体系,该体系还应当包括食品防护计划。出口食品生产企业应当保证食品安全卫生控制体系有效运行,确保出口食品生产、加工、储存过程持续符合我国相关法律法规和出口食品生产企业安全卫生要求,以及进口国(地区)相关法律法规要求。

如果出口食品生产企业未依法履行备案法定义务或者经备案审查不符合要求的,其产品不予出口。

出口食品生产企业申请备案时,应当向所在地海关提交以下文件和证明材料,并对其真实性负责:

(1)企业承诺符合相关法律法规和要求的自我声明;

(2)企业生产条件、产品生产加工工艺、食品原辅料和食品添加剂使用以及卫生质量管理人员等基本情况。

### (二)出口茶叶原料种植基地备案

1.备案依据

(1)食品安全法及其实施条例。

(2)《进出口食品安全管理办法》(原国家质检总局令第144号公布,海关总署令第243号修改)。

(3)《关于公布实施备案管理出口食品原料品种目录的公告》(原国家质检总局2012年第149号公告)。

(4)《出口食品原料种植场备案管理规定》(原国家质检总局2012年第56号公告)。

2.备案条件

具有独立法人资格的出口食品生产加工企业、种植场、农民专业合作经济组织或者行业协会等组织均可申请。申请备案的种植场应当具备以下条件。

(1)有合法经营种植用地的证明文件。

(2)土地相对固定连片,周围具有天然或者人工的隔离带(网),符合当地检验检疫机构根据实际情况确定的土地面积要求。

(3)大气、土壤和灌溉用水符合国家有关标准的要求,种植场及周边无影响种植原料质量安全的污染源。

(4)有专门部门或者专人负责农药等农业投入品的管理,有适宜的农业投入品存放场所,农业投入品符合中国或者进口国家(地区)有关法规要求。

(5)有完善的质量安全管理制度,应当包括组织机构、农业投入品使用管理制度、疫情疫病监测制度、有毒有害物质控制制度、生产和追溯记录制度等。

(6)配置与生产规模相适应、具有植物保护基本知识的专职或者兼职植保员。

(7)法律法规规定的其他条件。

根据《关于公布实施备案管理出口食品原料品种目录的公告》规定,实施备案管理的出口食品原料种植品种目录有蔬菜(含栽培食用菌)、茶叶、大米。

3.申请材料

(1)出口食品原料种植场备案申请表(海关总署官网可下载)。

(2)种植场平面图。

(3)种植场的土壤和灌溉用水的检测报告。

(4)要求种植场建立的各项质量安全管理制度,包括组织机构、农业投入品管理制度、疫情疫病监测制度、有毒有害物质控制制度、生产和追溯记录制度等。

(5)种植场常用农业化学品清单。

4.备案流程

(1)种植场通过系统向所在地主管海关申请备案。

方式一:登录"互联网+海关"平台(http://online.customs.gov.cn)→企业管理和稽查→更多→出口食品原料种植场备案。

方式二:登录中国国际贸易"单一窗口"(https://www.singlewindow.cn)→企业资质→行政相对人统一管理→出口食品原料种植场备案(需要通过电子口岸卡登录系统;注意如实选择"备案类型")。

(2)种植场所在地主管海关受理申请后进行文件审核,必要时实施现场审核。

(3)申请材料填写应准确、完整、真实、有效;种植场符合相关管理要求。

(4)审核符合条件的,予以备案。

(5)变更、注销申请可参考上述流程办理。

茶叶是中国传统出口商品,但在20世纪八九十年代,茶叶农药残留超标情况趋于严重。当时,由福建、浙江、江苏等6家检验检疫机构联合起草了出口茶叶国家标准《出口茶叶质量安全控制规范》,此标准共分10个部分,对茶叶从生产到出口全过程的各个环节均做了详细规定,还特别根据当时的出口形势,新增了茶叶源头管理,即茶园管理和初加工部分,而对于茶叶出口的预警和召回制度也给予规范,这是亮点。此标准主要针对茶叶农药残留、重金属超标等问题,是我国第一个针对出口茶叶质量安全设置的控制体系。同时,有力地提高了我国茶园管理水平,整合落后、弱小的茶园,促进了优质茶叶种植和出口加工。至2008年5月4日由国家标准委发布的我国第一个针对出口茶叶质量安全控制体系制定的国家标准GB/Z 21722—2008《出口茶叶质量安全控制规范》已于2008年10月1日起正式实施,这给出口茶叶行业带来新的技术支撑,也将考验我国众多茶叶生产企业。近年来,国家对GB 2762《食品中污染物限量》、GB 2763《食品中农药最大残留限量》标准不断进行更新修订,标准要求有了大幅度的提高。我国出口茶叶质量安全以这些标准作为依据,出口茶叶质量水平有了明显的提升。

【复习思考题】

1. 简述有机茶、茶叶质量安全的概念。
2. 茶叶质量安全的评价有哪些内容?
3. 有机茶认证前有什么准备工作要做?
4. 试述农产品地理标志、地理标志证明商标内涵。
5. 试述出口茶叶质量安全控制规范的主要内容。

# 项目七　国际茶叶标准

【知识目标】

(1)了解国际标准化组织食品技术委员会茶叶分技术委员会 ISO/TC34/SC8 发挥的作用和我国从事的 ISO/TC34/SC8 茶叶标准化工作。

(2)了解 ISO/TC34/SC8 发布的主要标准。

(3)了解国际茶叶贸易主要依据的标准。

(4)了解 RCEP 成员国茶叶标准。

【技能目标】

(1)具备进行茶叶国际贸易的能力。

(2)具备解读茶叶出口国和进口国技术标准的能力。

## 一、国际茶叶标准

### (一)ISO/TC34/SC8 概况

**1.TC 序列**

国际标准化组织简称 ISO，成立于 1946 年，是世界上最大的非政府组织，是国际标准化领域中非常重要的组织，其任务就是促进全球范围内的标准化及其相关活动，以利于国际商品和服务的贸易与交流。ISO 标准主要内容是基础类标准和方法标准，其侧重点是评定与实验等方法和技术统一。ISO 中明确活动范围属于茶叶行业的委员会为食品技术委员会茶叶分技术委员会 ISO/TC34/SC8。

**2.工作范围**

ISO/TC34/SC8 为茶叶领域的国际标准化工作，覆盖不同茶的产品标准、测试方法标准(包括理化品质和感官品质)、良好加工规范(包括物流)等，以便在国际贸易中促进茶叶质量标准更明确并能确保消费对品质的需求。

3.组织机构

ISO/TC34/SC8 秘书处设在英国标准化协会(British StandardsInstitution,BSI),联合秘书处设在中国国家标准化管理委员会(Standardization Administration of People's Republic of China,SAC),由中华全国供销合作总社杭州茶叶研究院和浙江省茶叶集团股份有限公司联合承担。ISO/TC34/SC8 现有正式成员(P成员)18个,包括中国、印度、斯里兰卡、日本、肯尼亚等茶叶主产国和英国、德国等茶叶消费国;通信成员(O成员)25个,包括法国、墨西哥、埃塞俄比亚、韩国、西班牙等茶叶生产国和消费国。与SC8建立合作关系的委员会有ISO标准物质技术委员会(ISO/REMCO)和ISO/TC34/SC12感官分析分技术委员会。与SC8建立合作关系的国际组织有国际分析化学协会(AOAC);欧盟茶叶委员会(CET);欧盟委员会(EC);联合国粮农组织(FAO);国际茶叶促进会(PA)。

## (二)ISO 国际茶叶标准

ISO/TC34/SC8 主要负责茶叶产品标准、测试方法标准和质量管理标准等的制定、修订工作,不涉及茶叶安全卫生标准的制定。截至2018年底,现行有效的ISO茶叶国际标准共26项,其中25项为国际标准、1项为技术报告。

1.现行有效的 ISO 茶叶标准

20世纪60年代末至70年代初,ISO/TC34/SC8围绕组织制定红茶标准,进行了大量调查分析、试验研究,在70年代中期开始推荐ISO 1572等标准,现列出如下。

ISO 1572:1980 茶 已知干物质含量的磨碎样制备

ISO 1573:1980 茶 103℃时质量损失测定水分测定

ISO 1575:1987 茶 总灰分测定

ISO 1576:1988 茶 水溶性灰分和水不溶性灰分测定

ISO 1577:1987 茶 酸不溶性灰分测定

ISO 1578:1975 茶 水溶性灰分碱度测定

ISO 1839:1980 茶 取样

ISO 3103:1980 茶 感官审评茶汤制备

ISO 3720:2011 红茶 定义和基本要求

ISO 6078:1982 红茶 术语

ISO 6079:1990 固态速溶茶 规范

ISO 6770:1982 固态速溶茶 松散容重与压紧容重的测定

ISO 7513:1990 固态速溶茶 水分测定

ISO 7514:1990 固态速溶茶 总灰分测定

ISO 7516:1984 固态速溶茶 取样

ISO 9768:1998 茶 水浸出物的测定

ISO 9884.1:1994 茶叶规范袋 第1部分:托盘和集装箱运输茶叶用的标准袋

ISO 9884.2:1999 茶叶规范袋 第2部分:托盘和集装箱运输茶叶用袋的性能规范

ISO 10727:2002 茶和固态速溶茶 咖啡碱测定(液相色谱法)

ISO 11286:2004 茶 按颗粒大小分级分等

ISO11287:2005 绿茶 定义和基本要求

ISO 15598:1999 茶 粗纤维测定

ISO 14502.1:2005 绿茶和红茶中特征物质的测定 第1部分:福林酚(Folin-Ciocalteu)试剂比色法测定茶叶中茶多酚总量

ISO 14502.2:2005 绿茶和红茶中特征物质的测定 第2部分:高效液相色谱法测定茶叶中儿茶素。

ISO 19563:2017 高效液相色谱法测定茶和固体速溶茶中茶氨酸含量

ISO/TR 12591:2013 白茶定义(属技术报告)

2.正在制定的ISO标准

目前由专门工作组正在制定或修订的国际标准共6项。

(1)ISO/NP 23983《白茶 定义和基本要求》国际标准制定,正由 ISO/TC34/SC8/WG4 白茶工作组推进,项目召集人为英国的 Dr.Tim Bond;

(2)ISO/PWI 20716《乌龙茶 定义和基本要求》国际标准制定,正由 ISO/TC34/SC8/WG7 乌龙茶工作组推进,项目召集人为中国的孙威江;

(3)ISO/PWI 20715《茶叶分类》国际标准制定,正由 ISO/TC34/SC8/WG6 茶叶分类工作组推进,项目召集人为中国的宛晓春;

(4)ISO/CD 3103《用于感官分析的茶汤制备》国际标准修订,正由 ISO/TC34/SC8/WC8 用于感官分析的茶汤制备工作组推进,项目召集人为英国的 Dr. Tim Bond;

(5)ISO/NP 18447《高效液相色谱法测定红茶中茶黄素含量》国际标准制定,正由 ISO/TC34/SC8/WG9 茶黄素测定工作组推进,项目召集人为德国的 Dr. Engel Hardt;

(6)ISO/NP 18449《绿茶 术语》国际标准制定,正由 ISO/TC34/SC8/WG10 绿茶术语工作组推进,项目召集人为中国的杨秀芳。

3.ISO主要产品标准介绍

(1)ISO 3720:2011《红茶 定义和基本要求》。

红茶的品质要求集中体现在 ISO 3720 标准中。该标准在引言中肯定茶叶品质一般由茶师通过感官审评来评价,而标准的技术要求则是根据化学特定成分来确定品质规格的。标准将水浸出物、总灰分、水可溶性灰分、酸不溶性灰分、水溶性灰分碱度和粗纤维作为红茶的特定成分,规定了最高(低)限量指标:①水浸出物%(质量分数)最小值32;②总灰分%(质量分数)最大值8,最小值4;③水溶性灰分(总灰分的%)最小值45;④水溶性灰分碱度(以KOH计)%

(质量分数)最大值3,最小值1;⑤酸不溶性灰分%(质量分数)最大值1;⑥粗纤维%(质量分数)最大值16.6。并且规定上述相应的国际标准为检测方法。

ISO 3720的技术要求可以保证红茶不掺杂,不受外来物污染。目前,采用ISO 3720的国家有:澳大利亚、肯尼亚、奥地利、墨西哥、比利时、新西兰、捷克、斯洛伐克、波兰、埃及、葡萄牙、法国、罗马尼亚、德国、南非、加纳、斯里兰卡、匈牙利、泰国、印度、土耳其、伊朗、英国、以色列等。

(2)ISO 6079:1990《固态速溶茶 规格》。

该标准规定了固态速溶茶的适用范围、定义、取样、理化指标、测试方法和标签要求、产品规格标准和检验方法标准。速溶茶规格中规定了固体型速溶茶的定义和化学特征要求,并规定水分最高限量为6%,灰分最高限量为20%。

(3)ISO 11287:2011《绿茶 定义和基本要求》。

该标准是绿茶国际标准的第一版,不适用于脱咖啡碱或再烘焙处理的绿茶。该标准规定了绿茶中水浸出物、总灰分、水溶性灰分、酸不溶性灰分、水溶性灰分碱度、粗纤维、儿茶素总量、茶多酚总量和儿茶素总量与茶多酚总量比值等指标的最高或最低限量,具体为:水浸出物、总灰分水溶性灰分、水溶性灰分度、酸不溶性分、粗纤维等指标的限量同ISO 3720:2011《红茶 定义和基本要求》,茶多酚总量(质量分数)≥11%,儿茶素总量(质量分数)≥7%,儿茶素总量与茶多酚总量的比值0.5。制定以上系列指标的目的:一是保证绿茶原料嫩度;二是保证原料不掺杂造假;三是确保茶叶清洁化生产,防止泥、灰尘等污染;四是用特征性指标(如茶多酚、儿茶素等)界定红茶和绿茶。

### (三)我国从事的ISO/TC34/SC8茶叶标准化工作

1.工作路径

ISO/TC34/SC8在中国的技术归口单位为中华全国供销合作总社杭州茶叶研究院(以下简称"中茶院"),在国家标准化管理委员会和中华全国供销合作总社的指导下,中茶院一直代表国家参加国际茶叶标准化工作,推动茶叶国际标准化国际协作和进程。

2.主要工作内容

(1)配合国家实施"一带一路"倡议,推动中国茶叶"走出去"。承担茶叶国家标准英文出版稿的翻译工作,开展国家国际标准互认,采用国际标准并按规定转化为国家标准。

(2)开展国际茶叶标准前期研究,包括提出开展前期预研项目、参加外专家牵头的前期预研项目、参加SC8茶叶测定方法的全球实验室测试等。

(3)牵头或参与国际标准制定、修订。由我国专家提出并已正式立项的国际标准新项目有3个,包括ISO/NP 20715《茶叶化学分类》、ISO/NP 20716《乌龙茶》,以及ISO/NP 18449《绿茶 术语》,不仅提高了我国实质性参与茶叶国际标准化工作的能力,也提高了我国在茶叶国际标准化领域的贡献度。

(4)组团或承办ISO茶叶国际标准化会议。进入21世纪以来,受ISO/TC34/SC8委托,我国于 2003 年、2008 年、2019 年在杭州成功举办了 ISO 茶叶国际标准化第 20 次、第 22 次和第 27 次会议；组团参加了近十几年的历次 ISO/TC34/SC8 茶叶国际标准化会议，由中茶院、安徽农业大学、福建农林大学、中国茶叶流通协会以及浙江省茶叶集团股份有限公司等单位派出专家组成的中国代表团，代表国家在国际茶叶标准化舞台上提出工作意见和建议，提高中国茶叶在国际上的影响力和话语权。

(5)承担联合秘书处各项工作。由中茶院和浙江省茶叶集团股份有限公司共同承担的 ISO/TC34/SC8 联合秘书处各项工作，为我国专家有效从事茶叶国际标准化工作，学习交流国际标准化工作政策、经验，掌握国际标准化活动的规则，搭建平台，提供支撑。

## 二、国外茶叶标准与法规

茶叶出口国和茶叶进口国为满足内外贸易与消费者安全保障的需要，都制定了本国本地区相应的茶叶标准与法规。一般包括茶叶基础通用标准、茶叶安全标准、茶叶产品标准、茶叶检测方法标准和质量管理标准等，个别国家或地区的茶叶安全标准体现在相关技术法规或指令中，如日本的食品卫生法、欧盟的 KC396/2005 等。

国外茶叶产品标准主要是红茶标准，全世界共有 30 多个国家和地区采用了 ISO 3720：2011《红茶 定义和基本要求》。

### (一)国外主要生产国茶叶标准

国外茶叶主要生产国家，包括印度、斯里兰卡、肯尼亚、孟加拉国、日本、土耳其等国家，都制定了相应的茶叶国家标准，以规范本国茶叶生产、加工，确保茶叶品质和安全，促进国内外贸易，保证消费者健康和安全。

(1)印度。印度是世界上茶叶生产、消费和出口数量最多的国家之一，95％以上是红茶。制定的茶叶国家标准如下所列：

IS 3633　茶叶 规格

IS 3611　茶叶 取样

IS 4545　茶叶 术语

IS 13862　茶 水分测定

IS 3633　红茶

IS 15344　绿茶

IS 15342　固态速溶茶

IS 10　茶叶包装规格

印度早在 1966 年就把评茶术语列为国家标准。茶叶品质感官审评，评茶师对茶叶品质的描述，专门有一套特殊的术语。根据对茶叶化学成分的分析，制定了红茶品质规格。粗纤维的规定为12%～15%,并根据对本国有代表性茶样的分析,建议以12%代替ISO 3720规定的16.5%;水浸出物含量的最低限度为35%,为了提高印度茶叶品质,他们建议把最低限度提高到38%。

关于防止茶叶掺假的规定已列入1954年制定的印度防止仪器掺假法令。违者没收茶叶并予以处罚。为了与ISO 3720保持一致,印度已修订了本国茶叶国家标准,政府用法令支持国家标准的实施。为了保证茶叶质量,印度政府设有茶叶质量监管机构——茶叶局,并制定有茶叶质量管理条例,在产地和出运港口实施检验,使规定的最低标准得到严格遵守。

(2)斯里兰卡。斯里兰卡制定的茶叶标准与法规有SLS:135《红茶》、SLS:401《速溶茶叶》和禁止劣茶输出法。所有茶叶在生产过程中或出口时,都要受茶叶局监管,除经申请许可,用作提取咖啡碱、色素或其他工业用途(不包括提取速溶茶)者外,对不符合法令要求的低劣茶叶不得出口。斯里兰卡茶叶局依据ISO 3720《红茶 定义和基本要求》与斯里兰卡国家标准SLS:135对斯里兰卡原产地茶叶进行监管。

(3)肯尼亚。肯尼亚茶叶质量规格、理化性质、卫生、检验以及包装储运等方面的标准基本采用ISO标准。肯尼亚红茶标准完全与ISO 3720红茶规格标准相同,茶叶的其他标准,均与ISO标准相似。2017年肯尼亚标准局发布了KS 2745:2017《紫茶-规范》、KS 2404:2021《茶-提取原料-规范》。

(4)日本。日本茶叶标准由农林、厚生、通商产业3省联合颁布,制定有茶叶质量标准、检验方法、包装条件、取样方法等。质量标准包括品质的形状与色泽、水色与香味、水分、茶梗、粉末及卫生指标等项。制定有品质最低标准样茶,每年由有关部门研究制定。茶叶水分、茶梗、粉末含量有以下规定:①水分:各种绿茶及固形茶≤5.5%,各种红茶、绿茶、末茶和袋泡茶≤7%。②茶梗:炒青、出口煎茶、珍眉、秀眉≤5%,珠茶、特种红茶≤3%,粗绿茶≤20%,特种绿茶、红茶中的叶茶、碎茶≤1%,红绿末茶≤2%,固形茶≤1%。③粉末:炒青、出口煎茶、珍眉、珠茶、粗茶和红茶中的叶茶以30目筛下物称为粉末,秀眉、红碎茶以40目筛下物称为粉末,红、绿末茶、固形茶以60目筛下物称为粉末,分别规定粉末标准:炒青、出口煎茶、秀眉≤5%,珍眉、粗茶≤3%,珠茶、固形茶≤2%,叶茶≤4%,红碎茶≤7%,红、绿末茶≤10%。④不得含有不纯物,不得着色。⑤混合茶(两种以上的不同品名混合而成的茶叶)的形状与色泽以混合茶类似的茶叶为标准,形状与色泽不相同的各个项目,按相同类型的茶叶为标准。⑥2006年5月,日本政府正式实施《食品中农业化学品肯定列表制度》,该制度提高了食品中农药残留和污染物的控制要求,其中有关茶叶农药残留及污染物的限量指标,从原来的80多项增加到276项;同时,调整了农药残留量的检测方法,用"全茶"检测法代替了过去一直采用的"茶汤法"。截至2017年12月,日本对茶叶中有限量要求的农残项目达231项,其他无限量要求的项目则同欧盟一样,实行≤0.01mg/kg的限量要求。

(5)土耳其。土耳其采用国际标准化组织制定的茶叶标准作为本国茶叶国家标准,主要包括TS ISO 6079《固态速溶茶:定义》、TS ISO 7519《固态速溶茶:取样》、TS ISO 9768《茶 水浸出物的测定》、TS ISO 7513《茶 103℃时质量损失水分测定》、TSE K 30《加香型红茶》、TS 12929《袋泡红茶》、TS 1269《绿茶》、TS ISO 1839《茶 取样》。

除此,土耳其茶叶国家标准还有如下项目。

TS 1561 茶叶已知干物质含量的粉末状样品的制备

TS 1562 茶叶在 103℃下重量损失的测定

TS 1563 茶叶水浸出物的测验

TS 1564 茶叶总灰分的测定

TS 1565 茶叶水溶灰分的测定

TS 1566 茶叶酸不溶灰分的测定

TS 1567 茶叶水溶灰分碱度测定

TS 1568 茶叶从大包装中取样

TS 2948 茶叶从小包装中取样

TS 3224 茶籽

TS 3225 茶鲜叶

TS 3807 茶感官审评茶汤制备

TS 4600 ISO 3720 红茶 定义和基本要求

(6)其他国家。毛里求斯和孟加拉国等国制定的红茶标准与 ISO 3720 红茶要求相似。

## (二)国外主要消费国家和地区的茶叶标准与法规

(1)美国。美国进口茶叶的最低标准是通过不同方式和评茶师的感官审评建立起来的。美国在 1987 年制定的"茶叶进口法案"中规定,所有进入美国的茶叶,不得低于美国茶叶专家委员会制定的最低标准样茶。最低标准样茶,每年从贸易样中先订,计有 7 种:①中国红茶(包括台湾省);②红茶;③乌龙茶(包括台湾省);④绿茶;⑤中国包种茶(包括台湾省);⑥香料茶(spiced tea);⑦加香茶(flavored tea)。各类进口茶叶,根据美国《食品、药品和化妆品管理规定》,必须经美国卫生人类服务部、食品药品监督管理局(Food and Drug Administration,FDA)抽样检验,对品质低于法定标准的产品和污染、变质或纯度不符合消费者要求的,茶叶检验官有权禁止进口,对茶叶的农药残留量除非经出口国环境保护部门许可,或按规定证明残留量在允许范围内,否则属不合法产品。

(2)欧盟。欧盟农药残留限量标准由欧盟健康与消费者保护总司负责制定。

欧盟最大残留水平适用于 315 种鲜活产品,也适用于其加工后的产品,但要考虑到加工过程中对产品的稀释与浓缩。其规定包含了在欧盟中或欧盟以外的现在和以前用于农业的农药(1100 个左右),约 14.5 万个残留限量标准。其规定涉及的人群包括所有消费者,例如婴幼儿、儿童和素食者。欧洲食品安全局(EFSA)会根据农药的毒性,预计在食品中的最大水平和欧洲人不同的饮食习惯评估其对消费者的安全性。根据欧盟 1991 年 7 月 15 日发布的关于植物保护产品投放市场的91/414/EEC指令,公共健康保护优先于作物保护,必须确保农业化学品残留不会对人类健康、动物健康和环境产生不必要的伤害。欧盟于2005年5月颁布了关于"植物和动物源性食品和饲料中农药最大残留标准以及修订理事会91/414/EEC指令的第396/2005号议会与委员会法规",建立了植物源和动物源产品及饲料中统一的农药残留限量管理框架。对于无具体限量标准且不属于豁免物质的农药残留则实施0.01mg/kg的标准。截至2014年5月,此法规共修改过56次,有7个附录。其中附录Ⅰ为食品和农产品清单,附录Ⅱ为欧盟现有的MRLs标准,附录Ⅲ为临时性的MRLs标准,附录Ⅳ为豁免MRLs的物质清单,附录Ⅴ为一律标准,附录Ⅵ为加工产品的MRLs标准,附录Ⅶ为收获后使用的熏蒸剂名单。其中附录Ⅰ~Ⅳ是核心内容,涉及471种农药在315种食品和农产品中共14万多个MRLs。396/2005号法规同时还规定了MRLs的数据提交和申请程序,制订、修改和删除程序,欧盟的官方控制、报告和批准、违反农药MRLs管理的紧急措施等。

截至2021年9月,该法规共涉及茶叶农残限量标准510余个。

中国茶叶企业应关注的欧盟农药残留限量项目见表7-1。

表7-1 应关注的欧盟农药残留限量项目

| 名称 | 限量标准 mg/kg | 名称 | 限量标准 mg/kg |
| --- | --- | --- | --- |
| 唑虫酰胺 | 0.01 | 灭菌丹 | 0.1 |
| 蒽醌 | 0.02 | 毒死蜱 | 0.01 |
| 吡虫啉 | 0.05 | 氟啶脲 | 0.01 |
| 啶虫脒 | 0.05 | 氟氯氰菊酯 | 0.1 |
| 氯氟氰菊酯 | 0.01 | 三唑磷 | 0.02 |
| 甲氰菊酯 | 2 | 氯氰菊酯 | 0.1 |
| 噻嗪酮 | 0.05 | 呋虫胺 | 0.01 |
| 甲基托布津 | 0.01 | 苦参碱 | 0.01 |
| 丙环唑 | 0.05 | 除虫脲 | 0.05 |

(3)澳大利亚。澳大利亚海关"进口管理法"于1975年和1977年先后规定,禁止进口的茶叶有:泡过的茶叶、掺有假茶或不适合人类饮用的茶叶、有损于健康和不符合卫生标准的茶叶。对一般进口茶叶,必须符合下列标准:水浸出物不少于30%(以干态计),总灰分不超过8%,水溶性灰分不超过3%(以干态计)。

(4)埃及。埃及进口茶叶必须符合1975年修订的"进口茶叶管理法"规定的如下标准:①各类茶叶必须用茶树的新梢嫩茎、芽、叶制成,根据不同制法分为红茶和绿茶。②各类茶叶的香气、滋味、颜色、品质必须正常,不得掺有泡过的茶叶、假茶或混有外来物质,不得着色或混有金属物质。③茶梗不超过20%。④水分不超过8%。⑤灰分不超过8%,其中水溶性灰分不少于总灰分的50%,水不溶灰分不超过1%。⑥多酚不超过(%):绿茶12、红茶17。⑦水浸出物不少于32%。⑧咖啡碱不少于2%,水溶性灰分碱度100克样品中不少于22毫克当量。⑨包装必须是对茶叶无害而适合茶叶储藏的容器。

(5)巴基斯坦。巴基斯坦的茶叶国家标准有以下3种。

PS 493《茶叶标准—A》;

PS 18《茶叶包装箱及制箱用胶合板》;

PS 784《茶叶标准—B》。

茶叶标准规定红茶必须经过发酵、干燥而正常,不含非茶类夹杂物、茶灰或其他杂质。允许含茶梗,但不允许未发酵的,含梗量不得超过10%。绿茶必须经过干燥而正常,不含非茶类夹杂物、茶灰或其他杂质。

茶叶理化标准有:①水浸出物不得低于33%;②总灰分含量应在3%~8%,其中水溶性灰分占总灰分的比例不低于45%;③水溶性灰分碱度,以$K_2O$计应在重量的1.5%~2%;④酸不溶性灰分不得超过0.8%;⑤粗纤维含量不得超过15%;⑥咖啡碱含量不得少于2.5%;⑦茶多酚含量不得少于10%;⑧红茶水分不超过10%。以上限量标准均有其自己的检验方法。

(6)英国。英国把 ISO 3720 红茶规格标准等转换为国家茶叶标准。规定从1981年4月1日起,凡在伦敦拍卖市场出售的茶叶,必须符合这个标准,否则就不能出售,并将 ISO 1839 茶叶取样方法转换为 BS 5987 英国标准。其他标准还有:

BS 6008　　茶—供感官检验用茶汤的制备;

BS 6048　　茶—红茶技术条件;

BS 6049/1　茶—已知干物质含量的磨碎试样的制备;

BS 6049/2　茶—在103℃失重的测定;

BS 6049/3　茶—水浸出物的测定;

BS 6049/4　茶叶总灰分的测定;

BS 6049/5　茶叶水溶性灰分和水不溶性灰分的测定;

BS 6049/6　茶叶酸不溶灰分的测定;

BS 6049/7　茶叶水溶性灰公碱度的测定;

BS 6325　　茶 红茶有关术语词汇;

BS 6986/1　速溶茶取样方法;

BS 6986/2　速溶茶松散密度和压实密度的测定方法。

(7)智利。智利茶叶国家标准有:①水分不超过12%;②粉末不超过5%;③含梗量不超过20%;④总灰分不超过8%;⑤10%盐酸不溶灰分不超过1%;⑥水浸出物红茶不少于24%、绿茶不少于28%;⑦咖啡碱不少于1%。

(8)法国。将 ISO 3720 标准转化为其国家茶叶标准(NF V33—001)。十分重视标准对茶

叶代用品的鉴别,其茶叶国家标准有如下内容:

NF VO3－001　茶叶规格;

NF VO3－340　茶叶取样;

NF VO3－341　茶叶试验用粉末状样品的制备;

NF VO3－342　茶叶水分和挥发性物质测定;

NF VO3－343　茶叶水浸出物测定;

NF VO3－344　茶叶总灰分测定;

NF VO3－345　茶叶水溶灰分和水不溶灰分测定;

NF VO3－346　茶叶水溶灰分碱度测定;

NF VO3－347　茶叶酸不溶灰分测定;

NF VO3－355　茶叶制备感官审评用的茶汤;

NF V00－110　红茶术语;

NF V03－002　固态速溶茶 规范。

法国对茶叶中农药残留限量执行欧盟标准。

(9)罗马尼亚。罗马尼亚茶叶国家标准有以下4种。

STAS:968216　红茶;

STAS:968217　茶的灰分测定;

STAS:968214　茶叶从大容器中取样;

STAS:968215　茶叶从小容器中取样。

(10)保加利亚。保加利亚茶叶国家标准有以下4种。

B.A.C9808　红茶;

B.A.C2757　开胃茶;

B.A.C2758　安神茶;

B.A.C2759　利尿茶。

(11)德国。德国采用ISO 3720标准,除制定了茶叶卫生标准外,还制定了以下检验方法标准。

DIN 10800　茶叶检验 干茶 103℃质量损失法测定水分含量;

DIN 10801　茶和固体茶萃取物咖啡碱含量测定—高效液相色谱法;

DIN 10802　茶叶检验 总灰分测定;

DIN 10803　茶水浸出物的测定;

DIN 10805　茶叶检验 酸不溶灰分测定;

DIN 10806　茶叶检验 已知干物质含量的磨碎样制备;

DIN 10809　茶叶检验 感官检验用茶汤制备;

DIN ISO 9768　茶 水浸出物的测定。

德国对茶叶的农药残留限量执行欧盟标准。

(12)摩洛哥。2019年4月12日,摩洛哥国家食品卫生安全局向世贸组织WTO/TBT-SPS通报了根据其食品中农药最大残留限量(MRLs)的第156-14号联合令,于2019年7月1日起对从我国进口的茶叶执行农药最大残留限量标准。摩洛哥作为我国最大的茶叶进口国,年进口量一直列我国出口茶叶国的首位,进口量常年占我国茶叶总出口量的五分之一左右,2021年的进口量达到7.46吨。摩洛哥茶叶中48项农药最大残留限量清单列表7-2。

表7-2 摩洛哥茶叶中48项农药最大残留限量清单

| 序号 | 农药英文名称 | 农药中文名称 | MRL |
| --- | --- | --- | --- |
| 1 | Acephate | 乙酰甲胺磷 | 0.05 |
| 2 | Acetamiprid | 啶虫脒 | 0.05 |
| 3 | Bifenthrin | 联苯菊酯 | 30 |
| 4 | Buprofezin | 噻嗪酮 | 30 |
| 5 | Carbendazim | 多菌灵 | 0.1 |
| 6 | Carbofuran | 克百威 | 0.05 |
| 7 | Cartap | 杀螟丹 | 0.1 |
| 8 | Chlorfenapyr | 虫螨腈 | 50 |
| 9 | Cyfluthrin | 氟氯氰菊酯 | 0.1 |
| 10 | Lambda-Cyhalothrin | 高效氯氟氰菊酯 | 1 |
| 11 | Cypermethrin | 氯氰菊酯 | 15 |
| 12 | DDT | 滴滴涕 | 0.2 |
| 13 | Deltamethrin | 溴氰菊酯 | 5 |
| 14 | Demeton | 内吸磷 | 0.05 |
| 15 | Diafenthiuron | 丁醚脲 | 0.01 |
| 16 | Dicofol | 三氯杀螨醇 | 40 |
| 17 | Difenoconazole | 苯醚甲环唑 | 0.05 |
| 18 | Diflubenzuron | 除虫脲 | 0.1 |
| 19 | Endosulfan | 硫丹 | 10 |
| 20 | Ethoprophos | 灭线磷 | 0.02 |
| 21 | Fenazaquin | 喹螨醚 | 10 |
| 22 | Fenitrothion | 杀螟硫磷 | 0.05 |
| 23 | Fenpropathrin | 甲氰菊酯 | 3 |
| 24 | Fenvalerate | 氰戊菊酯 | 0.1 |
| 25 | Flucythrinate | 氟氰戊菊酯 | 0.05 |

续表

| 序号 | 农药英文名称 | 农药中文名称 | MRL |
|---|---|---|---|
| 26 | Glufosinate—Ammonlum | 草铵膦 | 0.1 |
| 27 | Glyphosate | 草甘膦 | 2 |
| 28 | HCH | 六六六 | 0.02 |
| 29 | Hexythiazox | 噻螨酮 | 15 |
| 30 | Imidacloprid | 吡虫啉 | 50 |
| 31 | Imidaciothiz | 氯噻啉 | 0.01 |
| 32 | Indoxacarb | 茚虫威 | 5 |
| 33 | Isazofos | 氯唑磷 | 0.01 |
| 34 | Isocarbophos | 水胺硫磷 | 0.01 |
| 35 | Methamidophos | 甲胺磷 | 0.05 |
| 36 | Methomyl | 灭多威 | 0.1 |
| 37 | Omethoate | 氧乐果 | 0.05 |
| 38 | Parathion—Meth yl | 甲基对硫磷 | 0.05 |
| 39 | Pymetrozine | 吡蚜酮 | 0.1 |
| 40 | Permethrin | 氯菊酯 | 20 |
| 41 | Phorate | 甲拌磷 | 0.05 |
| 42 | Phosfolan | 乙基硫环磷 | 0.01 |
| 43 | Phosfolan—methyl | 甲基硫环磷 | 0.01 |
| 44 | Phoxim | 辛硫磷 | 0.1 |
| 45 | Pyridaben | 哒螨灵 | 0.05 |
| 46 | Terbufos | 特丁硫磷 | 0.01 |
| 47 | Thiamethoxam | 噻虫嗪 | 20 |
| 48 | Trichlorfon | 敌百虫 | 0.05 |

分析比较摩洛哥通报的茶叶中农药最大残留限量与我国及欧盟的标准,可以看出其48项MRLs中的农药种类与我国《食品安全国家标准 食品中农药最大残留限量》(GB 2763)等的茶叶中农药最大残留限量标准的农药种类基本一致。

(13)其他国家。捷克和斯洛伐克的茶叶标准有:CSN 580115《茶叶 取样》;CSN 581303《茶叶词汇》;CSN 581350《发酵红茶一般规定》。匈牙利的茶叶标准有:MSZ 8170—1980《茶叶》。

## 三、RCEP 成员国茶叶标准与法规

### (一)RCEP 成员

《区域全面经济伙伴关系协定》(Regional Comprehensive Economic Partnership,RCEP)是 2012 年由东盟发起,历时八年,由包括中国、日本、韩国、澳大利亚、新西兰和东盟十国共 15 方成员制定的协定。

2020 年 11 月 15 日,第四次区域全面经济伙伴关系协定领导人会议以视频方式举行,会后东盟 10 国和中国、日本、韩国、澳大利亚、新西兰共 15 个亚太国家正式签署了《区域全面经济伙伴关系协定》。《区域全面经济伙伴关系协定》的签署,标志着当前世界上人口最多、经贸规模最大、最具发展潜力的自由贸易区正式启航。

在货物贸易层面,实现零关税和区域内贸易便利化。

中国与 RCEP 成员国茶叶贸易中,占中国茶叶贸易出口额比重 29.9%。占中国茶叶贸易进口额比重 11.6%。因此,有必要了解成员国茶叶标准与法规。

### (二)RCEP 成员国茶叶标准及法规

目前,RCEP 成员国制定的涉及茶叶(绿茶、红茶)理化指标和安全卫生指标的标准和技术法规见表 7-3。

表 7-3 RCEP 成员国茶叶标准和技术规程

(何梅珍等,2021)

| 国家 | 标准和技术法规名称 | 主要技术要求 |
| --- | --- | --- |
| 中国[2-13] | GB/T 13738.1—2017 红茶 第 1 部分:红碎茶 | 理化指标 |
| | GB/T 13738.2—2017 红茶 第 2 部分:工夫红茶 | 理化指标 |
| | GB/T 13738.3—2012 红茶 第 3 部分:小种红茶 | 理化指标 |
| | GB/T 14456.1—2017 绿茶 第 1 部分:基本要求 | 理化指标 |
| | GB/T 14456.2—2018 绿茶 第 2 部分:大叶种绿茶 | 理化指标 |
| | GB/T 14456.3—2016 绿茶 第 3 部分:中小叶种绿茶 | 理化指标 |
| | GB/T 14456.4—2016 绿茶 第 4 部分:珠茶 | 理化指标 |
| | GB/T 14456.5—2016 绿茶 第 5 部分:眉茶 | 理化指标 |
| | GB/T 14456.6—2016 绿茶 第 6 部分:蒸青茶 | 理化指标 |

续表

| 国家 | 标准和技术法规名称 | 主要技术要求 |
|---|---|---|
| 中国[2-13] | GB/T 26530—2011 地理标志产品 崂山绿茶 | 理化指标 |
| | GB 2762—2017 食品安全国家标准 食品中污染物限量 | 污染物限量 |
| | GB 2763—2019 食品安全国家标准 食品中农药最大残留限量 | 农药残留限量 |
| 日本[14] | 食品中残留农业化学品肯定列表制度 | 农药残留限量 |
| 韩国[15-16] | KS H 2160Y—2018 红茶 | 理化指标 |
| | KS H 2161Y—2018 绿茶 | 理化指标 |
| | 农药残留肯定列表制度 | 农药残留限量 |
| 澳大利亚[17] | 澳新食品标准法典附表20（仅澳大利亚） | 农药残留限量 |
| 新西兰[18] | 农业化合物最大残留限量规定 | 农药残留限量 |
| 新加坡[15] | 食品法规 | 理化指标、污染物限量、农药残留限量 |
| 文莱[15] | 公共卫生（食品）法规 | 理化指标、污染物限量、微生物限量、农药残留限量 |
| 越南[15] | TCVN 1454—2013 红茶 | 理化指标 |
| | TCVN 9740—2013 绿茶 | 理化指标 |
| | 植物源性食品农药残留最大限量（50/2016/TT-BYT） | 农药残留限量 |
| 印度尼西亚[15] | SNI 1902—2016 红茶 | 理化指标、污染物限量、微生物限量 |
| | SNI 3945—2016 绿茶 | 理化指标、污染物限量、微生物限量 |
| | 进出口植物源性新鲜食品安全管理规定（55/Permentan/KR.040/11/2016） | 农药残留限量 |
| 泰国[15] | TIS 460—2556 中国茶 | 理化指标、微生物限量、农药残留限量 |
| | TIS 461—2526 红茶 | 理化指标 |
| | 食品中的污染物标准（公共卫生部2020年414号通知） | 污染物限量 |
| 马来西亚[15] | MS 295—2017 茶 要求和试验方法 | 理化指标、污染物限量、微生物限量 |
| | 食品法规 | 农药残留限量 |
| 柬埔寨[15] | 植物源性食品农药残留最大限量（农林渔业部公告No.002,03/01/2007 | 农药残留限量 |

## (三)茶叶的主要技术要求比

1.理化指标

(1)绿茶

在制定了绿茶标准和技术法规的国家中,除了韩国,大都修改采用或参考了 ISO 11287《绿茶 定义和基本要求》。我国绿茶相关产品标准共有7项,本文选取修改采用 ISO 11287 的 GB/T 14456.1—2017《绿茶 第1部分:基本要求》的技术参数进行比对。RCEP 各成员国及 ISO 绿茶的理化指标见表7－4。

表7－4　RCEP 成员国以及 ISO 的绿茶理化指标

(何梅珍等,2021)

| 项目 | 指标值 | | | | | | | | |
|---|---|---|---|---|---|---|---|---|---|
| | ISO | 中国 | 马来西亚 | 泰国 | 印度尼西亚 | 越南 | 新加坡 | 文莱 | 韩国 |
| 水分(质量分数)/% | — | ≤7.0(烘青、炒青、蒸青绿茶),≤9.0(晒青绿茶) | — | ≤7.0 | ≤8.0 | — | — | — | 防潮包装≤6.0,袋装≤8.0 |
| 总灰分(质量分数)/% | 4.0～8.0 | ≤7.5 | 4.0～7.0 | 4.0～8.0 | 4.0～8.0 | 4.0～8.0 | 4.0～7.0 | 4.0～7.0 | ≤6.0 |
| 粉末(质量分数)/% | — | ≤1.0 | — | — | — | — | — | — | 防潮包装≤4.0,袋装≤1.5 |
| 水浸出物(质量分数)/% | ≥32.0 | ≥34.0 | ≥32.0 | ≥32.0 | ≥32.0 | ≥32.0 | ≥30.0 | ≥30.0 | — |
| 粗纤维(质量分数)/% | ≤16.5 | ≤16.0 | ≤16.5 | ≤16.5 | ≤16.5 | ≤16.5 | — | — | — |
| 酸不溶性灰分(质量分数)/% | ≤1.0 | ≤1.0 | ≤1.0 | ≤1.0 | ≤1.0 | ≤1.0 | — | — | — |
| 水溶性灰分,占总灰分(质量分数)/% | ≥45.0 | ≥45.0 | ≥50.0 | ≥45.0 | ≥45.0 | ≥45.0 | ≥50.0 | ≥50.0 | — |

续表

| 项目 | 指标值 | | | | | | | | | |
|---|---|---|---|---|---|---|---|---|---|---|
| | ISO | 中国 | 马来西亚 | 泰国 | 印度尼西亚 | 越南 | 新加坡 | 文莱 | 韩国 |
| 水溶性灰分碱度(以KOH计)(质量分数)/% | 1.0~3.0 | 1.0~3.0 | 1.0~3.0 | 1.0~3.0 | 1.0~3.0 | 1.0~3.0 | — | — | — |
| 茶多酚(质量分数)/% | ≥11.0 | ≥11.0 | — | ≥9.0 | ≥15.0 | ≥11.0 | | | |
| 儿茶素(质量分数)/% | ≥7.0 | ≥7.0 | — | ≥2.0 | — | ≥7.0 | | | |
| 儿茶素与茶多酚之比,质量分数 | ≥5.0 | — | — | — | — | ≥5.0 | | | |
| 氮总含量 | — | — | — | — | — | — | — | — | 高级≥5.0,普通2.0—5.0 |
| 杂质 | — | — | — | — | — | — | — | — | ≤3.0 |

(2) 红茶

在制定了红茶标准和技术法规的国家中,基本上修改采用或参考了ISO 3720《红茶 定义和基本要求》,我国红茶相关产品标准共有3项,其中GB/T 13738.1—2017《红茶 第1部分:红碎茶》、GB/T 13738.2—2017《红茶 第2部分:工夫红茶》分别修改采用和非等效采用了ISO 3720,选取修改采用ISO 3720的GB/T 13738.1—2017的技术参数进行比对。各国及ISO红茶的理化指标见表7-5。

表7-5 RCEP成员国以及红茶理化指标

(何梅珍等,2021)

| 项目 | 指标值 | | | | | | | | | |
|---|---|---|---|---|---|---|---|---|---|---|
| | ISO | 中国 | 马来西亚 | 泰国 | 印度尼西亚 | 越南 | 新加坡 | 文莱 | 韩国 |
| 水分(质量分数)/% | — | ≤7.0 | — | ≤7.0 | ≤7.0 | — | — | — | — |
| 总灰分(质量分数)/% | 4.0~8.0 | 4.0~8.0 | 4.0~7.0 | 4.5~7.5 | 4.0~8.0 | 4.0~8.0 | 4.0~7.0 | 4.0~7.0 | 4.0~8.0 |

续表

| 项目 | 指标值 | | | | | | | | |
|---|---|---|---|---|---|---|---|---|---|
| | ISO | 中国 | 马来西亚 | 泰国 | 印度尼西亚 | 越南 | 新加坡 | 文莱 | 韩国 |
| 粉末(质量分数)/% | — | ≤2.0 | — | — | — | — | — | — | ≤1.5 |
| 水浸出物(质量分数)/% | ≥32.0 | 大叶种≥34.0,中小叶种≥32.0 | ≥32.0 | ≥33.0 | ≥32.0 | ≥32.0 | ≥30.0 | ≥30.0 | ≥30.0 |
| 粗纤维(质量分数)/% | ≤16.5 | ≤16.5 | ≤16.5 | ≤16.5 | ≤15 | ≤16.5 | — | — | ≤16.5 |
| 酸不溶性灰分(质量分数)/% | ≤1.0 | ≤1.0 | ≤1.0 | ≤1.0 | ≤0.5 | ≤1.0 | — | — | ≤1.0 |
| 水溶性灰分,占总灰分(质量分数)/% | ≥45.0 | ≥45.0 | ≥50.0 | ≥45.0 | ≥45.0 | ≥45.0 | ≥50.0 | ≥50.0 | ≥45.0 |
| 水溶性灰分碱度(以KOH计)(质量分数)/% | 1.0～3.0 | ≥1.0;≤3.0 | 1.0～3.0 | 1.0～3.0 | 1.0～3.0 | 1.0～3.0 | — | — | 1.0～3.0 |
| 茶多酚(质量分数)/% | ≥9.0 | ≥9.0 | — | — | ≥11.0 | ≥9.0 | — | — | — |
| 儿茶素(质量分数)/% | — | — | — | ≥2.0 | — | — | — | — | — |

2.安全卫生指标

(1)污染物限量 表7-6为RCEP成员国制定的茶叶污染物限量

从表7-6可知,由于泰国2020年修订了污染物限量标准,绝大部分指标值严于其他国家;各国都制定了铅的限量标准,除泰国外的东盟国家的最大限量值相同,我国铅最大限量值比东盟国家宽松;除泰国外,东盟国家的砷最大限量值相同;在东盟国家中,文莱制定的污染物数量最多,马来西亚和文莱相同的污染物种类限量值相同;我国只制定了铅的限量标准,其他污染物未作规定。

表 7-6  RCEP 成员国茶叶污染物限量

(何梅珍等,2021)

| 项目 | 限量值 | | | | | |
|---|---|---|---|---|---|---|
| | 中国 | 印度尼西亚 | 马来西亚 | 文莱 | 泰国 | 新加坡 |
| 铅(Pb),mg/kg | 5.0 | 2.0 | 2.0 | 2.0 | — | 2.0 |
| 砷(As),mg/kg | — | 1.0 | 1.0 | 1.0 | 0.2(总砷) | 1.0 |
| 汞(Hg),mg/kg | — | 0.03 | 0.05 | 0.05 | 0.02(预消费品) | — |
| 镉(Cd),mg/kg | — | 0.2 | 1.0 | 1.0 | 0.3(干燥品) | — |
| 锡(Sn),mg/kg | — | 40 | — | 40 | 250 | — |
| 锑(Sb),mg/kg | — | — | 1.0 | 1.0 | — | — |
| 锌(Zn),mg/kg | — | — | — | 40 | — | — |
| 铜(Cu),mg/kg | — | — | — | 150 | — | — |

(2)农药残留

2006 年日本对农药采取了肯定列表制度,对未涵盖在标准中的所有其他农业化学品制定一个统一限量标准:0.01 mg/kg。2016 年 12 月韩国坚果种实类、热带水果类优先适用了农药肯定列表制度。2019 年 1 月 1 日起,韩国对未设定农药残留限量标准的所有农产品开始正式实施肯定列表制度,对于未设定残留限量标准的农药(未许可的农药)按照 0.01mg/kg(未检出水平)进行管理。澳大利亚、新西兰则对未涵盖在标准中的所有其他农业化学品默认残留量为 0.1 mg/kg。

RCEP 成员国制定的茶叶农药残留限量标准数量见表 7-7。从表 7-7 可以看出:日本对茶叶农药残留限量要求最严,韩国实施肯定列表制度后,对茶叶的农药残留管理也有很高要求,我国还没有实施肯定列表制度,但农药残留限量标准涉及茶叶的数量 106 项远远多于东盟国家。

表 7-7  RCEP 成员国茶叶农药残留限量标准数量

(何梅珍等,2021)

| 国家 | 数量(项) | 备注 |
|---|---|---|
| 日本 | 239 | 其中 230 项为茶叶,5 项为不发酵茶,4 项为发酵茶 |
| 韩国 | 72 | 茶叶 |
| 澳大利亚 | 43 | 茶叶 |
| 新西兰 | 14 | 未专门针对茶叶制定农药残留限量,制定的其他食品数量为 6 项、所有食品数量为 8 项 |
| 中国 | 106 | 茶叶 |

续表

| 国家 | 数量(项) | 备注 |
|---|---|---|
| 新加坡 | 3 | 其中1项为茶叶,2项为茶叶(经干燥加工后) |
| 文莱 | 1 | 干茶 |
| 马来西亚 | 13 | 茶叶 |
| 印度尼西亚 | 16 | 红茶和绿茶 |
| 泰国 | 3 | 中国茶 |
| 越南 | 21 | 其中19项为红茶和绿茶,2项为绿茶 |
| 柬埔寨 | 5 | 其中2项为茶叶,3项为红茶和绿茶 |

(3)微生物限量

表7-8为RCEP成员国茶叶微生物限量。

表7-8 RCEP成员国茶叶微生物限量

| 项目 | 限量值 | | | |
|---|---|---|---|---|
| | 马来西亚 | 印度尼西亚 | 泰国 | 文莱 |
| 菌落总数,cfu/g | $1.0\times10^7$ | $1.0\times10^6$(绿茶)<br>$3.0\times10^3$(红茶) | $1.0\times10^4$(中国茶) | $1.0\times10^5$ |
| 大肠杆菌,g | $1\times10^2$ | — | — | — |
| 大肠菌群,cfu/g | — | $3.0\times10^3$(绿茶)<br>APM/g 小于3(红茶) | — | — |
| 酵母菌,cfu/g | $1\times10^4$ | — | 不能检出(中国茶) | — |
| 霉菌,cfu/g | $1\times10^5$ | — | 不能检出(中国茶) | — |
| 霉菌和酵母菌,cfu/g | — | $4.0\times10^5$(绿茶)<br>$5.0\times10^2$(红茶) | — | — |
| 沙门氏菌,每25g | 无 | — | — | — |

从表7-7可知,部分东盟国家制定了茶叶微生物限量,但各国都是从各自的实际要求出发制定,限定的微生物种类不尽相同,指标更是差别较大,目的是确保食品安全。

【复习思考题】

1.简述我国现行有关出口茶叶标准内容。

2.茶叶出口国家制定的标准有哪些?并举一例具体论述

3.茶叶进口国家制定的标准有哪些?并举一例具体论述。

4.茶叶国际标准主要内容有哪些?主要集中在哪一茶类?为什么?

附录一:中华人民共和国食品安全法

# 中华人民共和国食品安全法

(主席令第二十一号)(2021 年修正本)

(2009 年 2 月 28 日第十一届全国人民代表大会常务委员会第七次会议通过 2015 年 4 月 24 日第十二届全国人民代表大会常务委员会第十四次会议修订;根据 2018 年 12 月 29 日第十三届全国人民代表大会常务委员会第七次会议《全国人民代表大会常务委员会关于修改〈中华人民共和国产品质量法〉等五部法律的决定》第一次修正;根据 2021 年 4 月 29 日第十三届全国人民代表大会常务委员会第二十八次会议《全国人民代表大会常务委员会关于修改〈中华人民共和国道路交通安全法〉等八部法律的决定》第二次修正)。

## 目　录

第一章　总则

第二章　食品安全风险监测和评估

第三章　食品安全标准

第四章　食品生产经营

　第一节　一般规定

　第二节　生产经营过程控制

　第三节　标签、说明书和广告

　第四节　特殊食品

第五章　食品检验

第六章　食品进出口

第七章　食品安全事故处置

第八章　监督管理

第九章　法律责任

第十章　附则

# 第一章 总则

第一条 为了保证食品安全,保障公众身体健康和生命安全,制定本法。

第二条 在中华人民共和国境内从事下列活动,应当遵守本法:

(一)食品生产和加工(以下称食品生产),食品销售和餐饮服务(以下称食品经营);

(二)食品添加剂的生产经营;

(三)用于食品的包装材料、容器、洗涤剂、消毒剂和用于食品生产经营的工具、设备(以下称食品相关产品)的生产经营;

(四)食品生产经营者使用食品添加剂、食品相关产品;

(五)食品的贮存和运输;

(六)对食品、食品添加剂、食品相关产品的安全管理。

供食用的源于农业的初级产品(以下称食用农产品)的质量安全管理,遵守《中华人民共和国农产品质量安全法》的规定。但是,食用农产品的市场销售、有关质量安全标准的制定、有关安全信息的公布和本法对农业投入品作出规定的,应当遵守本法的规定。

第三条 食品安全工作实行预防为主、风险管理、全程控制、社会共治,建立科学、严格的监督管理制度。

第四条 食品生产经营者对其生产经营食品的安全负责。

食品生产经营者应当依照法律、法规和食品安全标准从事生产经营活动,保证食品安全,诚信自律,对社会和公众负责,接受社会监督,承担社会责任。

第五条 国务院设立食品安全委员会,其职责由国务院规定。

国务院食品安全监督管理部门依照本法和国务院规定的职责,对食品生产经营活动实施监督管理。

国务院卫生行政部门依照本法和国务院规定的职责,组织开展食品安全风险监测和风险评估,会同国务院食品安全监督管理部门制定并公布食品安全国家标准。

国务院其他有关部门依照本法和国务院规定的职责,承担有关食品安全工作。

第六条 县级以上地方人民政府对本行政区域的食品安全监督管理工作负责,统一领导、组织、协调本行政区域的食品安全监督管理工作以及食品安全突发事件应对工作,建立健全食品安全全程监督管理工作机制和信息共享机制。

县级以上地方人民政府依照本法和国务院的规定,确定本级食品安全监督管理、卫生行政部门和其他有关部门的职责。有关部门在各自职责范围内负责本行政区域的食品安全监督管理工作。

县级人民政府食品安全监督管理部门可以在乡镇或者特定区域设立派出机构。

第七条 县级以上地方人民政府实行食品安全监督管理责任制。上级人民政府负责对下一级人民政府的食品安全监督管理工作进行评议、考核。县级以上地方人民政府负责对本级食品安全监督管理部门和其他有关部门的食品安全监督管理工作进行评议、考核。

第八条 县级以上人民政府应当将食品安全工作纳入本级国民经济和社会发展规划,将食品安全工作经费列入本级政府财政预算,加强食品安全监督管理能力建设,为食品安全工作提供保障。

县级以上人民政府食品安全监督管理部门和其他有关部门应当加强沟通、密切配合,按照各自职责分工,依法行使职权,承担责任。

第九条 食品行业协会应当加强行业自律,按照章程建立健全行业规范和奖惩机制,提供食品安全信息、技术等服务,引导和督促食品生产经营者依法生产经营,推动行业诚信建设,宣传、普及食品安全知识。

消费者协会和其他消费者组织对违反本法规定,损害消费者合法权益的行为,依法进行社会监督。

第十条 各级人民政府应当加强食品安全的宣传教育,普及食品安全知识,鼓励社会组织、基层群众性自治组织、食品生产经营者开展食品安全法律、法规以及食品安全标准和知识的普及工作,倡导健康的饮食方式,增强消费者食品安全意识和自我保护能力。

新闻媒体应当开展食品安全法律、法规以及食品安全标准和知识的公益宣传,并对食品安全违法行为进行舆论监督。有关食品安全的宣传报道应当真实、公正。

第十一条 国家鼓励和支持开展与食品安全有关的基础研究、应用研究,鼓励和支持食品生产经营者为提高食品安全水平采用先进技术和先进管理规范。

国家对农药的使用实行严格的管理制度,加快淘汰剧毒、高毒、高残留农药,推动替代产品的研发和应用,鼓励使用高效低毒低残留农药。

第十二条 任何组织或者个人有权举报食品安全违法行为,依法向有关部门了解食品安全信息,对食品安全监督管理工作提出意见和建议。

第十三条 对在食品安全工作中做出突出贡献的单位和个人,按照国家有关规定给予表彰、奖励。

## 第二章 食品安全风险监测和评估

第十四条 国家建立食品安全风险监测制度,对食源性疾病、食品污染以及食品中的有害因素进行监测。

国务院卫生行政部门会同国务院食品安全监督管理等部门,制定、实施国家食品安全风险监测计划。

国务院食品安全监督管理部门和其他有关部门获知有关食品安全风险信息后,应当立即核实并向国务院卫生行政部门通报。对有关部门通报的食品安全风险信息以及医疗机构报告的食源性疾病等有关疾病信息,国务院卫生行政部门应当会同国务院有关部门分析研究,认为必要的,及时调整国家食品安全风险监测计划。

省、自治区、直辖市人民政府卫生行政部门会同同级食品安全监督管理等部门,根据国家食品安全风险监测计划,结合本行政区域的具体情况,制定、调整本行政区域的食品安全风险监测方案,报国务院卫生行政部门备案并实施。

第十五条　承担食品安全风险监测工作的技术机构应当根据食品安全风险监测计划和监测方案开展监测工作,保证监测数据真实、准确,并按照食品安全风险监测计划和监测方案的要求报送监测数据和分析结果。

食品安全风险监测工作人员有权进入相关食用农产品种植养殖、食品生产经营场所采集样品、收集相关数据。采集样品应当按照市场价格支付费用。

第十六条　食品安全风险监测结果表明可能存在食品安全隐患的,县级以上人民政府卫生行政部门应当及时将相关信息通报同级食品安全监督管理等部门,并报告本级人民政府和上级人民政府卫生行政部门。食品安全监督管理等部门应当组织开展进一步调查。

第十七条　国家建立食品安全风险评估制度,运用科学方法,根据食品安全风险监测信息、科学数据以及有关信息,对食品、食品添加剂、食品相关产品中生物性、化学性和物理性危害因素进行风险评估。

国务院卫生行政部门负责组织食品安全风险评估工作,成立由医学、农业、食品、营养、生物、环境等方面的专家组成的食品安全风险评估专家委员会进行食品安全风险评估。食品安全风险评估结果由国务院卫生行政部门公布。

对农药、肥料、兽药、饲料和饲料添加剂等的安全性评估,应当有食品安全风险评估专家委员会的专家参加。

食品安全风险评估不得向生产经营者收取费用,采集样品应当按照市场价格支付费用。

第十八条　有下列情形之一的,应当进行食品安全风险评估:

(一)通过食品安全风险监测或者接到举报发现食品、食品添加剂、食品相关产品可能存在安全隐患的;

(二)为制定或者修订食品安全国家标准提供科学依据需要进行风险评估的;

(三)为确定监督管理的重点领域、重点品种需要进行风险评估的;

(四)发现新的可能危害食品安全因素的;

(五)需要判断某一因素是否构成食品安全隐患的;

(六)国务院卫生行政部门认为需要进行风险评估的其他情形。

第十九条　国务院食品安全监督管理、农业行政等部门在监督管理工作中发现需要进行食品安全风险评估的,应当向国务院卫生行政部门提出食品安全风险评估的建议,并提供风险来源、相关检验数据和结论等信息、资料。属于本法第十八条规定情形的,国务院卫生行政部门应当及时进行食品安全风险评估,并向国务院有关部门通报评估结果。

第二十条　省级以上人民政府卫生行政、农业行政部门应当及时相互通报食品、食用农产品安全风险监测信息。

国务院卫生行政、农业行政部门应当及时相互通报食品、食用农产品安全风险评估结果等信息。

第二十一条　食品安全风险评估结果是制定、修订食品安全标准和实施食品安全监督管理的科学依据。

经食品安全风险评估，得出食品、食品添加剂、食品相关产品不安全结论的，国务院食品安全监督管理等部门应当依据各自职责立即向社会公告，告知消费者停止食用或者使用，并采取相应措施，确保该食品、食品添加剂、食品相关产品停止生产经营；需要制定、修订相关食品安全国家标准的，国务院卫生行政部门应当会同国务院食品安全监督管理部门立即制定、修订。

第二十二条　国务院食品安全监督管理部门应当会同国务院有关部门，根据食品安全风险评估结果、食品安全监督管理信息，对食品安全状况进行综合分析。对经综合分析表明可能具有较高程度安全风险的食品，国务院食品安全监督管理部门应当及时提出食品安全风险警示，并向社会公布。

第二十三条　县级以上人民政府食品安全监督管理部门和其他有关部门、食品安全风险评估专家委员会及其技术机构，应当按照科学、客观、及时、公开的原则，组织食品生产经营者、食品检验机构、认证机构、食品行业协会、消费者协会以及新闻媒体等，就食品安全风险评估信息和食品安全监督管理信息进行交流沟通。

## 第三章　食品安全标准

第二十四条　制定食品安全标准，应当以保障公众身体健康为宗旨，做到科学合理、安全可靠。

第二十五条　食品安全标准是强制执行的标准。除食品安全标准外，不得制定其他食品强制性标准。

第二十六条　食品安全标准应当包括下列内容：

（一）食品、食品添加剂、食品相关产品中的致病性微生物，农药残留、兽药残留、生物毒素、重金属等污染物质以及其他危害人体健康物质的限量规定；

（二）食品添加剂的品种、使用范围、用量；

（三）专供婴幼儿和其他特定人群的主辅食品的营养成分要求；

（四）对与卫生、营养等食品安全要求有关的标签、标志、说明书的要求；

（五）食品生产经营过程的卫生要求；

（六）与食品安全有关的质量要求；

（七）与食品安全有关的食品检验方法与规程；

(八)其他需要制定为食品安全标准的内容。

第二十七条 食品安全国家标准由国务院卫生行政部门会同国务院食品安全监督管理部门制定、公布,国务院标准化行政部门提供国家标准编号。

食品中农药残留、兽药残留的限量规定及其检验方法与规程由国务院卫生行政部门、国务院农业行政部门会同国务院食品安全监督管理部门制定。

屠宰畜、禽的检验规程由国务院农业行政部门会同国务院卫生行政部门制定。

第二十八条 制定食品安全国家标准,应当依据食品安全风险评估结果并充分考虑食用农产品安全风险评估结果,参照相关的国际标准和国际食品安全风险评估结果,并将食品安全国家标准草案向社会公布,广泛听取食品生产经营者、消费者、有关部门等方面的意见。

食品安全国家标准应当经国务院卫生行政部门组织的食品安全国家标准审评委员会审查通过。食品安全国家标准审评委员会由医学、农业、食品、营养、生物、环境等方面的专家以及国务院有关部门、食品行业协会、消费者协会的代表组成,对食品安全国家标准草案的科学性和实用性等进行审查。

第二十九条 对地方特色食品,没有食品安全国家标准的,省、自治区、直辖市人民政府卫生行政部门可以制定并公布食品安全地方标准,报国务院卫生行政部门备案。食品安全国家标准制定后,该地方标准即行废止。

第三十条 国家鼓励食品生产企业制定严于食品安全国家标准或者地方标准的企业标准,在本企业适用,并报省、自治区、直辖市人民政府卫生行政部门备案。

第三十一条 省级以上人民政府卫生行政部门应当在其网站上公布制定和备案的食品安全国家标准、地方标准和企业标准,供公众免费查阅、下载。

对食品安全标准执行过程中的问题,县级以上人民政府卫生行政部门应当会同有关部门及时给予指导、解答。

第三十二条 省级以上人民政府卫生行政部门应当会同同级食品安全监督管理、农业行政等部门,分别对食品安全国家标准和地方标准的执行情况进行跟踪评价,并根据评价结果及时修订食品安全标准。

省级以上人民政府食品安全监督管理、农业行政等部门应当对食品安全标准执行中存在的问题进行收集、汇总,并及时向同级卫生行政部门通报。

食品生产经营者、食品行业协会发现食品安全标准在执行中存在问题的,应当立即向卫生行政部门报告。

## 第四章  食品生产经营

### 第一节  一般规定

第三十三条  食品生产经营应当符合食品安全标准,并符合下列要求:

(一)具有与生产经营的食品品种、数量相适应的食品原料处理和食品加工、包装、储存等场所,保持该场所环境整洁,并与有毒、有害场所以及其他污染源保持规定的距离;

(二)具有与生产经营的食品品种、数量相适应的生产经营设备或者设施,有相应的消毒、更衣、盥洗、采光、照明、通风、防腐、防尘、防蝇、防鼠、防虫、洗涤以及处理废水、存放垃圾和废弃物的设备或者设施;

(三)有专职或者兼职的食品安全专业技术人员、食品安全管理人员和保证食品安全的规章制度;

(四)具有合理的设备布局和工艺流程,防止待加工食品与直接入口食品、原料与成品交叉污染,避免食品接触有毒物、不洁物;

(五)餐具、饮具和盛放直接入口食品的容器,使用前应当洗净、消毒,炊具、用具用后应当洗净,保持清洁;

(六)储存、运输和装卸食品的容器、工具和设备应当安全、无害,保持清洁,防止食品污染,并符合保证食品安全所需的温度、湿度等特殊要求,不得将食品与有毒、有害物品一同储存、运输;

(七)直接入口的食品应当使用无毒、清洁的包装材料、餐具、饮具和容器;

(八)食品生产经营人员应当保持个人卫生,生产经营食品时,应当将手洗净,穿戴清洁的工作衣、帽等;销售无包装的直接入口食品时,应当使用无毒、清洁的容器、售货工具和设备;

(九)用水应当符合国家规定的生活饮用水卫生标准;

(十)使用的洗涤剂、消毒剂应当对人体安全、无害;

(十一)法律、法规规定的其他要求。

非食品生产经营者从事食品储存、运输和装卸的,应当符合前款第六项的规定。

第三十四条  禁止生产经营下列食品、食品添加剂、食品相关产品:

(一)用非食品原料生产的食品或者添加食品添加剂以外的化学物质和其他可能危害人体健康物质的食品,或者用回收食品作为原料生产的食品;

(二)致病性微生物,农药残留、兽药残留、生物毒素、重金属等污染物质以及其他危害人体健康的物质含量超过食品安全标准限量的食品、食品添加剂、食品相关产品;

(三)用超过保质期的食品原料、食品添加剂生产的食品、食品添加剂;

(四)超范围、超限量使用食品添加剂的食品;

(五)营养成分不符合食品安全标准的专供婴幼儿和其他特定人群的主辅食品;

(六)腐败变质、油脂酸败、霉变生虫、污秽不洁、混有异物、掺假掺杂或者感官性状异常的食品、食品添加剂;

(七)病死、毒死或者死因不明的禽、畜、兽、水产动物肉类及其制品;

(八)未按规定进行检疫或者检疫不合格的肉类,或者未经检验或者检验不合格的肉类制品;

(九)被包装材料、容器、运输工具等污染的食品、食品添加剂;

(十)标注虚假生产日期、保质期或者超过保质期的食品、食品添加剂;

(十一)无标签的预包装食品、食品添加剂;

(十二)国家为防病等特殊需要明令禁止生产经营的食品;

(十三)其他不符合法律、法规或者食品安全标准的食品、食品添加剂、食品相关产品。

第三十五条　国家对食品生产经营实行许可制度。从事食品生产、食品销售、餐饮服务,应当依法取得许可。但是,销售食用农产品和仅销售预包装食品的,不需要取得许可。仅销售预包装食品的,应当报所在地县级以上地方人民政府食品安全监督管理部门备案。

县级以上地方人民政府食品安全监督管理部门应当依照《中华人民共和国行政许可法》的规定,审核申请人提交的本法第三十三条第一款第一项至第四项规定要求的相关资料,必要时对申请人的生产经营场所进行现场核查;对符合规定条件的,准予许可;对不符合规定条件的,不予许可并书面说明理由。

第三十六条　食品生产加工小作坊和食品摊贩等从事食品生产经营活动,应当符合本法规定的与其生产经营规模、条件相适应的食品安全要求,保证所生产经营的食品卫生、无毒、无害,食品安全监督管理部门应当对其加强监督管理。

县级以上地方人民政府应当对食品生产加工小作坊、食品摊贩等进行综合治理,加强服务和统一规划,改善其生产经营环境,鼓励和支持其改进生产经营条件,进入集中交易市场、店铺等固定场所经营,或者在指定的临时经营区域、时段经营。

食品生产加工小作坊和食品摊贩等的具体管理办法由省、自治区、直辖市制定。

第三十七条　利用新的食品原料生产食品,或者生产食品添加剂新品种、食品相关产品新品种,应当向国务院卫生行政部门提交相关产品的安全性评估材料。国务院卫生行政部门应当自收到申请之日起六十日内组织审查;对符合食品安全要求的,准予许可并公布;对不符合食品安全要求的,不予许可并书面说明理由。

第三十八条　生产经营的食品中不得添加药品,但是可以添加按照传统既是食品又是中药材的物质。按照传统既是食品又是中药材的物质目录由国务院卫生行政部门会同国务院食品安全监督管理部门制定、公布。

第三十九条　国家对食品添加剂生产实行许可制度。从事食品添加剂生产,应当具有与所生产食品添加剂品种相适应的场所、生产设备或者设施、专业技术人员和管理制度,并依照本法第三十五条第二款规定的程序,取得食品添加剂生产许可。

生产食品添加剂应当符合法律、法规和食品安全国家标准。

第四十条　食品添加剂应当在技术上确有必要且经过风险评估证明安全可靠,方可列入允许使用的范围;有关食品安全国家标准应当根据技术必要性和食品安全风险评估结果及时修订。

食品生产经营者应当按照食品安全国家标准使用食品添加剂。

第四十一条　生产食品相关产品应当符合法律、法规和食品安全国家标准。对直接接触食品的包装材料等具有较高风险的食品相关产品,按照国家有关工业产品生产许可证管理的规定实施生产许可。食品安全监督管理部门应当加强对食品相关产品生产活动的监督管理。

第四十二条　国家建立食品安全全程追溯制度。

食品生产经营者应当依照本法的规定,建立食品安全追溯体系,保证食品可追溯。国家鼓励食品生产经营者采用信息化手段采集、留存生产经营信息,建立食品安全追溯体系。

国务院食品安全监督管理部门会同国务院农业行政等有关部门建立食品安全全程追溯协作机制。

第四十三条　地方各级人民政府应当采取措施鼓励食品规模化生产和连锁经营、配送。

国家鼓励食品生产经营企业参加食品安全责任保险。

## 第二节　生产经营过程控制

第四十四条　食品生产经营企业应当建立健全食品安全管理制度,对职工进行食品安全知识培训,加强食品检验工作,依法从事生产经营活动。

食品生产经营企业的主要负责人应当落实企业食品安全管理制度,对本企业的食品安全工作全面负责。

食品生产经营企业应当配备食品安全管理人员,加强对其培训和考核。经考核不具备食品安全管理能力的,不得上岗。食品安全监督管理部门应当对企业食品安全管理人员随机进行监督抽查考核并公布考核情况。监督抽查考核不得收取费用。

第四十五条　食品生产经营者应当建立并执行从业人员健康管理制度。患有国务院卫生行政部门规定的有碍食品安全疾病的人员,不得从事接触直接入口食品的工作。

从事接触直接入口食品工作的食品生产经营人员应当每年进行健康检查,取得健康证明后方可上岗工作。

第四十六条　食品生产企业应当就下列事项制定并实施控制要求,保证所生产的食品符合食品安全标准:

(一)原料采购、原料验收、投料等原料控制;

(二)生产工序、设备、储存、包装等生产关键环节控制;

(三)原料检验、半成品检验、成品出厂检验等检验控制;

(四)运输和交付控制。

第四十七条　食品生产经营者应当建立食品安全自查制度,定期对食品安全状况进行检查评价。生产经营条件发生变化，不再符合食品安全要求的，食品生产经营者应当立即采取整改措施；有发生食品安全事故潜在风险的，应当立即停止食品生产经营活动，并向所在地县级人民政府食品安全监督管理部门报告。

第四十八条　国家鼓励食品生产经营企业符合良好生产规范要求，实施危害分析与关键控制点体系，提高食品安全管理水平。

对通过良好生产规范、危害分析与关键控制点体系认证的食品生产经营企业，认证机构应当依法实施跟踪调查；对不再符合认证要求的企业，应当依法撤销认证，及时向县级以上人民政府食品安全监督管理部门通报，并向社会公布。认证机构实施跟踪调查不得收取费用。

第四十九条　食用农产品生产者应当按照食品安全标准和国家有关规定使用农药、肥料、兽药、饲料和饲料添加剂等农业投入品，严格执行农业投入品使用安全间隔期或者休药期的规定，不得使用国家明令禁止的农业投入品。禁止将剧毒、高毒农药用于蔬菜、瓜果、茶叶和中草药材等国家规定的农作物。

食用农产品的生产企业和农民专业合作经济组织应当建立农业投入品使用记录制度。

县级以上人民政府农业行政部门应当加强对农业投入品使用的监督管理和指导，建立健全农业投入品安全使用制度。

第五十条　食品生产者采购食品原料、食品添加剂、食品相关产品，应当查验供货者的许可证和产品合格证明；对无法提供合格证明的食品原料，应当按照食品安全标准进行检验；不得采购或者使用不符合食品安全标准的食品原料、食品添加剂、食品相关产品。

食品生产企业应当建立食品原料、食品添加剂、食品相关产品进货查验记录制度，如实记录食品原料、食品添加剂、食品相关产品的名称、规格、数量、生产日期或者生产批号、保质期、进货日期以及供货者名称、地址、联系方式等内容，并保存相关凭证。记录和凭证保存期限不得少于产品保质期满后六个月；没有明确保质期的，保存期限不得少于二年。

第五十一条　食品生产企业应当建立食品出厂检验记录制度，查验出厂食品的检验合格证和安全状况，如实记录食品的名称、规格、数量、生产日期或者生产批号、保质期、检验合格证号、销售日期以及购货者名称、地址、联系方式等内容，并保存相关凭证。记录和凭证保存期限应当符合本法第五十条第二款的规定。

第五十二条　食品、食品添加剂、食品相关产品的生产者，应当按照食品安全标准对所生产的食品、食品添加剂、食品相关产品进行检验，检验合格后方可出厂或者销售。

第五十三条　食品经营者采购食品，应当查验供货者的许可证和食品出厂检验合格证或者其他合格证明（以下称合格证明文件）。

食品经营企业应当建立食品进货查验记录制度，如实记录食品的名称、规格、数量、生产日期或者生产批号、保质期、进货日期以及供货者名称、地址、联系方式等内容，并保存相关凭证。记录和凭证保存期限应当符合本法第五十条第二款的规定。

实行统一配送经营方式的食品经营企业，可以由企业总部统一查验供货者的许可证和食品合格证明文件,进行食品进货查验记录。

从事食品批发业务的经营企业应当建立食品销售记录制度,如实记录批发食品的名称、规格、数量、生产日期或者生产批号、保质期、销售日期以及购货者名称、地址、联系方式等内容,并保存相关凭证。记录和凭证保存期限应当符合本法第五十条第二款的规定。

第五十四条　食品经营者应当按照保证食品安全的要求储存食品,定期检查库存食品,及时清理变质或者超过保质期的食品。

食品经营者储存散装食品,应当在储存位置标明食品的名称、生产日期或者生产批号、保质期、生产者名称及联系方式等内容。

第五十五条　餐饮服务提供者应当制定并实施原料控制要求,不得采购不符合食品安全标准的食品原料。倡导餐饮服务提供者公开加工过程,公示食品原料及其来源等信息。

餐饮服务提供者在加工过程中应当检查待加工的食品及原料,发现有本法第三十四条第六项规定情形的,不得加工或者使用。

第五十六条　餐饮服务提供者应当定期维护食品加工、储存、陈列等设施、设备;定期清洗、校验保温设施及冷藏、冷冻设施。

餐饮服务提供者应当按照要求对餐具、饮具进行清洗消毒,不得使用未经清洗消毒的餐具、饮具;餐饮服务提供者委托清洗消毒餐具、饮具的,应当委托符合本法规定条件的餐具、饮具集中消毒服务单位。

第五十七条　学校、托幼机构、养老机构、建筑工地等集中用餐单位的食堂应当严格遵守法律、法规和食品安全标准;从供餐单位订餐的,应当从取得食品生产经营许可的企业订购,并按照要求对订购的食品进行查验。供餐单位应当严格遵守法律、法规和食品安全标准,当餐加工,确保食品安全。

学校、托幼机构、养老机构、建筑工地等集中用餐单位的主管部门应当加强对集中用餐单位的食品安全教育和日常管理,降低食品安全风险,及时消除食品安全隐患。

第五十八条　餐具、饮具集中消毒服务单位应当具备相应的作业场所、清洗消毒设备或者设施,用水和使用的洗涤剂、消毒剂应当符合相关食品安全国家标准和其他国家标准、卫生规范。

餐具、饮具集中消毒服务单位应当对消毒餐具、饮具进行逐批检验,检验合格后方可出厂,并应当随附消毒合格证明。消毒后的餐具、饮具应当在独立包装上标注单位名称、地址、联系方式、消毒日期以及使用期限等内容。

第五十九条　食品添加剂生产者应当建立食品添加剂出厂检验记录制度,查验出厂产品的检验合格证和安全状况,如实记录食品添加剂的名称、规格、数量、生产日期或者生产批号、保质期、检验合格证号、销售日期以及购货者名称、地址、联系方式等相关内容,并保存相关凭证。记录和凭证保存期限应当符合本法第五十条第二款的规定。

第六十条　食品添加剂经营者采购食品添加剂,应当依法查验供货者的许可证和产品合格证明文件,如实记录食品添加剂的名称、规格、数量、生产日期或者生产批号、保质期、进货日期以及供货者名称、地址、联系方式等内容,并保存相关凭证。记录和凭证保存期限应当符合本法第五十条第二款的规定。

第六十一条　集中交易市场的开办者、柜台出租者和展销会举办者,应当依法审查入场食品经营者的许可证,明确其食品安全管理责任,定期对其经营环境和条件进行检查,发现其有违反本法规定行为的,应当及时制止并立即报告所在地县级人民政府食品安全监督管理部门。

第六十二条　网络食品交易第三方平台提供者应当对入网食品经营者进行实名登记,明确其食品安全管理责任;依法应当取得许可证的,还应当审查其许可证。

网络食品交易第三方平台提供者发现入网食品经营者有违反本法规定行为的,应当及时制止并立即报告所在地县级人民政府食品安全监督管理部门;发现严重违法行为的,应当立即停止提供网络交易平台服务。

第六十三条　国家建立食品召回制度。食品生产者发现其生产的食品不符合食品安全标准或者有证据证明可能危害人体健康的,应当立即停止生产,召回已经上市销售的食品,通知相关生产经营者和消费者,并记录召回和通知情况。

食品经营者发现其经营的食品有前款规定情形的,应当立即停止经营,通知相关生产经营者和消费者,并记录停止经营和通知情况。食品生产者认为应当召回的,应当立即召回。由于食品经营者的原因造成其经营的食品有前款规定情形的,食品经营者应当召回。

食品生产经营者应当对召回的食品采取无害化处理、销毁等措施,防止其再次流入市场。但是,对因标签、标志或者说明书不符合食品安全标准而被召回的食品,食品生产者在采取补救措施且能保证食品安全的情况下可以继续销售;销售时应当向消费者明示补救措施。

食品生产经营者应当将食品召回和处理情况向所在地县级人民政府食品安全监督管理部门报告;需要对召回的食品进行无害化处理、销毁的,应当提前报告时间、地点。食品安全监督管理部门认为必要的,可以实施现场监督。

食品生产经营者未依照本条规定召回或者停止经营的,县级以上人民政府食品安全监督管理部门可以责令其召回或者停止经营。

第六十四条　食用农产品批发市场应当配备检验设备和检验人员或者委托符合本法规定的食品检验机构,对进入该批发市场销售的食用农产品进行抽样检验;发现不符合食品安全标准的,应当要求销售者立即停止销售,并向食品安全监督管理部门报告。

第六十五条　食用农产品销售者应当建立食用农产品进货查验记录制度,如实记录食用农产品的名称、数量、进货日期以及供货者名称、地址、联系方式等内容,并保存相关凭证。记录和凭证保存期限不得少于六个月。

第六十六条　进入市场销售的食用农产品在包装、保鲜、储存、运输中使用保鲜剂、防腐剂等食品添加剂和包装材料等食品相关产品,应当符合食品安全国家标准。

## 第三节　标签、说明书和广告

第六十七条　预包装食品的包装上应当有标签。标签应当标明下列事项：
（一）名称、规格、净含量、生产日期；
（二）成分或者配料表；
（三）生产者的名称、地址、联系方式；
（四）保质期；
（五）产品标准代号；
（六）储存条件；
（七）所使用的食品添加剂在国家标准中的通用名称；
（八）生产许可证编号；
（九）法律、法规或者食品安全标准规定应当标明的其他事项。

专供婴幼儿和其他特定人群的主辅食品，其标签还应当标明主要营养成分及其含量。

食品安全国家标准对标签标注事项另有规定的，从其规定。

第六十八条　食品经营者销售散装食品，应当在散装食品的容器、外包装上标明食品的名称、生产日期或者生产批号、保质期以及生产经营者名称、地址、联系方式等内容。

第六十九条　生产经营转基因食品应当按照规定显著标示。

第七十条　食品添加剂应当有标签、说明书和包装。标签、说明书应当载明本法第六十七条第一款第一项至第六项、第八项、第九项规定的事项，以及食品添加剂的使用范围、用量、使用方法，并在标签上载明"食品添加剂"字样。

第七十一条　食品和食品添加剂的标签、说明书，不得含有虚假内容，不得涉及疾病预防、治疗功能。生产经营者对其提供的标签、说明书的内容负责。

食品和食品添加剂的标签、说明书应当清楚、明显，生产日期、保质期等事项应当显著标注，容易辨识。

食品和食品添加剂与其标签、说明书的内容不符的，不得上市销售。

第七十二条　食品经营者应当按照食品标签标示的警示标志、警示说明或者注意事项的要求销售食品。

第七十三条　食品广告的内容应当真实合法，不得含有虚假内容，不得涉及疾病预防、治疗功能。食品生产经营者对食品广告内容的真实性、合法性负责。

县级以上人民政府食品安全监督管理部门和其他有关部门以及食品检验机构、食品行业协会不得以广告或者其他形式向消费者推荐食品。消费者组织不得以收取费用或者其他牟取利益的方式向消费者推荐食品。

## 第四节　特殊食品

第七十四条　国家对保健食品、特殊医学用途配方食品和婴幼儿配方食品等特殊食品实行严格监督管理。

第七十五条　保健食品声称保健功能，应当具有科学依据，不得对人体产生急性、亚急性或者慢性危害。

保健食品原料目录和允许保健食品声称的保健功能目录，由国务院食品安全监督管理部门会同国务院卫生行政部门、国家中医药管理部门制定、调整并公布。

保健食品原料目录应当包括原料名称、用量及其对应的功效；列入保健食品原料目录的原料只能用于保健食品生产，不得用于其他食品生产。

第七十六条　使用保健食品原料目录以外原料的保健食品和首次进口的保健食品应当经国务院食品安全监督管理部门注册。但是，首次进口的保健食品中属于补充维生素、矿物质等营养物质的，应当报国务院食品安全监督管理部门备案。其他保健食品应当报省、自治区、直辖市人民政府食品安全监督管理部门备案。

进口的保健食品应当是出口国（地区）主管部门准许上市销售的产品。

第七十七条　依法应当注册的保健食品，注册时应当提交保健食品的研发报告、产品配方、生产工艺、安全性和保健功能评价、标签、说明书等材料及样品，并提供相关证明文件。国务院食品安全监督管理部门经组织技术审评，对符合安全和功能声称要求的，准予注册；对不符合要求的，不予注册并书面说明理由。对使用保健食品原料目录以外原料的保健食品作出准予注册决定的，应当及时将该原料纳入保健食品原料目录。

依法应当备案的保健食品，备案时应当提交产品配方、生产工艺、标签、说明书以及表明产品安全性和保健功能的材料。

第七十八条　保健食品的标签、说明书不得涉及疾病预防、治疗功能，内容应当真实，与注册或者备案的内容相一致，载明适宜人群、不适宜人群、功效成分或者标志性成分及其含量等，并声明"本品不能代替药物"。保健食品的功能和成分应当与标签、说明书相一致。

第七十九条　保健食品广告除应当符合本法第七十三条第一款的规定外，还应当声明"本品不能代替药物"；其内容应当经生产企业所在地省、自治区、直辖市人民政府食品安全监督管理部门审查批准，取得保健食品广告批准文件。省、自治区、直辖市人民政府食品安全监督管理部门应当公布并及时更新已经批准的保健食品广告目录以及批准的广告内容。

第八十条　特殊医学用途配方食品应当经国务院食品安全监督管理部门注册。注册时，应当提交产品配方、生产工艺、标签、说明书以及表明产品安全性、营养充足性和特殊医学用途临床效果的材料。

特殊医学用途配方食品广告适用《中华人民共和国广告法》和其他法律、行政法规关于药品广告管理的规定。

第八十一条　婴幼儿配方食品生产企业应当实施从原料进厂到成品出厂的全过程质量控制,对出厂的婴幼儿配方食品实施逐批检验,保证食品安全。

生产婴幼儿配方食品使用的生鲜乳、辅料等食品原料、食品添加剂等,应当符合法律、行政法规的规定和食品安全国家标准,保证婴幼儿生长发育所需的营养成分。

婴幼儿配方食品生产企业应当将食品原料、食品添加剂、产品配方及标签等事项向省、自治区、直辖市人民政府食品安全监督管理部门备案。

婴幼儿配方乳粉的产品配方应当经国务院食品安全监督管理部门注册。注册时,应当提交配方研发报告和其他表明配方科学性、安全性的材料。

不得以分装方式生产婴幼儿配方乳粉,同一企业不得用同一配方生产不同品牌的婴幼儿配方乳粉。

第八十二条　保健食品、特殊医学用途配方食品、婴幼儿配方乳粉的注册人或者备案人应当对其提交材料的真实性负责。

省级以上人民政府食品安全监督管理部门应当及时公布注册或者备案的保健食品、特殊医学用途配方食品、婴幼儿配方乳粉目录,并对注册或者备案中获知的企业商业秘密予以保密。

保健食品、特殊医学用途配方食品、婴幼儿配方乳粉生产企业应当按照注册或者备案的产品配方、生产工艺等技术要求组织生产。

第八十三条　生产保健食品、特殊医学用途配方食品、婴幼儿配方食品和其他专供特定人群的主辅食品的企业,应当按照良好生产规范的要求建立与所生产食品相适应的生产质量管理体系,定期对该体系的运行情况进行自查,保证其有效运行,并向所在地县级人民政府食品安全监督管理部门提交自查报告。

## 第五章　食品检验

第八十四条　食品检验机构按照国家有关认证认可的规定取得资质认定后,方可从事食品检验活动。但是,法律另有规定的除外。

食品检验机构的资质认定条件和检验规范,由国务院食品安全监督管理部门规定。

符合本法规定的食品检验机构出具的检验报告具有同等效力。

县级以上人民政府应当整合食品检验资源,实现资源共享。

第八十五条　食品检验由食品检验机构指定的检验人独立进行。

检验人应当依照有关法律、法规的规定,并按照食品安全标准和检验规范对食品进行检验,尊重科学,恪守职业道德,保证出具的检验数据和结论客观、公正,不得出具虚假检验报告。

第八十六条　食品检验实行食品检验机构与检验人负责制。食品检验报告应当加盖食品检验机构公章,并有检验人的签名或者盖章。食品检验机构和检验人对出具的食品检验报告负责。

第八十七条  县级以上人民政府食品安全监督管理部门应当对食品进行定期或者不定期的抽样检验,并依据有关规定公布检验结果,不得免检。进行抽样检验,应当购买抽取的样品,委托符合本法规定的食品检验机构进行检验,并支付相关费用;不得向食品生产经营者收取检验费和其他费用。

第八十八条  对依照本法规定实施的检验结论有异议的,食品生产经营者可以自收到检验结论之日起七个工作日内向实施抽样检验的食品安全监督管理部门或者其上一级食品安全监督管理部门提出复检申请,由受理复检申请的食品安全监督管理部门在公布的复检机构名录中随机确定复检机构进行复检。复检机构出具的复检结论为最终检验结论。复检机构与初检机构不得为同一机构。复检机构名录由国务院认证认可监督管理、食品安全监督管理、卫生行政、农业行政等部门共同公布。

采用国家规定的快速检测方法对食用农产品进行抽查检测,被抽查人对检测结果有异议的,可以自收到检测结果时起四小时内申请复检。复检不得采用快速检测方法。

第八十九条  食品生产企业可以自行对所生产的食品进行检验,也可以委托符合本法规定的食品检验机构进行检验。

食品行业协会和消费者协会等组织、消费者需要委托食品检验机构对食品进行检验的,应当委托符合本法规定的食品检验机构进行。

第九十条  食品添加剂的检验,适用本法有关食品检验的规定。

## 第六章  食品进出口

第九十一条  国家出入境检验检疫部门对进出口食品安全实施监督管理。

第九十二条  进口的食品、食品添加剂、食品相关产品应当符合我国食品安全国家标准。

进口的食品、食品添加剂应当经出入境检验检疫机构依照进出口商品检验相关法律、行政法规的规定检验合格。

进口的食品、食品添加剂应当按照国家出入境检验检疫部门的要求随附合格证明材料。

第九十三条  进口尚无食品安全国家标准的食品,由境外出口商、境外生产企业或者其委托的进口商向国务院卫生行政部门提交所执行的相关国家(地区)标准或者国际标准。国务院卫生行政部门对相关标准进行审查,认为符合食品安全要求的,决定暂予适用,并及时制定相应的食品安全国家标准。进口利用新的食品原料生产的食品或者进口食品添加剂新品种、食品相关产品新品种,依照本法第三十七条的规定办理。

出入境检验检疫机构按照国务院卫生行政部门的要求,对前款规定的食品、食品添加剂、食品相关产品进行检验。检验结果应当公开。

第九十四条  境外出口商、境外生产企业应当保证向我国出口的食品、食品添加剂、食品相关产品符合本法以及我国其他有关法律、行政法规的规定和食品安全国家标准的要求,并对标签、说明书的内容负责。

进口商应当建立境外出口商、境外生产企业审核制度,重点审核前款规定的内容;审核不合格的,不得进口。

发现进口食品不符合我国食品安全国家标准或者有证据证明可能危害人体健康的,进口商应当立即停止进口,并依照本法第六十三条的规定召回。

第九十五条　境外发生的食品安全事件可能对我国境内造成影响,或者在进口食品、食品添加剂、食品相关产品中发现严重食品安全问题的,国家出入境检验检疫部门应当及时采取风险预警或者控制措施,并向国务院食品安全监督管理、卫生行政、农业行政部门通报。接到通报的部门应当及时采取相应措施。

县级以上人民政府食品安全监督管理部门对国内市场上销售的进口食品、食品添加剂实施监督管理。发现存在严重食品安全问题的,国务院食品安全监督管理部门应当及时向国家出入境检验检疫部门通报。国家出入境检验检疫部门应当及时采取相应措施。

第九十六条　向我国境内出口食品的境外出口商或者代理商、进口食品的进口商应当向国家出入境检验检疫部门备案。向我国境内出口食品的境外食品生产企业应当经国家出入境检验检疫部门注册。已经注册的境外食品生产企业提供虚假材料,或者因其自身的原因致使进口食品发生重大食品安全事故的,国家出入境检验检疫部门应当撤销注册并公告。

国家出入境检验检疫部门应当定期公布已经备案的境外出口商、代理商、进口商和已经注册的境外食品生产企业名单。

第九十七条　进口的预包装食品、食品添加剂应当有中文标签;依法应当有说明书的,还应当有中文说明书。标签、说明书应当符合本法以及我国其他有关法律、行政法规的规定和食品安全国家标准的要求,并载明食品的原产地以及境内代理商的名称、地址、联系方式。预包装食品没有中文标签、中文说明书或者标签、说明书不符合本条规定的,不得进口。

第九十八条　进口商应当建立食品、食品添加剂进口和销售记录制度,如实记录食品、食品添加剂的名称、规格、数量、生产日期、生产或者进口批号、保质期、境外出口商和购货者名称、地址及联系方式、交货日期等内容,并保存相关凭证。记录和凭证保存期限应当符合本法第五十条第二款的规定。

第九十九条　出口食品生产企业应当保证其出口食品符合进口国(地区)的标准或者合同要求。

出口食品生产企业和出口食品原料种植、养殖场应当向国家出入境检验检疫部门备案。

第一百条　国家出入境检验检疫部门应当收集、汇总下列进出口食品安全信息,并及时通报相关部门、机构和企业:

(一)出入境检验检疫机构对进出口食品实施检验检疫发现的食品安全信息;

(二)食品行业协会和消费者协会等组织、消费者反映的进口食品安全信息;

(三)国际组织、境外政府机构发布的风险预警信息及其他食品安全信息,以及境外食品行业协会等组织、消费者反映的食品安全信息；

（四）其他食品安全信息。

国家出入境检验检疫部门应当对进出口食品的进口商、出口商和出口食品生产企业实施信用管理，建立信用记录，并依法向社会公布。对有不良记录的进口商、出口商和出口食品生产企业，应当加强对其进出口食品的检验检疫。

第一百零一条　国家出入境检验检疫部门可以对向我国境内出口食品的国家（地区）的食品安全管理体系和食品安全状况进行评估和审查，并根据评估和审查结果，确定相应检验检疫要求。

# 第七章　食品安全事故处置

第一百零二条　国务院组织制定国家食品安全事故应急预案。

县级以上地方人民政府应当根据有关法律、法规的规定和上级人民政府的食品安全事故应急预案以及本行政区域的实际情况，制定本行政区域的食品安全事故应急预案，并报上一级人民政府备案。

食品安全事故应急预案应当对食品安全事故分级、事故处置组织指挥体系与职责、预防预警机制、处置程序、应急保障措施等作出规定。

食品生产经营企业应当制定食品安全事故处置方案，定期检查本企业各项食品安全防范措施的落实情况，及时消除事故隐患。

第一百零三条　发生食品安全事故的单位应当立即采取措施，防止事故扩大。事故单位和接收病人进行治疗的单位应当及时向事故发生地县级人民政府食品安全监督管理、卫生行政部门报告。

县级以上人民政府农业行政等部门在日常监督管理中发现食品安全事故或者接到事故举报，应当立即向同级食品安全监督管理部门通报。

发生食品安全事故，接到报告的县级人民政府食品安全监督管理部门应当按照应急预案的规定向本级人民政府和上级人民政府食品安全监督管理部门报告。县级人民政府和上级人民政府食品安全监督管理部门应当按照应急预案的规定上报。

任何单位和个人不得对食品安全事故隐瞒、谎报、缓报，不得隐匿、伪造、毁灭有关证据。

第一百零四条　医疗机构发现其接收的病人属于食源性疾病病人或者疑似病人的，应当按照规定及时将相关信息向所在地县级人民政府卫生行政部门报告。县级人民政府卫生行政部门认为与食品安全有关的，应当及时通报同级食品安全监督管理部门。

县级以上人民政府卫生行政部门在调查处理传染病或者其他突发公共卫生事件中发现与食品安全相关的信息，应当及时通报同级食品安全监督管理部门。

第一百零五条　县级以上人民政府食品安全监督管理部门接到食品安全事故的报告后，应当立即会同同级卫生行政、农业行政等部门进行调查处理，并采取下列措施，防止或者减轻社会危害：

（一）开展应急救援工作，组织救治因食品安全事故导致人身伤害的人员；

（二）封存可能导致食品安全事故的食品及其原料，并立即进行检验；对确认属于被污染的食品及其原料，责令食品生产经营者依照本法第六十三条的规定召回或者停止经营；

（三）封存被污染的食品相关产品，并责令进行清洗消毒；

（四）做好信息发布工作，依法对食品安全事故及其处理情况进行发布，并对可能产生的危害加以解释、说明。

发生食品安全事故需要启动应急预案的，县级以上人民政府应当立即成立事故处置指挥机构，启动应急预案，依照前款和应急预案的规定进行处置。

发生食品安全事故，县级以上疾病预防控制机构应当对事故现场进行卫生处理，并对与事故有关的因素开展流行病学调查，有关部门应当予以协助。县级以上疾病预防控制机构应当向同级食品安全监督管理、卫生行政部门提交流行病学调查报告。

第一百零六条　发生食品安全事故，设区的市级以上人民政府食品安全监督管理部门应当立即会同有关部门进行事故责任调查，督促有关部门履行职责，向本级人民政府和上一级人民政府食品安全监督管理部门提出事故责任调查处理报告。

涉及两个以上省、自治区、直辖市的重大食品安全事故由国务院食品安全监督管理部门依照前款规定组织事故责任调查。

第一百零七条　调查食品安全事故，应当坚持实事求是、尊重科学的原则，及时、准确查清事故性质和原因，认定事故责任，提出整改措施。

调查食品安全事故，除了查明事故单位的责任，还应当查明有关监督管理部门、食品检验机构、认证机构及其工作人员的责任。

第一百零八条　食品安全事故调查部门有权向有关单位和个人了解与事故有关的情况，并要求提供相关资料和样品。有关单位和个人应当予以配合，按照要求提供相关资料和样品，不得拒绝。

任何单位和个人不得阻挠、干涉食品安全事故的调查处理。

## 第八章　监督管理

第一百零九条　县级以上人民政府食品安全监督管理部门根据食品安全风险监测、风险评估结果和食品安全状况等，确定监督管理的重点、方式和频次，实施风险分级管理。

县级以上地方人民政府组织本级食品安全监督管理、农业行政等部门制定本行政区域的食品安全年度监督管理计划，向社会公布并组织实施。

食品安全年度监督管理计划应当将下列事项作为监督管理的重点：

（一）专供婴幼儿和其他特定人群的主辅食品；

(二)保健食品生产过程中的添加行为和按照注册或者备案的技术要求组织生产的情况,保健食品标签、说明书以及宣传材料中有关功能宣传的情况;

(三)发生食品安全事故风险较高的食品生产经营者;

(四)食品安全风险监测结果表明可能存在食品安全隐患的事项。

第一百一十条　县级以上人民政府食品安全监督管理部门履行食品安全监督管理职责,有权采取下列措施,对生产经营者遵守本法的情况进行监督检查:

(一)进入生产经营场所实施现场检查;

(二)对生产经营的食品、食品添加剂、食品相关产品进行抽样检验;

(三)查阅、复制有关合同、票据、账簿以及其他有关资料;

(四)查封、扣押有证据证明不符合食品安全标准或者有证据证明存在安全隐患以及用于违法生产经营的食品、食品添加剂、食品相关产品;

(五)查封违法从事生产经营活动的场所。

第一百一十一条　对食品安全风险评估结果证明食品存在安全隐患,需要制定、修订食品安全标准的,在制定、修订食品安全标准前,国务院卫生行政部门应当及时会同国务院有关部门规定食品中有害物质的临时限量值和临时检验方法,作为生产经营和监督管理的依据。

第一百一十二条　县级以上人民政府食品安全监督管理部门在食品安全监督管理工作中可以采用国家规定的快速检测方法对食品进行抽查检测。

对抽查检测结果表明可能不符合食品安全标准的食品,应当依照本法第八十七条的规定进行检验。抽查检测结果确定有关食品不符合食品安全标准的,可以作为行政处罚的依据。

第一百一十三条　县级以上人民政府食品安全监督管理部门应当建立食品生产经营者食品安全信用档案,记录许可颁发、日常监督检查结果、违法行为查处等情况,依法向社会公布并实时更新;对有不良信用记录的食品生产经营者增加监督检查频次,对违法行为情节严重的食品生产经营者,可以通报投资主管部门、证券监督管理机构和有关的金融机构。

第一百一十四条　食品生产经营过程中存在食品安全隐患,未及时采取措施消除的,县级以上人民政府食品安全监督管理部门可以对食品生产经营者的法定代表人或者主要负责人进行责任约谈。食品生产经营者应当立即采取措施,进行整改,消除隐患。责任约谈情况和整改情况应当纳入食品生产经营者食品安全信用档案。

第一百一十五条　县级以上人民政府食品安全监督管理等部门应当公布本部门的电子邮件地址或者电话,接受咨询、投诉、举报。接到咨询、投诉、举报,对属于本部门职责的,应当受理并在法定期限内及时答复、核实、处理;对不属于本部门职责的,应当移交有权处理的部门并书面通知咨询、投诉、举报人。有权处理的部门应当在法定期限内及时处理,不得推诿。对查证属实的举报,给予举报人奖励。

有关部门应当对举报人的信息予以保密,保护举报人的合法权益。举报人举报所在企业的,该企业不得以解除、变更劳动合同或者其他方式对举报人进行打击报复。

第一百一十六条　县级以上人民政府食品安全监督管理等部门应当加强对执法人员食品安全法律、法规、标准和专业知识与执法能力等的培训,并组织考核。不具备相应知识和能力的,不得从事食品安全执法工作。

食品生产经营者、食品行业协会、消费者协会等发现食品安全执法人员在执法过程中有违反法律、法规规定的行为以及不规范执法行为的,可以向本级或者上级人民政府食品安全监督管理等部门或者监察机关投诉、举报。接到投诉、举报的部门或者机关应当进行核实,并将经核实的情况向食品安全执法人员所在部门通报;涉嫌违法违纪的,按照本法和有关规定处理。

第一百一十七条　县级以上人民政府食品安全监督管理等部门未及时发现食品安全系统性风险,未及时消除监督管理区域内的食品安全隐患的,本级人民政府可以对其主要负责人进行责任约谈。

地方人民政府未履行食品安全职责,未及时消除区域性重大食品安全隐患的,上级人民政府可以对其主要负责人进行责任约谈。

被约谈的食品安全监督管理等部门、地方人民政府应当立即采取措施,对食品安全监督管理工作进行整改。

责任约谈情况和整改情况应当纳入地方人民政府和有关部门食品安全监督管理工作评议、考核记录。

第一百一十八条　国家建立统一的食品安全信息平台,实行食品安全信息统一公布制度。国家食品安全总体情况、食品安全风险警示信息、重大食品安全事故及其调查处理信息和国务院确定需要统一公布的其他信息由国务院食品安全监督管理部门统一公布。食品安全风险警示信息和重大食品安全事故及其调查处理信息的影响限于特定区域的,也可以由有关省、自治区、直辖市人民政府食品安全监督管理部门公布。未经授权不得发布上述信息。

县级以上人民政府食品安全监督管理、农业行政部门依据各自职责公布食品安全日常监督管理信息。

公布食品安全信息,应当做到准确、及时,并进行必要的解释说明,避免误导消费者和社会舆论。

第一百一十九条　县级以上地方人民政府食品安全监督管理、卫生行政、农业行政部门获知本法规定需要统一公布的信息,应当向上级主管部门报告,由上级主管部门立即报告国务院食品安全监督管理部门;必要时,可以直接向国务院食品安全监督管理部门报告。

县级以上人民政府食品安全监督管理、卫生行政、农业行政部门应当相互通报获知的食品安全信息。

第一百二十条　任何单位和个人不得编造、散布虚假食品安全信息。

县级以上人民政府食品安全监督管理部门发现可能误导消费者和社会舆论的食品安全信息,应当立即组织有关部门、专业机构、相关食品生产经营者等进行核实、分析,并及时公布结果。

第一百二十一条　县级以上人民政府食品安全监督管理等部门发现涉嫌食品安全犯罪

的,应当按照有关规定及时将案件移送公安机关。对移送的案件,公安机关应当及时审查;认为有犯罪事实需要追究刑事责任的,应当立案侦查。

公安机关在食品安全犯罪案件侦查过程中认为没有犯罪事实,或者犯罪事实显著轻微,不需要追究刑事责任,但依法应当追究行政责任的,应当及时将案件移送食品安全监督管理等部门和监察机关,有关部门应当依法处理。

公安机关商请食品安全监督管理、生态环境等部门提供检验结论、认定意见以及对涉案物品进行无害化处理等协助的,有关部门应当及时提供,予以协助。

# 第九章　法律责任

第一百二十二条　违反本法规定,未取得食品生产经营许可从事食品生产经营活动,或者未取得食品添加剂生产许可从事食品添加剂生产活动的,由县级以上人民政府食品安全监督管理部门没收违法所得和违法生产经营的食品、食品添加剂以及用于违法生产经营的工具、设备、原料等物品;违法生产经营的食品、食品添加剂货值金额不足一万元的,并处五万元以上十万元以下罚款;货值金额一万元以上的,并处货值金额十倍以上二十倍以下罚款。

明知从事前款规定的违法行为,仍为其提供生产经营场所或者其他条件的,由县级以上人民政府食品安全监督管理部门责令停止违法行为,没收违法所得,并处五万元以上十万元以下罚款;使消费者的合法权益受到损害的,应当与食品、食品添加剂生产经营者承担连带责任。

第一百二十三条　违反本法规定,有下列情形之一,尚不构成犯罪的,由县级以上人民政府食品安全监督管理部门没收违法所得和违法生产经营的食品,并可以没收用于违法生产经营的工具、设备、原料等物品;违法生产经营的食品货值金额不足一万元的,并处十万元以上十五万元以下罚款;货值金额一万元以上的,并处货值金额十五倍以上三十倍以下罚款;情节严重的,吊销许可证,并可以由公安机关对其直接负责的主管人员和其他直接责任人员处五日以上十五日以下拘留:

(一)用非食品原料生产食品、在食品中添加食品添加剂以外的化学物质和其他可能危害人体健康的物质,或者用回收食品作为原料生产食品,或者经营上述食品;

(二)生产经营营养成分不符合食品安全标准的专供婴幼儿和其他特定人群的主辅食品;

(三)经营病死、毒死或者死因不明的禽、畜、兽、水产动物肉类,或者生产经营其制品;

(四)经营未按规定进行检疫或者检疫不合格的肉类,或者生产经营未经检验或者检验不合格的肉类制品;

(五)生产经营国家为防病等特殊需要明令禁止生产经营的食品;

(六)生产经营添加药品的食品。

明知从事前款规定的违法行为,仍为其提供生产经营场所或者其他条件的,由县级以上人民政府食品安全监督管理部门责令停止违法行为,没收违法所得,并处十万元以上二十万元以下罚款;使消费者的合法权益受到损害的,应当与食品生产经营者承担连带责任。

违法使用剧毒、高毒农药的,除依照有关法律、法规规定给予处罚外,可以由公安机关依照第一款规定给予拘留。

第一百二十四条 违反本法规定,有下列情形之一,尚不构成犯罪的,由县级以上人民政府食品安全监督管理部门没收违法所得和违法生产经营的食品、食品添加剂,并可以没收用于违法生产经营的工具、设备、原料等物品;违法生产经营的食品、食品添加剂货值金额不足一万元的,并处五万元以上十万元以下罚款;货值金额一万元以上的,并处货值金额十倍以上二十倍以下罚款;情节严重的,吊销许可证:

(一)生产经营致病性微生物,农药残留、兽药残留、生物毒素、重金属等污染物质以及其他危害人体健康的物质含量超过食品安全标准限量的食品、食品添加剂;

(二)用超过保质期的食品原料、食品添加剂生产食品、食品添加剂,或者经营上述食品、食品添加剂;

(三)生产经营超范围、超限量使用食品添加剂的食品;

(四)生产经营腐败变质、油脂酸败、霉变生虫、污秽不洁、混有异物、掺假掺杂或者感官性状异常的食品、食品添加剂;

(五)生产经营标注虚假生产日期、保质期或者超过保质期的食品、食品添加剂;

(六)生产经营未按规定注册的保健食品、特殊医学用途配方食品、婴幼儿配方乳粉,或者未按注册的产品配方、生产工艺等技术要求组织生产;

(七)以分装方式生产婴幼儿配方乳粉,或者同一企业以同一配方生产不同品牌的婴幼儿配方乳粉;

(八)利用新的食品原料生产食品,或者生产食品添加剂新品种,未通过安全性评估;

(九)食品生产经营者在食品安全监督管理部门责令其召回或者停止经营后,仍拒不召回或者停止经营。

除前款和本法第一百二十三条、第一百二十五条规定的情形外,生产经营不符合法律、法规或者食品安全标准的食品、食品添加剂的,依照前款规定给予处罚。

生产食品相关产品新品种,未通过安全性评估,或者生产不符合食品安全标准的食品相关产品的,由县级以上人民政府食品安全监督管理部门依照第一款规定给予处罚。

第一百二十五条 违反本法规定,有下列情形之一的,由县级以上人民政府食品安全监督管理部门没收违法所得和违法生产经营的食品、食品添加剂,并可以没收用于违法生产经营的工具、设备、原料等物品;违法生产经营的食品、食品添加剂货值金额不足一万元的,并处五千元以上五万元以下罚款;货值金额一万元以上的,并处货值金额五倍以上十倍以下罚款;情节严重的,责令停产停业,直至吊销许可证:

(一)生产经营被包装材料、容器、运输工具等污染的食品、食品添加剂;

(二)生产经营无标签的预包装食品、食品添加剂或者标签、说明书不符合本法规定的食

品、食品添加剂;

(三)生产经营转基因食品未按规定进行标示;

(四)食品生产经营者采购或者使用不符合食品安全标准的食品原料、食品添加剂、食品相关产品。

生产经营的食品、食品添加剂的标签、说明书存在瑕疵但不影响食品安全且不会对消费者造成误导的,由县级以上人民政府食品安全监督管理部门责令改正;拒不改正的,处二千元以下罚款。

第一百二十六条 违反本法规定,有下列情形之一的,由县级以上人民政府食品安全监督管理部门责令改正,给予警告;拒不改正的,处五千元以上五万元以下罚款;情节严重的,责令停产停业,直至吊销许可证:

(一)食品、食品添加剂生产者未按规定对采购的食品原料和生产的食品、食品添加剂进行检验;

(二)食品生产经营企业未按规定建立食品安全管理制度,或者未按规定配备或者培训、考核食品安全管理人员;

(三)食品、食品添加剂生产经营者进货时未查验许可证和相关证明文件,或者未按规定建立并遵守进货查验记录、出厂检验记录和销售记录制度;

(四)食品生产经营企业未制定食品安全事故处置方案;

(五)餐具、饮具和盛放直接入口食品的容器,使用前未经洗净、消毒或者清洗消毒不合格,或者餐饮服务设施、设备未按规定定期维护、清洗、校验;

(六)食品生产经营者安排未取得健康证明或者患有国务院卫生行政部门规定的有碍食品安全疾病的人员从事接触直接入口食品的工作;

(七)食品经营者未按规定要求销售食品;

(八)保健食品生产企业未按规定向食品安全监督管理部门备案,或者未按备案的产品配方、生产工艺等技术要求组织生产;

(九)婴幼儿配方食品生产企业未将食品原料、食品添加剂、产品配方、标签等向食品安全监督管理部门备案;

(十)特殊食品生产企业未按规定建立生产质量管理体系并有效运行,或者未定期提交自查报告;

(十一)食品生产经营者未定期对食品安全状况进行检查评价,或者生产经营条件发生变化,未按规定处理;

(十二)学校、托幼机构、养老机构、建筑工地等集中用餐单位未按规定履行食品安全管理责任;

(十三)食品生产企业、餐饮服务提供者未按规定制定、实施生产经营过程控制要求。

餐具、饮具集中消毒服务单位违反本法规定用水,使用洗涤剂、消毒剂,或者出厂的餐具、饮具未按规定检验合格并随附消毒合格证明,或者未按规定在独立包装上标注相关内容的,由县级以上人民政府卫生行政部门依照前款规定给予处罚。

食品相关产品生产者未按规定对生产的食品相关产品进行检验的,由县级以上人民政府食品安全监督管理部门依照第一款规定给予处罚。

食用农产品销售者违反本法第六十五条规定的,由县级以上人民政府食品安全监督管理部门依照第一款规定给予处罚。

第一百二十七条　对食品生产加工小作坊、食品摊贩等的违法行为的处罚,依照省、自治区、直辖市制定的具体管理办法执行。

第一百二十八条　违反本法规定,事故单位在发生食品安全事故后未进行处置、报告的,由有关主管部门按照各自职责分工责令改正,给予警告;隐匿、伪造、毁灭有关证据的,责令停产停业,没收违法所得,并处十万元以上五十万元以下罚款;造成严重后果的,吊销许可证。

第一百二十九条　违反本法规定,有下列情形之一的,由出入境检验检疫机构依照本法第一百二十四条的规定给予处罚:

(一)提供虚假材料,进口不符合我国食品安全国家标准的食品、食品添加剂、食品相关产品;

(二)进口尚无食品安全国家标准的食品,未提交所执行的标准并经国务院卫生行政部门审查,或者进口利用新的食品原料生产的食品或者进口食品添加剂新品种、食品相关产品新品种,未通过安全性评估;

(三)未遵守本法的规定出口食品;

(四)进口商在有关主管部门责令其依照本法规定召回进口的食品后,仍拒不召回。

违反本法规定,进口商未建立并遵守食品、食品添加剂进口和销售记录制度、境外出口商或者生产企业审核制度的,由出入境检验检疫机构依照本法第一百二十六条的规定给予处罚。

第一百三十条　违反本法规定,集中交易市场的开办者、柜台出租者、展销会的举办者允许未依法取得许可的食品经营者进入市场销售食品,或者未履行检查、报告等义务的,由县级以上人民政府食品安全监督管理部门责令改正,没收违法所得,并处五万元以上二十万元以下罚款;造成严重后果的,责令停业,直至由原发证部门吊销许可证;使消费者的合法权益受到损害的,应当与食品经营者承担连带责任。

食用农产品批发市场违反本法第六十四条规定的,依照前款规定承担责任。

第一百三十一条　违反本法规定,网络食品交易第三方平台提供者未对入网食品经营者进行实名登记、审查许可证,或者未履行报告、停止提供网络交易平台服务等义务的,由县级以上人民政府食品安全监督管理部门责令改正,没收违法所得,并处五万元以上二十万元以下罚款;造成严重后果的,责令停业,直至由原发证部门吊销许可证;使消费者的合法权益受到损害的,应当与食品经营者承担连带责任。

消费者通过网络食品交易第三方平台购买食品,其合法权益受到损害的,可以向入网食品经营者或者食品生产者要求赔偿。网络食品交易第三方平台提供者不能提供入网食品经营者的真实名称、地址和有效联系方式的,由网络食品交易第三方平台提供者赔偿。网络食品交易第三方平台提供者赔偿后,有权向入网食品经营者或者食品生产者追偿。网络食品交易第三方平台提供者作出更有利于消费者承诺的,应当履行其承诺。

第一百三十二条 违反本法规定,未按要求进行食品储存、运输和装卸的,由县级以上人民政府食品安全监督管理等部门按照各自职责分工责令改正,给予警告;拒不改正的,责令停产停业,并处一万元以上五万元以下罚款;情节严重的,吊销许可证。

第一百三十三条 违反本法规定,拒绝、阻挠、干涉有关部门、机构及其工作人员依法开展食品安全监督检查、事故调查处理、风险监测和风险评估的,由有关主管部门按照各自职责分工责令停产停业,并处二千元以上五万元以下罚款;情节严重的,吊销许可证;构成违反治安管理行为的,由公安机关依法给予治安管理处罚。

违反本法规定,对举报人以解除、变更劳动合同或者其他方式打击报复的,应当依照有关法律的规定承担责任。

第一百三十四条 食品生产经营者在一年内累计三次因违反本法规定受到责令停产停业、吊销许可证以外处罚的,由食品安全监督管理部门责令停产停业,直至吊销许可证。

第一百三十五条 被吊销许可证的食品生产经营者及其法定代表人、直接负责的主管人员和其他直接责任人员自处罚决定作出之日起五年内不得申请食品生产经营许可,或者从事食品生产经营管理工作、担任食品生产经营企业食品安全管理人员。

因食品安全犯罪被判处有期徒刑以上刑罚的,终身不得从事食品生产经营管理工作,也不得担任食品生产经营企业食品安全管理人员。

食品生产经营者聘用人员违反前两款规定的,由县级以上人民政府食品安全监督管理部门吊销许可证。

第一百三十六条 食品经营者履行了本法规定的进货查验等义务,有充分证据证明其不知道所采购的食品不符合食品安全标准,并能如实说明其进货来源的,可以免予处罚,但应当依法没收其不符合食品安全标准的食品;造成人身、财产或者其他损害的,依法承担赔偿责任。

第一百三十七条 违反本法规定,承担食品安全风险监测、风险评估工作的技术机构、技术人员提供虚假监测、评估信息的,依法对技术机构直接负责的主管人员和技术人员给予撤职、开除处分;有执业资格的,由授予其资格的主管部门吊销执业证书。

第一百三十八条 违反本法规定,食品检验机构、食品检验人员出具虚假检验报告的,由授予其资质的主管部门或者机构撤销该食品检验机构的检验资质,没收所收取的检验费用,并处检验费用五倍以上十倍以下罚款,检验费用不足一万元的,并处五万元以上十万元以下罚款;依法对食品检验机构直接负责的主管人员和食品检验人员给予撤职或者开除处分;导致发生重大食品安全事故的,对直接负责的主管人员和食品检验人员给予开除处分。

违反本法规定,受到开除处分的食品检验机构人员,自处分决定作出之日起十年内不得从事食品检验工作;因食品安全违法行为受到刑事处罚或者因出具虚假检验报告导致发生重大食品安全事故受到开除处分的食品检验机构人员,终身不得从事食品检验工作。食品检验机构聘用不得从事食品检验工作的人员的,由授予其资质的主管部门或者机构撤销该食品检验机构的检验资质。

食品检验机构出具虚假检验报告,使消费者的合法权益受到损害的,应当与食品生产经营者承担连带责任。

第一百三十九条 违反本法规定,认证机构出具虚假认证结论,由认证认可监督管理部门没收所收取的认证费用,并处认证费用五倍以上十倍以下罚款,认证费用不足一万元的,并处五万元以上十万元以下罚款;情节严重的,责令停业,直至撤销认证机构批准文件,并向社会公布;对直接负责的主管人员和负有直接责任的认证人员,撤销其执业资格。

认证机构出具虚假认证结论,使消费者的合法权益受到损害的,应当与食品生产经营者承担连带责任。

第一百四十条 违反本法规定,在广告中对食品作虚假宣传,欺骗消费者,或者发布未取得批准文件、广告内容与批准文件不一致的保健食品广告的,依照《中华人民共和国广告法》的规定给予处罚。

广告经营者、发布者设计、制作、发布虚假食品广告,使消费者的合法权益受到损害的,应当与食品生产经营者承担连带责任。

社会团体或者其他组织、个人在虚假广告或者其他虚假宣传中向消费者推荐食品,使消费者的合法权益受到损害的,应当与食品生产经营者承担连带责任。

违反本法规定,食品安全监督管理等部门、食品检验机构、食品行业协会以广告或者其他形式向消费者推荐食品,消费者组织以收取费用或者其他牟取利益的方式向消费者推荐食品的,由有关主管部门没收违法所得,依法对直接负责的主管人员和其他直接责任人员给予记大过、降级或者撤职处分;情节严重的,给予开除处分。

对食品作虚假宣传且情节严重的,由省级以上人民政府食品安全监督管理部门决定暂停销售该食品,并向社会公布;仍然销售该食品的,由县级以上人民政府食品安全监督管理部门没收违法所得和违法销售的食品,并处二万元以上五万元以下罚款。

第一百四十一条 违反本法规定,编造、散布虚假食品安全信息,构成违反治安管理行为的,由公安机关依法给予治安管理处罚。

媒体编造、散布虚假食品安全信息的,由有关主管部门依法给予处罚,并对直接负责的主管人员和其他直接责任人员给予处分;使公民、法人或者其他组织的合法权益受到损害的,依法承担消除影响、恢复名誉、赔偿损失、赔礼道歉等民事责任。

第一百四十二条 违反本法规定,县级以上地方人民政府有下列行为之一的,对直接负责的主管人员和其他直接责任人员给予记大过处分;情节较重的,给予降级或者撤职处分;情节严重的,给予开除处分;造成严重后果的,其主要负责人还应当引咎辞职:

(一)对发生在本行政区域内的食品安全事故,未及时组织协调有关部门开展有效处置,造成不良影响或者损失;

(二)对本行政区域内涉及多环节的区域性食品安全问题,未及时组织整治,造成不良影响或者损失;

(三)隐瞒、谎报、缓报食品安全事故;

(四)本行政区域内发生特别重大食品安全事故,或者连续发生重大食品安全事故。

第一百四十三条 违反本法规定,县级以上地方人民政府有下列行为之一的,对直接负责的主管人员和其他直接责任人员给予警告、记过或者记大过处分;造成严重后果的,给予降级或者撤职处分:

(一)未确定有关部门的食品安全监督管理职责,未建立健全食品安全全程监督管理工作机制和信息共享机制,未落实食品安全监督管理责任制;

(二)未制定本行政区域的食品安全事故应急预案,或者发生食品安全事故后未按规定立即成立事故处置指挥机构、启动应急预案。

第一百四十四条 违反本法规定,县级以上人民政府食品安全监督管理、卫生行政、农业行政等部门有下列行为之一的,对直接负责的主管人员和其他直接责任人员给予记大过处分;情节较重的,给予降级或者撤职处分;情节严重的,给予开除处分;造成严重后果的,其主要负责人还应当引咎辞职:

(一)隐瞒、谎报、缓报食品安全事故;

(二)未按规定查处食品安全事故,或者接到食品安全事故报告未及时处理,造成事故扩大或者蔓延;

(三)经食品安全风险评估得出食品、食品添加剂、食品相关产品不安全结论后,未及时采取相应措施,造成食品安全事故或者不良社会影响;

(四)对不符合条件的申请人准予许可,或者超越法定职权准予许可;

(五)不履行食品安全监督管理职责,导致发生食品安全事故。

第一百四十五条 违反本法规定,县级以上人民政府食品安全监督管理、卫生行政、农业行政等部门有下列行为之一,造成不良后果的,对直接负责的主管人员和其他直接责任人员给予警告、记过或者记大过处分;情节较重的,给予降级或者撤职处分;情节严重的,给予开除处分:

(一)在获知有关食品安全信息后,未按规定向上级主管部门和本级人民政府报告,或者未按规定相互通报;

(二)未按规定公布食品安全信息;

(三)不履行法定职责,对查处食品安全违法行为不配合,或者滥用职权、玩忽职守、徇私舞弊。

第一百四十六条 食品安全监督管理等部门在履行食品安全监督管理职责过程中,违法实施检查、强制等执法措施,给生产经营者造成损失的,应当依法予以赔偿,对直接负责的主管人员和其他直接责任人员依法给予处分。

第一百四十七条　违反本法规定,造成人身、财产或者其他损害的,依法承担赔偿责任。生产经营者财产不足以同时承担民事赔偿责任和缴纳罚款、罚金时,先承担民事赔偿责任。

第一百四十八条　消费者因不符合食品安全标准的食品受到损害的,可以向经营者要求赔偿损失,也可以向生产者要求赔偿损失。接到消费者赔偿要求的生产经营者,应当实行首负责任制,先行赔付,不得推诿;属于生产者责任的,经营者赔偿后有权向生产者追偿;属于经营者责任的,生产者赔偿后有权向经营者追偿。

生产不符合食品安全标准的食品或者经营明知是不符合食品安全标准的食品,消费者除要求赔偿损失外,还可以向生产者或者经营者要求支付价款十倍或者损失三倍的赔偿金;增加赔偿的金额不足一千元的,为一千元。但是,食品的标签、说明书存在不影响食品安全且不会对消费者造成误导的瑕疵的除外。

第一百四十九条　违反本法规定,构成犯罪的,依法追究刑事责任。

# 第十章　附则

第一百五十条　本法下列用语的含义:

食品,指各种供人食用或者饮用的成品和原料以及按照传统既是食品又是中药材的物品,但是不包括以治疗为目的的物品。

食品安全,指食品无毒、无害,符合应当有的营养要求,对人体健康不造成任何急性、亚急性或者慢性危害。

预包装食品,指预先定量包装或者制作在包装材料、容器中的食品。

食品添加剂,指为改善食品品质和色、香、味以及为防腐、保鲜和加工工艺的需要而加入食品中的人工合成或者天然物质,包括营养强化剂。

用于食品的包装材料和容器,指包装、盛放食品或者食品添加剂用的纸、竹、木、金属、搪瓷、陶瓷、塑料、橡胶、天然纤维、化学纤维、玻璃等制品和直接接触食品或者食品添加剂的涂料。

用于食品生产经营的工具、设备,指在食品或者食品添加剂生产、销售、使用过程中直接接触食品或者食品添加剂的机械、管道、传送带、容器、用具、餐具等。

用于食品的洗涤剂、消毒剂,指直接用于洗涤或者消毒食品、餐具、饮具以及直接接触食品的工具、设备或者食品包装材料和容器的物质。

食品保质期,指食品在标明的储存条件下保持品质的期限。

食源性疾病,指食品中致病因素进入人体引起的感染性、中毒性等疾病,包括食物中毒。

食品安全事故,指食源性疾病、食品污染等源于食品,对人体健康有危害或者可能有危害的事故。

第一百五十一条　转基因食品和食盐的食品安全管理,本法未作规定的,适用其他法律、行政法规的规定。

第一百五十二条　铁路、民航运营中食品安全的管理办法由国务院食品安全监督管理部门会同国务院有关部门依照本法制定。

保健食品的具体管理办法由国务院食品安全监督管理部门依照本法制定。

食品相关产品生产活动的具体管理办法由国务院食品安全监督管理部门依照本法制定。

国境口岸食品的监督管理由出入境检验检疫机构依照本法以及有关法律、行政法规的规定实施。

军队专用食品和自供食品的食品安全管理办法由中央军事委员会依照本法制定。

第一百五十三条　国务院根据实际需要,可以对食品安全监督管理体制作出调整。

第一百五十四条　本法自 2015 年 10 月 1 日起施行。

附录二：中华人民共和国食品安全法实施条例

# 中华人民共和国食品安全法实施条例

(2009年7月20日中华人民共和国国务院令第557号公布，
根据2016年2月6日《国务院关于修改部分行政法规的决定》修订，
2019年3月26日国务院第42次常务会议修订通过)

## 第一章 总则

第一条 根据《中华人民共和国食品安全法》(以下简称食品安全法)，制定本条例。

第二条 食品生产经营者应当依照法律、法规和食品安全标准从事生产经营活动，建立健全食品安全管理制度，采取有效措施预防和控制食品安全风险，保证食品安全。

第三条 国务院食品安全委员会负责分析食品安全形势，研究部署、统筹指导食品安全工作，提出食品安全监督管理的重大政策措施，督促落实食品安全监督管理责任。县级以上地方人民政府食品安全委员会按照本级人民政府规定的职责开展工作。

第四条 县级以上人民政府建立统一权威的食品安全监督管理体制，加强食品安全监督管理能力建设。

县级以上人民政府食品安全监督管理部门和其他有关部门应当依法履行职责，加强协调配合，做好食品安全监督管理工作。

乡镇人民政府和街道办事处应当支持、协助县级人民政府食品安全监督管理部门及其派出机构依法开展食品安全监督管理工作。

第五条 国家将食品安全知识纳入国民素质教育内容，普及食品安全科学常识和法律知识，提高全社会的食品安全意识。

## 第二章　食品安全风险监测和评估

第六条　县级以上人民政府卫生行政部门会同同级食品安全监督管理等部门建立食品安全风险监测会商机制,汇总、分析风险监测数据,研判食品安全风险,形成食品安全风险监测分析报告,报本级人民政府;县级以上地方人民政府卫生行政部门还应当将食品安全风险监测分析报告同时报上一级人民政府卫生行政部门。食品安全风险监测会商的具体办法由国务院卫生行政部门会同国务院食品安全监督管理等部门制定。

第七条　食品安全风险监测结果表明存在食品安全隐患,食品安全监督管理等部门经进一步调查确认有必要通知相关食品生产经营者的,应当及时通知。

接到通知的食品生产经营者应当立即进行自查,发现食品不符合食品安全标准或者有证据证明可能危害人体健康的,应当依照食品安全法第六十三条的规定停止生产、经营,实施食品召回,并报告相关情况。

第八条　国务院卫生行政、食品安全监督管理等部门发现需要对农药、肥料、兽药、饲料和饲料添加剂等进行安全性评估的,应当向国务院农业行政部门提出安全性评估建议。国务院农业行政部门应当及时组织评估,并向国务院有关部门通报评估结果。

第九条　国务院食品安全监督管理部门和其他有关部门建立食品安全风险信息交流机制,明确食品安全风险信息交流的内容、程序和要求。

## 第三章　食品安全标准

第十条　国务院卫生行政部门会同国务院食品安全监督管理、农业行政等部门制定食品安全国家标准规划及其年度实施计划。国务院卫生行政部门应当在其网站上公布食品安全国家标准规划及其年度实施计划的草案,公开征求意见。

第十一条　省、自治区、直辖市人民政府卫生行政部门依照食品安全法第二十九条的规定制定食品安全地方标准,应当公开征求意见。省、自治区、直辖市人民政府卫生行政部门应当自食品安全地方标准公布之日起30个工作日内,将地方标准报国务院卫生行政部门备案。国务院卫生行政部门发现备案的食品安全地方标准违反法律、法规或者食品安全国家标准的,应当及时予以纠正。

食品安全地方标准依法废止的,省、自治区、直辖市人民政府卫生行政部门应当及时在其网站上公布废止情况。

第十二条　保健食品、特殊医学用途配方食品、婴幼儿配方食品等特殊食品不属于地方特色食品,不得对其制定食品安全地方标准。

第十三条　食品安全标准公布后,食品生产经营者可以在食品安全标准规定的实施日期之前实施并公开提前实施情况。

第十四条　食品生产企业不得制定低于食品安全国家标准或者地方标准要求的企业标准。食品生产企业制定食品安全指标严于食品安全国家标准或者地方标准的企业标准的,应当报省、自治区、直辖市人民政府卫生行政部门备案。

食品生产企业制定企业标准的,应当公开,供公众免费查阅。

## 第四章　食品生产经营

第十五条　食品生产经营许可的有效期为5年。

食品生产经营者的生产经营条件发生变化,不再符合食品生产经营要求的,食品生产经营者应当立即采取整改措施;需要重新办理许可手续的,应当依法办理。

第十六条　国务院卫生行政部门应当及时公布新的食品原料、食品添加剂新品种和食品相关产品新品种目录以及所适用的食品安全国家标准。

对按照传统既是食品又是中药材的物质目录,国务院卫生行政部门会同国务院食品安全监督管理部门应当及时更新。

第十七条　国务院食品安全监督管理部门会同国务院农业行政等有关部门明确食品安全全程追溯基本要求,指导食品生产经营者通过信息化手段建立、完善食品安全追溯体系。

食品安全监督管理等部门应当将婴幼儿配方食品等针对特定人群的食品以及其他食品安全风险较高或者销售量大的食品的追溯体系建设作为监督检查的重点。

第十八条　食品生产经营者应当建立食品安全追溯体系,依照食品安全法的规定如实记录并保存进货查验、出厂检验、食品销售等信息,保证食品可追溯。

第十九条　食品生产经营企业的主要负责人对本企业的食品安全工作全面负责,建立并落实本企业的食品安全责任制,加强供货者管理、进货查验和出厂检验、生产经营过程控制、食品安全自查等工作。食品生产经营企业的食品安全管理人员应当协助企业主要负责人做好食品安全管理工作。

第二十条　食品生产经营企业应当加强对食品安全管理人员的培训和考核。食品安全管理人员应当掌握与其岗位相适应的食品安全法律、法规、标准和专业知识,具备食品安全管理能力。食品安全监督管理部门应当对企业食品安全管理人员进行随机监督抽查考核。考核指南由国务院食品安全监督管理部门制定、公布。

第二十一条　食品、食品添加剂生产经营者委托生产食品、食品添加剂的,应当委托取得食品生产许可、食品添加剂生产许可的生产者生产,并对其生产行为进行监督,对委托生产的食品、食品添加剂的安全负责。受托方应当依照法律、法规、食品安全标准以及合同约定进行生产,对生产行为负责,并接受委托方的监督。

第二十二条  食品生产经营者不得在食品生产、加工场所贮存依照本条例第六十三条规定制定的名录中的物质。

第二十三条  对食品进行辐照加工,应当遵守食品安全国家标准,并按照食品安全国家标准的要求对辐照加工食品进行检验和标注。

第二十四条  贮存、运输对温度、湿度等有特殊要求的食品,应当具备保温、冷藏或者冷冻等设备设施,并保持有效运行。

第二十五条  食品生产经营者委托贮存、运输食品的,应当对受托方的食品安全保障能力进行审核,并监督受托方按照保证食品安全的要求贮存、运输食品。受托方应当保证食品贮存、运输条件符合食品安全的要求,加强食品贮存、运输过程管理。

接受食品生产经营者委托贮存、运输食品的,应当如实记录委托方和收货方的名称、地址、联系方式等内容。记录保存期限不得少于贮存、运输结束后2年。

非食品生产经营者从事对温度、湿度等有特殊要求的食品贮存业务的,应当自取得营业执照之日起30个工作日内向所在地县级人民政府食品安全监督管理部门备案。

第二十六条  餐饮服务提供者委托餐具饮具集中消毒服务单位提供清洗消毒服务的,应当查验、留存餐具饮具集中消毒服务单位的营业执照复印件和消毒合格证明。保存期限不得少于消毒餐具饮具使用期限到期后6个月。

第二十七条  餐具饮具集中消毒服务单位应当建立餐具饮具出厂检验记录制度,如实记录出厂餐具饮具的数量、消毒日期和批号、使用期限、出厂日期以及委托方名称、地址、联系方式等内容。出厂检验记录保存期限不得少于消毒餐具饮具使用期限到期后6个月。消毒后的餐具饮具应当在独立包装上标注单位名称、地址、联系方式、消毒日期和批号以及使用期限等内容。

第二十八条  学校、托幼机构、养老机构、建筑工地等集中用餐单位的食堂应当执行原料控制、餐具饮具清洗消毒、食品留样等制度,并依照食品安全法第四十七条的规定定期开展食堂食品安全自查。

承包经营集中用餐单位食堂的,应当依法取得食品经营许可,并对食堂的食品安全负责。集中用餐单位应当督促承包方落实食品安全管理制度,承担管理责任。

第二十九条  食品生产经营者应当对变质、超过保质期或者回收的食品进行显著标示或者单独存放在有明确标志的场所,及时采取无害化处理、销毁等措施并如实记录。

食品安全法所称回收食品,是指已经售出,因违反法律、法规、食品安全标准或者超过保质期等原因,被召回或者退回的食品,不包括依照食品安全法第六十三条第三款的规定可以继续销售的食品。

第三十条  县级以上地方人民政府根据需要建设必要的食品无害化处理和销毁设施。食品生产经营者可以按照规定使用政府建设的设施对食品进行无害化处理或者予以销毁。

第三十一条  食品集中交易市场的开办者、食品展销会的举办者应当在市场开业或者展销会举办前向所在地县级人民政府食品安全监督管理部门报告。

第三十二条　网络食品交易第三方平台提供者应当妥善保存入网食品经营者的登记信息和交易信息。县级以上人民政府食品安全监督管理部门开展食品安全监督检查、食品安全案件调查处理、食品安全事故处置确需了解有关信息的，经其负责人批准，可以要求网络食品交易第三方平台提供者提供，网络食品交易第三方平台提供者应当按照要求提供。县级以上人民政府食品安全监督管理部门及其工作人员对网络食品交易第三方平台提供者提供的信息依法负有保密义务。

第三十三条　生产经营转基因食品应当显著标示，标示办法由国务院食品安全监督管理部门会同国务院农业行政部门制定。

第三十四条　禁止利用包括会议、讲座、健康咨询在内的任何方式对食品进行虚假宣传。食品安全监督管理部门发现虚假宣传行为的，应当依法及时处理。

第三十五条　保健食品生产工艺有原料提取、纯化等前处理工序的，生产企业应当具备相应的原料前处理能力。

第三十六条　特殊医学用途配方食品生产企业应当按照食品安全国家标准规定的检验项目对出厂产品实施逐批检验。

特殊医学用途配方食品中的特定全营养配方食品应当通过医疗机构或者药品零售企业向消费者销售。医疗机构、药品零售企业销售特定全营养配方食品的，不需要取得食品经营许可，但是应当遵守食品安全法和本条例关于食品销售的规定。

第三十七条　特殊医学用途配方食品中的特定全营养配方食品广告按照处方药广告管理，其他类别的特殊医学用途配方食品广告按照非处方药广告管理。

第三十八条　对保健食品之外的其他食品，不得声称具有保健功能。

对添加食品安全国家标准规定的选择性添加物质的婴幼儿配方食品，不得以选择性添加物质命名。

第三十九条　特殊食品的标签、说明书内容应当与注册或者备案的标签、说明书一致。销售特殊食品，应当核对食品标签、说明书内容是否与注册或者备案的标签、说明书一致，不一致的不得销售。省级以上人民政府食品安全监督管理部门应当在其网站上公布注册或者备案的特殊食品的标签、说明书。

特殊食品不得与普通食品或者药品混放销售。

## 第五章　食品检验

第四十条　对食品进行抽样检验，应当按照食品安全标准、注册或者备案的特殊食品的产品技术要求以及国家有关规定确定的检验项目和检验方法进行。

第四十一条　对可能掺杂掺假的食品，按照现有食品安全标准规定的检验项目和检验方法以及依照食品安全法第一百一十一条和本条例第六十三条规定制定的检验项目和检验方法无法检验的,国务院食品安全监督管理部门可以制定补充检验项目和检验方法,用于对食品的抽样检验、食品安全案件调查处理和食品安全事故处置。

第四十二条　依照食品安全法第八十八条的规定申请复检的,申请人应当向复检机构先行支付复检费用。复检结论表明食品不合格的,复检费用由复检申请人承担;复检结论表明食品合格的,复检费用由实施抽样检验的食品安全监督管理部门承担。

复检机构无正当理由不得拒绝承担复检任务。

第四十三条　任何单位和个人不得发布未依法取得资质认定的食品检验机构出具的食品检验信息,不得利用上述检验信息对食品、食品生产经营者进行等级评定,欺骗、误导消费者。

# 第六章　食品进出口

第四十四条　进口商进口食品、食品添加剂,应当按照规定向出入境检验检疫机构报检,如实申报产品相关信息,并随附法律、行政法规规定的合格证明材料。

第四十五条　进口食品运达口岸后,应当存放在出入境检验检疫机构指定或者认可的场所;需要移动的,应当按照出入境检验检疫机构的要求采取必要的安全防护措施。大宗散装进口食品应当在卸货口岸进行检验。

第四十六条　国家出入境检验检疫部门根据风险管理需要,可以对部分食品实行指定口岸进口。

第四十七条　国务院卫生行政部门依照食品安全法第九十三条的规定对境外出口商、境外生产企业或者其委托的进口商提交的相关国家(地区)标准或者国际标准进行审查,认为符合食品安全要求的,决定暂予适用并予以公布;暂予适用的标准公布前,不得进口尚无食品安全国家标准的食品。

食品安全国家标准中通用标准已经涵盖的食品不属于食品安全法第九十三条规定的尚无食品安全国家标准的食品。

第四十八条　进口商应当建立境外出口商、境外生产企业审核制度,重点审核境外出口商、境外生产企业制定和执行食品安全风险控制措施的情况以及向我国出口的食品是否符合食品安全法、本条例和其他有关法律、行政法规的规定以及食品安全国家标准的要求。

第四十九条　进口商依照食品安全法第九十四条第三款的规定召回进口食品的,应当将食品召回和处理情况向所在地县级人民政府食品安全监督管理部门和所在地出入境检验检疫机构报告。

第五十条　国家出入境检验检疫部门发现已经注册的境外食品生产企业不再符合注册要求的,应当责令其在规定期限内整改,整改期间暂停进口其生产的食品;经整改仍不符合注册要求的,国家出入境检验检疫部门应当撤销境外食品生产企业注册并公告。

第五十一条　对通过我国良好生产规范、危害分析与关键控制点体系认证的境外生产企业,认证机构应当依法实施跟踪调查。对不再符合认证要求的企业,认证机构应当依法撤销认证并向社会公布。

第五十二条　境外发生的食品安全事件可能对我国境内造成影响,或者在进口食品、食品添加剂、食品相关产品中发现严重食品安全问题的,国家出入境检验检疫部门应当及时进行风险预警,并可以对相关的食品、食品添加剂、食品相关产品采取下列控制措施:

(一)退货或者销毁处理;

(二)有条件地限制进口;

(三)暂停或者禁止进口。

第五十三条　出口食品、食品添加剂的生产企业应当保证其出口食品、食品添加剂符合进口国家(地区)的标准或者合同要求;我国缔结或者参加的国际条约、协定有要求的,还应当符合国际条约、协定的要求。

## 第七章　食品安全事故处置

第五十四条　食品安全事故按照国家食品安全事故应急预案实行分级管理。县级以上人民政府食品安全监督管理部门会同同级有关部门负责食品安全事故调查处理。

县级以上人民政府应当根据实际情况及时修改、完善食品安全事故应急预案。

第五十五条　县级以上人民政府应当完善食品安全事故应急管理机制,改善应急装备,做好应急物资储备和应急队伍建设,加强应急培训、演练。

第五十六条　发生食品安全事故的单位应当对导致或者可能导致食品安全事故的食品及原料、工具、设备、设施等,立即采取封存等控制措施。

第五十七条　县级以上人民政府食品安全监督管理部门接到食品安全事故报告后,应当立即会同同级卫生行政、农业行政等部门依照食品安全法第一百零五条的规定进行调查处理。食品安全监督管理部门应当对事故单位封存的食品及原料、工具、设备、设施等予以保护,需要封存而事故单位尚未封存的应当直接封存或者责令事故单位立即封存,并通知疾病预防控制机构对与事故有关的因素开展流行病学调查。

疾病预防控制机构应当在调查结束后向同级食品安全监督管理、卫生行政部门同时提交流行病学调查报告。

任何单位和个人不得拒绝、阻挠疾病预防控制机构开展流行病学调查。有关部门应当对疾病预防控制机构开展流行病学调查予以协助。

第五十八条　国务院食品安全监督管理部门会同国务院卫生行政、农业行政等部门定期对全国食品安全事故情况进行分析,完善食品安全监督管理措施,预防和减少事故的发生。

## 第八章 监督管理

第五十九条 设区的市级以上人民政府食品安全监督管理部门根据监督管理工作需要，可以对由下级人民政府食品安全监督管理部门负责日常监督管理的食品生产经营者实施随机监督检查，也可以组织下级人民政府食品安全监督管理部门对食品生产经营者实施异地监督检查。

设区的市级以上人民政府食品安全监督管理部门认为必要的，可以直接调查处理下级人民政府食品安全监督管理部门管辖的食品安全违法案件，也可以指定其他下级人民政府食品安全监督管理部门调查处理。

第六十条 国家建立食品安全检查员制度，依托现有资源加强职业化检查员队伍建设，强化考核培训，提高检查员专业化水平。

第六十一条 县级以上人民政府食品安全监督管理部门依照食品安全法第一百一十条的规定实施查封、扣押措施，查封、扣押的期限不得超过30日；情况复杂的，经实施查封、扣押措施的食品安全监督管理部门负责人批准，可以延长，延长期限不得超过45日。

第六十二条 网络食品交易第三方平台多次出现入网食品经营者违法经营或者入网食品经营者的违法经营行为造成严重后果的，县级以上人民政府食品安全监督管理部门可以对网络食品交易第三方平台提供者的法定代表人或者主要负责人进行责任约谈。

第六十三条 国务院食品安全监督管理部门会同国务院卫生行政等部门根据食源性疾病信息、食品安全风险监测信息和监督管理信息等，对发现的添加或者可能添加到食品中的非食品用化学物质和其他可能危害人体健康的物质，制定名录及检测方法并予以公布。

第六十四条 县级以上地方人民政府卫生行政部门应当对餐具饮具集中消毒服务单位进行监督检查，发现不符合法律、法规、国家相关标准以及相关卫生规范等要求的，应当及时调查处理。监督检查的结果应当向社会公布。

第六十五条 国家实行食品安全违法行为举报奖励制度，对查证属实的举报，给予举报人奖励。举报人举报所在企业食品安全重大违法犯罪行为的，应当加大奖励力度。有关部门应当对举报人的信息予以保密，保护举报人的合法权益。食品安全违法行为举报奖励办法由国务院食品安全监督管理部门会同国务院财政等有关部门制定。

食品安全违法行为举报奖励资金纳入各级人民政府预算。

第六十六条 国务院食品安全监督管理部门应当会同国务院有关部门建立守信联合激励和失信联合惩戒机制，结合食品生产经营者信用档案，建立严重违法生产经营者黑名单制度，将食品安全信用状况与准入、融资、信贷、征信等相衔接，及时向社会公布。

# 第九章 法律责任

第六十七条 有下列情形之一的,属于食品安全法第一百二十三条至第一百二十六条、第一百三十二条以及本条例第七十二条、第七十三条规定的情节严重情形:

(一)违法行为涉及的产品货值金额2万元以上或者违法行为持续时间3个月以上;

(二)造成食源性疾病并出现死亡病例,或者造成30人以上食源性疾病但未出现死亡病例;

(三)故意提供虚假信息或者隐瞒真实情况;

(四)拒绝、逃避监督检查;

(五)因违反食品安全法律、法规受到行政处罚后1年内又实施同一性质的食品安全违法行为,或者因违反食品安全法律、法规受到刑事处罚后又实施食品安全违法行为;

(六)其他情节严重的情形。

对情节严重的违法行为处以罚款时,应当依法从重从严。

第六十八条 有下列情形之一的,依照食品安全法第一百二十五条第一款、本条例第七十五条的规定给予处罚:

(一)在食品生产、加工场所贮存依照本条例第六十三条规定制定的名录中的物质;

(二)生产经营的保健食品之外的食品的标签、说明书声称具有保健功能;

(三)以食品安全国家标准规定的选择性添加物质命名婴幼儿配方食品;

(四)生产经营的特殊食品的标签、说明书内容与注册或者备案的标签、说明书不一致。

第六十九条 有下列情形之一的,依照食品安全法第一百二十六条第一款、本条例第七十五条的规定给予处罚:

(一)接受食品生产经营者委托贮存、运输食品,未按照规定记录保存信息;

(二)餐饮服务提供者未查验、留存餐具饮具集中消毒服务单位的营业执照复印件和消毒合格证明;

(三)食品生产经营者未按照规定对变质、超过保质期或者回收的食品进行标示或者存放,或者未及时对上述食品采取无害化处理、销毁等措施并如实记录;

(四)医疗机构和药品零售企业之外的单位或者个人向消费者销售特殊医学用途配方食品中的特定全营养配方食品;

(五)将特殊食品与普通食品或者药品混放销售。

第七十条 除食品安全法第一百二十五条第一款、第一百二十六条规定的情形外,食品生产经营者的生产经营行为不符合食品安全法第三十三条第一款第五项、第七项至第十项的规定,或者不符合有关食品生产经营过程要求的食品安全国家标准的,依照食品安全法第一百二十六条第一款、本条例第七十五条的规定给予处罚。

第七十一条  餐具饮具集中消毒服务单位未按照规定建立并遵守出厂检验记录制度的,由县级以上人民政府卫生行政部门依照食品安全法第一百二十六条第一款、本条例第七十五条的规定给予处罚。

第七十二条  从事对温度、湿度等有特殊要求的食品贮存业务的非食品生产经营者,食品集中交易市场的开办者、食品展销会的举办者,未按照规定备案或者报告的,由县级以上人民政府食品安全监督管理部门责令改正,给予警告;拒不改正的,处1万元以上5万元以下罚款;情节严重的,责令停产停业,并处5万元以上20万元以下罚款。

第七十三条  利用会议、讲座、健康咨询等方式对食品进行虚假宣传的,由县级以上人民政府食品安全监督管理部门责令消除影响,有违法所得的,没收违法所得;情节严重的,依照食品安全法第一百四十条第五款的规定进行处罚;属于单位违法的,还应当依照本条例第七十五条的规定对单位的法定代表人、主要负责人、直接负责的主管人员和其他直接责任人员给予处罚。

第七十四条  食品生产经营者生产经营的食品符合食品安全标准但不符合食品所标注的企业标准规定的食品安全指标的,由县级以上人民政府食品安全监督管理部门给予警告,并责令食品经营者停止经营该食品,责令食品生产企业改正;拒不停止经营或者改正的,没收不符合企业标准规定的食品安全指标的食品,货值金额不足1万元的,并处1万元以上5万元以下罚款,货值金额1万元以上的,并处货值金额5倍以上10倍以下罚款。

第七十五条  食品生产经营企业等单位有食品安全法规定的违法情形,除依照食品安全法的规定给予处罚外,有下列情形之一的,对单位的法定代表人、主要负责人、直接负责的主管人员和其他直接责任人员处以其上一年度从本单位取得收入的1倍以上10倍以下罚款:

(一)故意实施违法行为;

(二)违法行为性质恶劣;

(三)违法行为造成严重后果。

属于食品安全法第一百二十五条第二款规定情形的,不适用前款规定。

第七十六条  食品生产经营者依照食品安全法第六十三条第一款、第二款的规定停止生产、经营,实施食品召回,或者采取其他有效措施减轻或者消除食品安全风险,未造成危害后果的,可以从轻或者减轻处罚。

第七十七条  县级以上地方人民政府食品安全监督管理等部门对有食品安全法第一百二十三条规定的违法情形且情节严重,可能需要行政拘留的,应当及时将案件及有关材料移送同级公安机关。公安机关认为需要补充材料的,食品安全监督管理等部门应当及时提供。公安机关经审查认为不符合行政拘留条件的,应当及时将案件及有关材料退回移送的食品安全监督管理等部门。

第七十八条  公安机关对发现的食品安全违法行为,经审查没有犯罪事实或者立案侦查后认为不需要追究刑事责任,但依法应当予以行政拘留的,应当及时作出行政拘留的处罚决定;不需要予以行政拘留但依法应当追究其他行政责任的,应当及时将案件及有关材料移送同级食品安全监督管理等部门。

第七十九条 复检机构无正当理由拒绝承担复检任务的,由县级以上人民政府食品安全监督管理部门给予警告,无正当理由1年内2次拒绝承担复检任务的,由国务院有关部门撤销其复检机构资质并向社会公布。

第八十条 发布未依法取得资质认定的食品检验机构出具的食品检验信息,或者利用上述检验信息对食品、食品生产经营者进行等级评定,欺骗、误导消费者的,由县级以上人民政府食品安全监督管理部门责令改正,有违法所得的,没收违法所得,并处10万元以上50万元以下罚款;拒不改正的,处50万元以上100万元以下罚款;构成违反治安管理行为的,由公安机关依法给予治安管理处罚。

第八十一条 食品安全监督管理部门依照食品安全法、本条例对违法单位或者个人处以30万元以上罚款的,由设区的市级以上人民政府食品安全监督管理部门决定。罚款具体处罚权限由国务院食品安全监督管理部门规定。

第八十二条 阻碍食品安全监督管理等部门工作人员依法执行职务,构成违反治安管理行为的,由公安机关依法给予治安管理处罚。

第八十三条 县级以上人民政府食品安全监督管理等部门发现单位或者个人违反食品安全法第一百二十条第一款规定,编造、散布虚假食品安全信息,涉嫌构成违反治安管理行为的,应当将相关情况通报同级公安机关。

第八十四条 县级以上人民政府食品安全监督管理部门及其工作人员违法向他人提供网络食品交易第三方平台提供者提供的信息的,依照食品安全法第一百四十五条的规定给予处分。

第八十五条 违反本条例规定,构成犯罪的,依法追究刑事责任。

# 第十章 附则

第八十六条 本条例自2019年12月1日起施行。

附录三：食品生产许可管理办法

# 食品生产许可管理办法

(2020年1月2日国家市场监督管理总局令第24号公布，自2020年3月1日起施行)

## 第一章　总则

第一条　为规范食品、食品添加剂生产许可活动，加强食品生产监督管理，保障食品安全，根据《中华人民共和国行政许可法》《中华人民共和国食品安全法》《中华人民共和国食品安全法实施条例》等法律法规，制定本办法。

第二条　在中华人民共和国境内，从事食品生产活动，应当依法取得食品生产许可。

食品生产许可的申请、受理、审查、决定及其监督检查，适用本办法。

第三条　食品生产许可应当遵循依法、公开、公平、公正、便民、高效的原则。

第四条　食品生产许可实行一企一证原则，即同一个食品生产者从事食品生产活动，应当取得一个食品生产许可证。

第五条　市场监督管理部门按照食品的风险程度，结合食品原料、生产工艺等因素，对食品生产实施分类许可。

第六条　国家市场监督管理总局负责监督指导全国食品生产许可管理工作。

县级以上地方市场监督管理部门负责本行政区域内的食品生产许可监督管理工作。

第七条　省、自治区、直辖市市场监督管理部门可以根据食品类别和食品安全风险状况，确定市、县级市场监督管理部门的食品生产许可管理权限。

保健食品、特殊医学用途配方食品、婴幼儿配方食品、婴幼儿辅助食品、食盐等食品的生产许可，由省、自治区、直辖市市场监督管理部门负责。

第八条　国家市场监督管理总局负责制定食品生产许可审查通则和细则。

省、自治区、直辖市市场监督管理部门可以根据本行政区域食品生产许可审查工作的需要,对地方特色食品制定食品生产许可审查细则,在本行政区域内实施,并向国家市场监督管理总局报告。国家市场监督管理总局制定公布相关食品生产许可审查细则后,地方特色食品生产许可审查细则自行废止。

县级以上地方市场监督管理部门实施食品生产许可审查,应当遵守食品生产许可审查通则和细则。

第九条　县级以上地方市场监督管理部门应当加快信息化建设,推进许可申请、受理、审查、发证、查询等全流程网上办理,并在行政机关的网站上公布生产许可事项,提高办事效率。

## 第二章　申请与受理

第十条　申请食品生产许可,应当先行取得营业执照等合法主体资格。

企业法人、合伙企业、个人独资企业、个体工商户、农民专业合作组织等,以营业执照载明的主体作为申请人。

第十一条　申请食品生产许可,应当按照以下食品类别提出:粮食加工品,食用油、油脂及其制品,调味品,肉制品,乳制品,饮料,方便食品,饼干,罐头,冷冻饮品,速冻食品,薯类和膨化食品,糖果制品,茶叶及相关制品,酒类,蔬菜制品,水果制品,炒货食品及坚果制品,蛋制品,可可及焙烤咖啡产品,食糖,水产制品,淀粉及淀粉制品,糕点,豆制品,蜂产品,保健食品,特殊医学用途配方食品,婴幼儿配方食品,特殊膳食食品,其他食品等。

国家市场监督管理总局可以根据监督管理工作需要对食品类别进行调整。

第十二条　申请食品生产许可,应当符合下列条件:

(一)具有与生产的食品品种、数量相适应的食品原料处理和食品加工、包装、贮存等场所,保持该场所环境整洁,并与有毒、有害场所以及其他污染源保持规定的距离;

(二)具有与生产的食品品种、数量相适应的生产设备或者设施,有相应的消毒、更衣、盥洗、采光、照明、通风、防腐、防尘、防蝇、防鼠、防虫、洗涤以及处理废水、存放垃圾和废弃物的设备或者设施;保健食品生产工艺有原料提取、纯化等前处理工序的,需要具备与生产的品种、数量相适应的原料前处理设备或者设施;

(三)有专职或者兼职的食品安全专业技术人员、食品安全管理人员和保证食品安全的规章制度;

(四)具有合理的设备布局和工艺流程,防止待加工食品与直接入口食品、原料与成品交叉污染,避免食品接触有毒物、不洁物;

(五)法律、法规规定的其他条件。

第十三条　申请食品生产许可,应当向申请人所在地县级以上地方市场监督管理部门提交下列材料:

(一)食品生产许可申请书;

(二)食品生产设备布局图和食品生产工艺流程图；

(三)食品生产主要设备、设施清单；

(四)专职或者兼职的食品安全专业技术人员、食品安全管理人员信息和食品安全管理制度。

第十四条　申请保健食品、特殊医学用途配方食品、婴幼儿配方食品等特殊食品的生产许可，还应当提交与所生产食品相适应的生产质量管理体系文件以及相关注册和备案文件。

第十五条　从事食品添加剂生产活动，应当依法取得食品添加剂生产许可。

申请食品添加剂生产许可，应当具备与所生产食品添加剂品种相适应的场所、生产设备或者设施、食品安全管理人员、专业技术人员和管理制度。

第十六条　申请食品添加剂生产许可，应当向申请人所在地县级以上地方市场监督管理部门提交下列材料：

(一)食品添加剂生产许可申请书；

(二)食品添加剂生产设备布局图和生产工艺流程图；

(三)食品添加剂生产主要设备、设施清单；

(四)专职或者兼职的食品安全专业技术人员、食品安全管理人员信息和食品安全管理制度。

第十七条　申请人应当如实向市场监督管理部门提交有关材料和反映真实情况，对申请材料的真实性负责，并在申请书等材料上签名或者盖章。

第十八条　申请人申请生产多个类别食品的，由申请人按照省级市场监督管理部门确定的食品生产许可管理权限，自主选择其中一个受理部门提交申请材料。受理部门应当及时告知有相应审批权限的市场监督管理部门，组织联合审查。

第十九条　县级以上地方市场监督管理部门对申请人提出的食品生产许可申请，应当根据下列情况分别作出处理：

(一)申请事项依法不需要取得食品生产许可的，应当即时告知申请人不受理；

(二)申请事项依法不属于市场监督管理部门职权范围的，应当即时作出不予受理的决定，并告知申请人向有关行政机关申请；

(三)申请材料存在可以当场更正的错误的，应当允许申请人当场更正，由申请人在更正处签名或者盖章，注明更正日期；

(四)申请材料不齐全或者不符合法定形式的，应当当场或者在5个工作日内一次告知申请人需要补正的全部内容。当场告知的，应当将申请材料退回申请人；在5个工作日内告知的，应当收取申请材料并出具收到申请材料的凭据。逾期不告知的，自收到申请材料之日起即为受理；

(五)申请材料齐全、符合法定形式，或者申请人按照要求提交全部补正材料的，应当受理食品生产许可申请。

第二十条　县级以上地方市场监督管理部门对申请人提出的申请决定予以受理的，应当出具受理通知书；决定不予受理的，应当出具不予受理通知书，说明不予受理的理由，并告知申请人依法享有申请行政复议或者提起行政诉讼的权利。

## 第三章 审查与决定

第二十一条 县级以上地方市场监督管理部门应当对申请人提交的申请材料进行审查。需要对申请材料的实质内容进行核实的,应当进行现场核查。

市场监督管理部门开展食品生产许可现场核查时,应当按照申请材料进行核查。对首次申请许可或者增加食品类别的变更许可的,根据食品生产工艺流程等要求,核查试制食品的检验报告。开展食品添加剂生产许可现场核查时,可以根据食品添加剂品种特点,核查试制食品添加剂的检验报告和复配食品添加剂配方等。试制食品检验可以由生产者自行检验,或者委托有资质的食品检验机构检验。

现场核查应当由食品安全监管人员进行,根据需要可以聘请专业技术人员作为核查人员参加现场核查。核查人员不得少于2人。核查人员应当出示有效证件,填写食品生产许可现场核查表,制作现场核查记录,经申请人核对无误后,由核查人员和申请人在核查表和记录上签名或者盖章。申请人拒绝签名或者盖章的,核查人员应当注明情况。

申请保健食品、特殊医学用途配方食品、婴幼儿配方乳粉生产许可,在产品注册或者产品配方注册时经过现场核查的项目,可以不再重复进行现场核查。

市场监督管理部门可以委托下级市场监督管理部门,对受理的食品生产许可申请进行现场核查。特殊食品生产许可的现场核查原则上不得委托下级市场监督管理部门实施。

核查人员应当自接受现场核查任务之日起5个工作日内,完成对生产场所的现场核查。

第二十二条 除可以当场作出行政许可决定的外,县级以上地方市场监督管理部门应当自受理申请之日起10个工作日内作出是否准予行政许可的决定。因特殊原因需要延长期限的,经本行政机关负责人批准,可以延长5个工作日,并应当将延长期限的理由告知申请人。

第二十三条 县级以上地方市场监督管理部门应当根据申请材料审查和现场核查等情况,对符合条件的,作出准予生产许可的决定,并自作出决定之日起5个工作日内向申请人颁发食品生产许可证;对不符合条件的,应当及时作出不予许可的书面决定并说明理由,同时告知申请人依法享有申请行政复议或者提起行政诉讼的权利。

第二十四条 食品添加剂生产许可申请符合条件的,由申请人所在地县级以上地方市场监督管理部门依法颁发食品生产许可证,并标注食品添加剂。

第二十五条 食品生产许可证发证日期为许可决定作出的日期,有效期为5年。

第二十六条 县级以上地方市场监督管理部门认为食品生产许可申请涉及公共利益的重大事项,需要听证的,应当向社会公告并举行听证。

第二十七条 食品生产许可直接涉及申请人与他人之间重大利益关系的,县级以上地方市场监督管理部门在作出行政许可决定前,应当告知申请人、利害关系人享有要求听证的权利。

申请人、利害关系人在被告知听证权利之日起5个工作日内提出听证申请的,市场监督管理部门应当在20个工作日内组织听证。听证期限不计算在行政许可审查期限之内。

## 第四章　许可证管理

第二十八条　食品生产许可证分为正本、副本。正本、副本具有同等法律效力。

国家市场监督管理总局负责制定食品生产许可证式样。省、自治区、直辖市市场监督管理部门负责本行政区域食品生产许可证的印制、发放等管理工作。

第二十九条　食品生产许可证应当载明:生产者名称、社会信用代码、法定代表人(负责人)、住所、生产地址、食品类别、许可证编号、有效期、发证机关、发证日期和二维码。

副本还应当载明食品明细。生产保健食品、特殊医学用途配方食品、婴幼儿配方食品的,还应当载明产品或者产品配方的注册号或者备案登记号;接受委托生产保健食品的,还应当载明委托企业名称及住所等相关信息。

第三十条　食品生产许可证编号由SC("生产"的汉语拼音字母缩写)和14位阿拉伯数字组成。数字从左至右依次为:3位食品类别编码、2位省(自治区、直辖市)代码、2位市(地)代码、2位县(区)代码、4位顺序码、1位校验码。

第三十一条　食品生产者应当妥善保管食品生产许可证,不得伪造、涂改、倒卖、出租、出借、转让。

食品生产者应当在生产场所的显著位置悬挂或者摆放食品生产许可证正本。

## 第五章　变更、延续与注销

第三十二条　食品生产许可证有效期内,食品生产者名称、现有设备布局和工艺流程、主要生产设备设施、食品类别等事项发生变化,需要变更食品生产许可证载明的许可事项的,食品生产者应当在变化后10个工作日内向原发证的市场监督管理部门提出变更申请。

食品生产者的生产场所迁址的,应当重新申请食品生产许可。

食品生产许可证副本载明的同一食品类别内的事项发生变化的,食品生产者应当在变化后10个工作日内向原发证的市场监督管理部门报告。

食品生产者的生产条件发生变化,不再符合食品生产要求,需要重新办理许可手续的,应当依法办理。

第三十三条　申请变更食品生产许可的,应当提交下列申请材料:

(一)食品生产许可变更申请书;

(二)与变更食品生产许可事项有关的其他材料。

第三十四条　食品生产者需要延续依法取得的食品生产许可的有效期的,应当在该食品生产许可有效期届满 30 个工作日前,向原发证的市场监督管理部门提出申请。

第三十五条　食品生产者申请延续食品生产许可,应当提交下列材料：

(一)食品生产许可延续申请书；

(二)与延续食品生产许可事项有关的其他材料。

保健食品、特殊医学用途配方食品、婴幼儿配方食品的生产企业申请延续食品生产许可的,还应当提供生产质量管理体系运行情况的自查报告。

第三十六条　县级以上地方市场监督管理部门应当根据被许可人的延续申请,在该食品生产许可有效期届满前作出是否准予延续的决定。

第三十七条　县级以上地方市场监督管理部门应当对变更或者延续食品生产许可的申请材料进行审查,并按照本办法第二十一条的规定实施现场核查。

申请人声明生产条件未发生变化的,县级以上地方市场监督管理部门可以不再进行现场核查。

申请人的生产条件及周边环境发生变化,可能影响食品安全的,市场监督管理部门应当就变化情况进行现场核查。

保健食品、特殊医学用途配方食品、婴幼儿配方食品注册或者备案的生产工艺发生变化的,应当先办理注册或者备案变更手续。

第三十八条　市场监督管理部门决定准予变更的,应当向申请人颁发新的食品生产许可证。食品生产许可证编号不变,发证日期为市场监督管理部门作出变更许可决定的日期,有效期与原证书一致。但是,对因迁址等原因而进行全面现场核查的,其换发的食品生产许可证有效期自发证之日起计算。

因食品安全国家标准发生重大变化,国家和省级市场监督管理部门决定组织重新核查而换发的食品生产许可证,其发证日期以重新批准日期为准,有效期自重新发证之日起计算。

第三十九条　市场监督管理部门决定准予延续的,应当向申请人颁发新的食品生产许可证,许可证编号不变,有效期自市场监督管理部门作出延续许可决定之日起计算。

不符合许可条件的,市场监督管理部门应当作出不予延续食品生产许可的书面决定,并说明理由。

第四十条　食品生产者终止食品生产,食品生产许可被撤回、撤销,应当在 20 个工作日内向原发证的市场监督管理部门申请办理注销手续。

食品生产者申请注销食品生产许可的,应当向原发证的市场监督管理部门提交食品生产许可注销申请书。

食品生产许可被注销的,许可证编号不得再次使用。

第四十一条　有下列情形之一,食品生产者未按规定申请办理注销手续的,原发证的市场监督管理部门应当依法办理食品生产许可注销手续,并在网站进行公示：

(一)食品生产许可有效期届满未申请延续的；

（二）食品生产者主体资格依法终止的；

（三）食品生产许可依法被撤回、撤销或者食品生产许可证依法被吊销的；

（四）因不可抗力导致食品生产许可事项无法实施的；

（五）法律法规规定的应当注销食品生产许可的其他情形。

第四十二条　食品生产许可证变更、延续与注销的有关程序参照本办法第二章、第三章的有关规定执行。

## 第六章　监督检查

第四十三条　县级以上地方市场监督管理部门应当依据法律法规规定的职责，对食品生产者的许可事项进行监督检查。

第四十四条　县级以上地方市场监督管理部门应当建立食品许可管理信息平台，便于公民、法人和其他社会组织查询。

县级以上地方市场监督管理部门应当将食品生产许可颁发、许可事项检查、日常监督检查、许可违法行为查处等情况记入食品生产者食品安全信用档案，并通过国家企业信用信息公示系统向社会公示；对有不良信用记录的食品生产者应当增加监督检查频次。

第四十五条　县级以上地方市场监督管理部门及其工作人员履行食品生产许可管理职责，应当自觉接受食品生产者和社会监督。

接到有关工作人员在食品生产许可管理过程中存在违法行为的举报，市场监督管理部门应当及时进行调查核实。情况属实的，应当立即纠正。

第四十六条　县级以上地方市场监督管理部门应当建立食品生产许可档案管理制度，将办理食品生产许可的有关材料、发证情况及时归档。

第四十七条　国家市场监督管理总局可以定期或者不定期组织对全国食品生产许可工作进行监督检查；省、自治区、直辖市市场监督管理部门可以定期或者不定期组织对本行政区域内的食品生产许可工作进行监督检查。

第四十八条　未经申请人同意，行政机关及其工作人员、参加现场核查的人员不得披露申请人提交的商业秘密、未披露信息或者保密商务信息，法律另有规定或者涉及国家安全、重大社会公共利益的除外。

## 第七章　法律责任

第四十九条　未取得食品生产许可从事食品生产活动的，由县级以上地方市场监督管理部门依照《中华人民共和国食品安全法》第一百二十二条的规定给予处罚。

食品生产者生产的食品不属于食品生产许可证上载明的食品类别的,视为未取得食品生产许可从事食品生产活动。

第五十条　许可申请人隐瞒真实情况或者提供虚假材料申请食品生产许可的,由县级以上地方市场监督管理部门给予警告。申请人在1年内不得再次申请食品生产许可。

第五十一条　被许可人以欺骗、贿赂等不正当手段取得食品生产许可的,由原发证的市场监督管理部门撤销许可,并处1万元以上3万元以下罚款。被许可人在3年内不得再次申请食品生产许可。

第五十二条　违反本办法第三十一条第一款规定,食品生产者伪造、涂改、倒卖、出租、出借、转让食品生产许可证的,由县级以上地方市场监督管理部门责令改正,给予警告,并处1万元以下罚款;情节严重的,处1万元以上3万元以下罚款。

违反本办法第三十一条第二款规定,食品生产者未按规定在生产场所的显著位置悬挂或者摆放食品生产许可证的,由县级以上地方市场监督管理部门责令改正;拒不改正的,给予警告。

第五十三条　违反本办法第三十二条第一款规定,食品生产许可证有效期内,食品生产者名称、现有设备布局和工艺流程、主要生产设备设施等事项发生变化,需要变更食品生产许可证载明的许可事项,未按规定申请变更的,由原发证的市场监督管理部门责令改正,给予警告;拒不改正的,处1万元以上3万元以下罚款。

违反本办法第三十二条第二款规定,食品生产者的生产场所迁址后未重新申请取得食品生产许可从事食品生产活动的,由县级以上地方市场监督管理部门依照《中华人民共和国食品安全法》第一百二十二条的规定给予处罚。

违反本办法第三十二条第三款、第四十条第一款规定,食品生产许可证副本载明的同一食品类别内的事项发生变化,食品生产者未按规定报告的,食品生产者终止食品生产,食品生产许可被撤回、撤销或者食品生产许可证被吊销,未按规定申请办理注销手续的,由原发证的市场监督管理部门责令改正;拒不改正的,给予警告,并处5000元以下罚款。

第五十四条　食品生产者违反本办法规定,有《中华人民共和国食品安全法实施条例》第七十五条第一款规定的情形的,依法对单位的法定代表人、主要负责人、直接负责的主管人员和其他直接责任人员给予处罚。

被吊销生产许可证的食品生产者及其法定代表人、直接负责的主管人员和其他直接责任人员自处罚决定作出之日起5年内不得申请食品生产经营许可,或者从事食品生产经营管理工作、担任食品生产经营企业食品安全管理人员。

第五十五条　市场监督管理部门对不符合条件的申请人准予许可,或者超越法定职权准予许可的,依照《中华人民共和国食品安全法》第一百四十四条的规定给予处分。

## 第八章　附则

第五十六条　取得食品经营许可的餐饮服务提供者在其餐饮服务场所制作加工食品,不需要取得本办法规定的食品生产许可。

第五十七条　食品添加剂的生产许可管理原则、程序、监督检查和法律责任,适用本办法有关食品生产许可的规定。

第五十八条　对食品生产加工小作坊的监督管理,按照省、自治区、直辖市制定的具体管理办法执行。

第五十九条　各省、自治区、直辖市市场监督管理部门可以根据本行政区域实际情况,制定有关食品生产许可管理的具体实施办法。

第六十条　市场监督管理部门制作的食品生产许可电子证书与印制的食品生产许可证书具有同等法律效力。

第六十一条　本办法自 2020 年 3 月 1 日起施行。原国家食品药品监督管理总局 2015 年 8 月 31 日公布,根据 2017 年 11 月 7 日原国家食品药品监督管理总局《关于修改部分规章的决定》修正的《食品生产许可管理办法》同时废止。

国家市场监督管理总局发布

# 茶叶生产许可审查细则(2015版讨论稿)

## 1.1　适用范围

本审查细则适用于企业申请以茶树【Camellia sinensis (L.) O. Ktze】鲜叶或其加工制品(毛茶等)为原料,使用法律法规及标准所要求的条件,加工制作绿茶、红茶、乌龙茶、黄茶、白茶、黑茶,及经再加工制成花茶、袋泡茶、紧压茶(不含边销茶,下同)等产品时,对企业生产条件的审查及其许可生产产品的检验。

茶叶的申证单元为1个:茶叶。其食品品种类别编号为1401。生产许可证产品名称须注明审证单元即"茶叶"。同时,注明获得生产许可的茶类名称,即绿茶、红茶、乌龙茶、黄茶、白茶、黑茶、花茶、袋泡茶、紧压茶中的一类或几类。生产许可证附页注明获得生产许可的具体品种明细。茶叶分装企业应单独注明。

本细则适用以下分类和定义:

绿茶:以鲜叶为原料,经杀青、揉捻、干燥等加工工艺制成的产品。

红茶:以鲜叶为原料,经萎凋、揉捻(切)、发酵、干燥等加工工艺制成的产品。

黄茶:以鲜叶为原料,经杀青、揉捻、闷黄、干燥等加工工艺制成的产品。

白茶:以鲜叶为原料,经萎凋、干燥等加工工艺制成的产品。

乌龙茶:以鲜叶为原料,经萎凋、做青、杀青、揉捻、干燥等加工工艺制成的产品。

黑茶:以鲜叶为原料,经杀青、揉捻、渥堆、干燥等加工工艺制成的产品。其中,紧压型黑茶纳入"紧压茶"审查和管理。

花茶:以茶叶为原料,经整型、香花窨制、干燥等加工工艺制成的产品。窨制花茶的香花有茉莉花、玫瑰花、栀子花、桂花、白兰花、柚子花、代代花、珠兰花。

紧压茶:以茶叶为原料,经筛分、拼配、汽蒸、压制成型、干燥等加工工艺制成的产品。

袋泡茶:以茶叶为原料,经加工形成一定的规格后,用过滤材料包装加工制成的产品。

本细则中引用的文件、标准通过引用成为本细则的内容。凡是引用文件、标准,其最新版本(包括所有的修改单)适用于本细则。

## 1.2 生产许可条件审查

### 1.2.1 管理制度审查

应按照《中华人民共和国食品安全法》及其实施条例等有关法律法规,以及《食品生产许可审查通则》、GB 14881《食品安全国家标准 食品生产通用卫生规范》等规定,对企业建立实施食品质量安全管理制度情况进行审核。主要审核以下制度。

#### 1.2.1.1 人员要求管理制度

(1)制定生产、质量、技术、检验等各部门职责及相关人员岗位职责及其任职资格规定。

(2)制定不同岗位人员的培训、考核制度。

(3)制订定期进行食品质量安全、加工技术、质量管理、法律法规和职业道德等方面培训计划。

(4)制定从业人员健康管理制度。

#### 1.2.1.2 采购管理制度

(1)制定采购制度,有原辅材料供应商评价办法,保证采购的原辅料、包材等符合相应的标准规定。

(2)制定进货查验记录制度,有不合格原辅材料拒收、报废、返厂等处理办法,按照制定的验收标准,对进厂的原辅料、包材等进行验收、记录以及接收或拒收。

#### 1.2.1.3 生产过程管理制度

(1)制定生产设备设施管理制度。

(2)制定生产设备设施和工器具的维护保养、检修制度。

(3)制定停产复产记录与复产前生产设备、设施安全控制制度。

(4)制定过程检验管理制度。

(5)制定生产过程中关键控制点管理制度。

(6)制定不合格管理制度及纠正措施。

(7)制定食品安全风险监测和评估信息管理制度。

(8)鼓励企业采用危害分析与关键控制点体系(HACCP)对生产过程进行食品安全控制。

#### 1.2.1.4 安全防护制度

(1)制定厂区环境、生产车间、库房等的安全卫生管理制度。

(2)制定生产人员安全操作与个人卫生管理制度。

(3)制定虫害控制制度。

(4)制定生产设备设施和工器具的清洗清洁制度。

(5)制定清洁剂、消毒剂等化学品的使用制度。

（6）制定原辅物料及半成品、成品周转、储存、运输管理制度；储存条件应符合相应标准规定。

### 1.2.1.5 检验管理制度

（1）制定检验制度，包括过程检验、出厂检验和型式检验的管理规定。通过自行检验或委托具备相应资质的食品检验机构对原料和产品进行检验。出厂产品应当符合产品标准，产品经检验合格后方可出厂。

（2）自行检验的企业应制定检验室管理制度，具备与所检项目适应的检验室和检验能力，由具有相应资质的检验人员按规定检验方法检验，检验记录和检验报告保存完备。

（3）自行检验的企业应制定检验设备管理制度，建立检验设备台账，按要求对检验设备进行检定或校准，并定期维护保养，设备档案齐全。

（4）委托检验的企业应与具备相应资质的食品检验机构签订有效委托合同。

（5）自行检验的企业应制定产品留样制度，按要求保留样品。检验样品保留至保质期满或二十四个月以上。

### 1.2.1.6 信息记录管理制度

制定信息记录管理制度。记录信息应当覆盖食品生产加工全过程，保证记录的信息完整。应至少对以下生产信息建立完整的记录系统，所有记录应真实、准确、规范并具有可追溯性，记录保存期不少于2年。

（1）原辅料采购记录：包括供应商评价记录、合格供应商名单、采购记录、采购合同、验收记录、供应商证明。

（2）生产过程及安全防护记录：包括人员培训及考核记录、人员健康查体记录、人员卫生记录、厂区环境卫生记录、车间环境卫生记录、除虫灭害记录、设备设施维护保养检修记录、设备设施清洁记录、投料记录、各关键控制点监控记录、过程检验记录、物料出入库记录、成品出入库记录、不合格原辅物料处置记录、不合格产品处理记录、停产复产记录。

（3）成品检验记录：包括检验原始记录、检验报告、检验留存样品记录。

（4）产品追溯记录：包括成品生产记录、成品销售记录、产品召回记录、退货处置记录、消费者投诉受理记录、食品质量安全风险收集记录、食品安全事故处置记录。

（5）鼓励建立电子信息记录制度，对原辅物料查验、生产过程的关键工序及过程检验、出厂检验等全过程记录形成真实的数据信息。

### 1.2.1.7 产品追溯、召回制度和投诉管理制度

（1）建立产品追溯制度，确保从原料采购到最终产品及销售都有记录，信息翔实程度能够实现原料到销售环节的全过程跟踪，并可追溯到每个环节的责任人；

（2）建立产品召回制度，确保出厂产品在出现安全卫生质量问题时及时发出警示，必要时召回；对召回的产品采取补救、无害化处理、销毁等措施，并向食品安全监管部门报告召回和处理情况；

(3)建立消费者投诉处理制度,妥善处理消费者提出的意见和投诉;

(4)鼓励建立产品信息网站查询系统,提供标签、外包装、质量标准、出厂检验报告等信息,方便网上查询。

1.2.1.8 文件管理制度

(1)应有企业产品所执行的现行有效的产品标准、卫生标准、检测方法标准及其他相关标准;如果没有国家标准、行业标准或地方标准的,应当制定企业标准并经卫生计生行政部门备案。有生产所用原辅物料、包材的现行有效的标准。

(2)应制定设备操作规程、工序关键控制点作业指导书。

(3)制定文件管理制度:应建立文件的起草、修订审查、批准、撤销、印制及保管的管理制度。

### 1.2.2 场所核查

应按照《中华人民共和国食品安全法》及其实施条例、《食品生产许可审查通则》、GB14881《食品安全国家标准 食品生产通用卫生规范》等规定,对照企业提交的申请材料,对生产场所进行现场核查。主要核查以下内容。

1.2.2.1 厂区环境和布局核查内容

(1)厂区周围无明显有害废弃物、粉尘、有害气体、放射性物质和其他扩散性污染源,否则应采取有效措施。

(2)厂区应根据加工规模和产品工艺要求合理布局,生产区、生活区和办公区等功能区域划分明显,并有适当的分离或分隔措施,防止交叉污染。

(3)厂区内整洁、干净、无异味。

(4)厂区内的道路应铺设混凝土、沥青,或者其他硬质材料;空地应采取必要措施,如铺设水泥、地砖或铺设草坪等方式,保持环境清洁。

(5)厂区绿化应与生产车间保持适当距离,植被应定期维护,以防止虫害的孳生。

(6)厂区应有适当的排水系统。

1.2.2.2 加工车间核查内容

(1)加工车间的面积和空间应与生产能力相适应,便于设备安置、清洁消毒、物料存储及人员操作。

(2)成品包装车间与其他车间相互分隔,预防和降低产品受污染的风险。

(3)加工车间内部布置应与工艺流程、产品特性和加工规模相适应,各功能区相互分隔或分离,避免发生交叉污染。

(4)加工车间顶棚应使用无毒、无味的材料建造;结构光滑平整,不易积尘,易于清洁。

(5)加工车间墙面、隔断应使用无毒、无味的防渗透材料建造,在操作高度范围内的墙面应光滑、不易积累污垢,易于清洁;与地面交界处应结构合理,易于清洁。

(6)车间门窗应闭合严密。门的表面应平滑、防吸附、不渗透,并易于清洁、消毒。窗户如设置窗台,其结构应能避免灰尘积存且易于清洁。

(7)车间地面应使用无毒、无味、不渗透、耐腐蚀的材料建造。平坦防滑、无裂缝,易于清洁、消毒,有利于排污和清洗。

(8)车间供水设施应能保证水质、水压、水量及其他要求,符合生产需要。加工用水的水质应符合 GB 5749 的规定。

(9)车间应具有适宜的自然通风或人工通风措施;必要时应通过自然通风或机械设施有效控制生产环境的温度和湿度。灰尘较大的车间或作业区域,应安装换气风扇或除尘设备。

(10)车间采光和照明良好。照明光源以不改变茶叶和在制品的色泽为宜。裸露原料、在制品和成品正上方的照明设施,应使用安全型照明设施或采取防护措施。

(11)车间内不得存放农药、肥料、喷雾器、防护服、燃料等易污染茶叶的物品,不应存放其他非加工茶叶用的物品。

### 1.2.2.3 仓库核查内容

(1)应具有与所生产产品的数量、储存要求相适应的仓储设施。

(2)仓库应以无毒、坚固的材料建成;干燥、清洁、避光。顶棚、墙面、隔断、门窗、地面等应坚固、平整、光洁,便于清洁,无污垢。

(3)包装材料仓库与其他仓库相互分隔;原料仓库、辅料仓库、半成品仓库、成品仓库等应依据性质的不同相互分隔或分离。仓库内部不同物品分区域码放,并有明确标识,防止交叉污染。

(4)库房内的温度、湿度应符合原辅材料、成品及其他物品的存放要求。必要时根据储存需要建设冷藏库。

(5)库房内的物品应离地、离墙存放。成品仓库地面应设置垫板,其高度不得低于15cm。

(6)清洁剂、消毒剂、杀虫剂、润滑剂、燃料等物质应分别安全包装,明确标识,并应与原料、半成品、成品、包装材料等分隔放置。

### 1.2.2.4 检验室核查内容

(1)实施自行检验的,应有与企业生产能力和检验需求相适应的检验室。检验室应与加工车间有效隔离,一般分为感官检验室、理化检验室。

(2)感官检验室环境应符合 GB/T 18797《茶叶感官审评室基本条件》要求。

(3)理化检验室与感官检验室须有效分离或分隔,确保不会相互影响。

### 1.2.2.5 卫生设施核查内容

(1)加工车间入口处应设置换鞋或穿戴鞋套设施,或设置工作鞋靴清洁设施。

(2)加工车间入口处应设置更衣室。更衣室应保证工作服与个人服装及其他物品分开放置。

(3)加工车间入口处应设置洗手和(或)消毒设施。洗手用的肥皂、洗手液、消毒液应无明显气味。

(4)应根据需要设置卫生间。卫生间内应有洗手设施。卫生间不得与茶叶加工、包装或储存等区域直接连通。卫生间应保持清洁状态。

(5)厂区内应有密闭式污水排放设施,能防止污水溢出。

(6)根据需要设置废弃物存放设施。与工作区域和仓库分隔或分离,并经常清扫、冲洗,保持清洁。

### 1.2.3 设备核查

按照《食品生产许可审查通则》、GB 14881《食品安全国家标准 食品生产通用卫生规范》、GH/T 1077《茶叶加工技术规程》规定,对照企业提交的申请材料,对设备进行现场核查。主要核查以下内容。

#### 1.2.3.1 加工设备(设施)通用要求

(1)应具备与《食品生产许可证申请书》中设计能力相适应的加工设备,其性能应符合工艺需求。

(2)设备的布局应当符合工艺、清洗的需要。

(3)所有接触茶叶原料、在制品和成品的设备、容器和工具的接触面必须用无毒、无味、抗腐蚀、不易脱落的材料制作,并易于清洁和保养。

(4)设备台账、说明书、履历、档案应保管齐全。

(5)设备、容器和工具等维护保养完好,定期检修。

(6)计量设备和压力表、温度计等监控设备,应定期检定或校准,并在检定或校准周期内。

(7)燃油设备的油箱、燃气设备的钢瓶等易燃易爆设备与加工车间和仓库至少留有3m的安全距离。

(8)压力锅炉应独立安装在锅炉间。

(9)各种炉火门不得直接开向车间。

#### 1.2.3.2 加工设备(设施)及要求

企业应具备与其生产品种和产量相适应的以下加工设备。

(1)以茶树鲜叶为原料加工茶叶产品的设备

绿茶加工设备:摊(晾)放设备(设施)、杀青设备、揉捻(做形)设备、干燥设备、包装设备。

红茶加工设备:萎凋设备(设施)、揉切设备(红碎茶)、揉捻设备(工夫红茶和小种红茶)、发酵设备(设施)、干燥设备、包装设备。

乌龙茶加工设备:萎凋设备(设施)、做青(摇青)设备、杀青设备、揉捻(包揉)设备、干燥设备、包装设备。

黄茶加工设备:摊(晾)放设备(设施)、杀青设备、揉捻设备、闷黄设备(设施)、干燥设备、包装设备。

白茶加工设备:萎凋设备(设施)、干燥设备(设施)、包装设备。

黑茶加工设备:摊(晾)放设备(设施)、杀青设备、揉捻设备、渥堆设备(设施)、干燥设备、包装设备。

(2)以毛茶为原料进行精制加工或再加工的设备

精制加工(毛茶加工至成品茶或花茶坯)设备：筛分设备、风选设备、拣梗设备、干燥设备、包装设备。

袋泡茶加工设备：切碎设备、干燥设备、自动包装设备。

花茶加工设备：筛分设备、窨花设备(设施)、干燥设备、包装设备。

紧压茶加工设备：筛分设备、汽蒸设备、压制设备、干燥设备(设施)、包装设备。如需进行紧压茶切割包装还须有相关切割设备。

(3)茶叶分装的设备

茶叶分装设备：称量设备、干燥设备、包装设备。

(4)其他规定

具备多功能的综合性设备(设施)，只要满足加工工艺要求，可视为多台相关功能设备。按照传统工艺，用手工和半手工制作茶叶产品的，其设备(设施)配置只要满足产量、工艺需要即可。

1.2.3.3　检验设备(设施)及要求

(1)自行检验的企业，应具备的检验设备(设施)。

感官品质检验设备(设施)：符合 GB/T 23776《茶叶感官审评方法》要求的审评用具，包括干评台、湿评台、评茶盘、审评杯碗、汤匙、叶底盘、称茶器、计时器等。

水分检验设备：分析天平(精度 1/1000 g 以上)、鼓风电热恒温干燥箱、干燥器等。

净含量检验设备：电子秤或天平。

粉末、碎茶检验设备：碎末茶测定装置(执行的产品标准无此项目的不要求)。

其他必要检验设备：根据企业原料检验、在制品检验和出厂检验等质量监控的需要配备相应符合检验方法标准要求的检验设备。

检验样品储存设备(设施)：根据企业规模，配备与检验和管理所需的样品储存设备(设施)。

(2)检验设备的数量、性能要求。与检验需求和检测方法要求相适应。

(3)检验设备的管理。应定期进行检定或校准，并做好维护工作。检验设备台账、说明书、履历、档案应保管齐全。

(4)检验结果验证。使用快速检验设备进行检验的项目，应每年与具备相关产品检验资质的检测机构进行比对试验。

### 1.2.4　工艺流程、关键控制点核查

1.2.4.1　各类茶叶加工一般工艺流程

(1)以鲜叶为原料加工茶叶产品的一般工艺流程

绿茶加工：鲜叶－杀青－揉捻(做形)－干燥－包装

红茶加工：鲜叶－萎凋－揉捻(做形或揉切)－发酵－干燥－包装

乌龙茶加工：鲜叶－萎凋－做青－杀青－揉捻(包揉)－干燥－包装

黄茶加工:鲜叶－杀青－揉捻(做形)－闷黄－干燥－包装

白茶加工:鲜叶－萎凋－干燥－包装

黑茶加工:鲜叶－杀青－揉捻－渥堆－干燥－包装

(2)以毛茶为原料进行精制加工或再加工的一般工艺流程

精制加工:毛茶－筛分－风选－拣梗－干燥－包装

袋泡茶加工:茶叶－拼切匀堆－包装

花茶加工:茶叶－制坯－窨花－复火－提花－包装

紧压茶加工:茶叶原料－筛切拼堆－渥堆－蒸压成型－干燥－包装

(3)茶叶分装的一般工艺流程

分装:原料－干燥—匀堆－包装

#### 1.2.4.2 关键控制点核查

(1)原料管理

鲜叶、毛茶、用于窨制花茶的香花等原料应是自己的合格产品;或来自合格供应商。分装企业的原料,应全部来自获得同类茶叶生产许可证的合格供应商。用于窨制花茶的香花,只能选用传统花茶加工中使用的茉莉花、玫瑰花、栀子花、桂花、玉兰花、柚子花、代代花、珠兰花;不得使用其他任何香花。

采购原料时应当查验供应商的身份证、许可证、其他证书或产品合格证明文件。原料必须按照验收标准,经过验收合格后方可使用。必要时,应对关键项目或可疑项目进行实验室检验。

原料运输及储存中应避免日光直射,备有防雨设施;不得与有毒、有害物品同时装运和储存。

(2)添加剂管理

按照相关国家标准要求加工珠茶等产品时所使用的糯米粉,必须来自获得大米生产许可证的合格供应商;并按照验收标准,经过验收合格后方可使用。

部分名优茶加工中用于润滑与茶叶直接接触的金属表面的润滑剂,只能选用可食用的油脂制品,且来自获得食用油脂制品生产许可证的合格供应商;并按照验收标准,经过验收合格后方可使用。

除此之外,不得添加其他任何非茶类物质;包括各种氧化酶、菌种等。

(3)包装材料管理

茶叶包装材料,应来自获得生产许可证的合格供应商。采购时应当查验供应商的许可证和产品合格证明文件。包装材料应按照验收标准,经过验收合格后方可使用。做好包装材料的储藏,定期检查质量和卫生情况,及时清理变质的包装材料。

(4)加工过程控制

根据不同茶类的要求,按照相应的加工技术规程等技术文件进行加工,并确定相应的关键控制点。重点控制好关键工序的温度、时间、投叶量等工艺技术参数,避免在制品和成品产生劣变。

(5)卫生管理

加工车间和仓库应保持清洁干净。加工设备、工具、容器在每次使用前,必须清洁干净,防止污染茶叶。除按传统工艺进行"渥堆"等情况外,茶叶原料、在制品和成品不得与地直接接触。生产区内不得进入家禽、家畜。

(6)虫害控制

应保持建筑物完好、环境整洁,防止虫害侵入及孳生。加工车间及仓库应采取有效措施(如纱帘、纱网、防鼠板、防蝇灯、风幕等),防止鼠类和昆虫等侵入。排水管道和通风管道出入口应装有防止虫害侵入的网罩等设施。厂区应定期进行除虫灭害工作。如使用各类杀虫剂或其他药剂进行除虫灭害,应做好预防措施,避免对人身、食品、设备工具造成污染。

(7)储存和运输

不得将茶叶与有毒、有害,或有异味的物品一同储存运输。储存、运输和装卸食品的容器、工器具和设备应当安全、无害,保持清洁。储存和运输过程中应避免日光直射、雨淋、显著的温湿度变化和剧烈撞击等,防止茶叶受到不良影响。

(8)废弃物处理

废弃物应及时清除,防止污染。化肥、农药、药剂、燃料等废弃物,应按国家法律法规及相关规定处理。

### 1.2.5　人员核查

1.2.5.1　企业负责人、质量安全管理人员和生产管理人员

企业负责人、质量安全管理人员和生产管理人员应经相关培训,应掌握茶叶有关的质量安全法规,了解应承担的责任和义务。

1.2.5.2　加工人员

(1)加工人员应经操作培训,掌握操作规程,熟练操作设备,能按照技术文件进行生产。

(2)每年应进行健康检查,取得健康证明。出现不适合茶叶生产的疾病时,应该调整到其他不影响食品安全的工作岗位。

(3)进入作业区域应穿着工作服;不应化妆、染指甲、喷洒香水;不得携带或存放与茶叶加工无关的个人用品。

1.2.5.3　检验人员

检验人员应符合下列条件之一:①获得茶叶感官审评以及食品检验职业资格证书。②经培训,掌握茶叶感官审评和理化项目出厂检验的基本知识与操作技能,并获得培训合格证明。

## 1.3 生产许可产品检验

### 1.3.1 抽样和封样

按照《食品生产许可审查通则》和本细则的要求,在企业的成品库内按照下列规定进行抽样,并对该产品进行封存。

按企业所申报的发证产品品种,每一品种均需随机抽取某一等级的产品进行检验。同一样品种,同一生产场地,使用不同注册商标的不重复抽取。

抽样基数应大于或等于10kg。抽样以"批"为单位。具有相同的茶类、花色、等级、茶号、包装规格和净含量,品质一致,并在同一地点、同一期间内加工包装的产品集合为一批。

抽样方法按GB/T 8302《茶 取样》的规定随机抽样。样品数量为1000g。对单块质量在500g以上的紧压茶应抽取2块。样品分成2份,1份供检验用,1份备用。

样品确认无误后,由抽样人员与被抽样单位有关人员在抽样单上签字、盖章,当场封存样品,并加贴封条。封条上应当有抽样人员签名、抽样单位盖章及封样日期。抽样人员应当告知申请者有资格承担该产品发证检验任务的检验机构名称及联系方式,由申请者自主选择。申请者应在规定时间内把封好的样品送到选定的检验机构。样品运送过程中,应做好防潮、防压、防晒等工作。茶样罐或茶样袋应清洁、干燥、无异味,能防潮、避光。

### 1.3.2 许可检验项目

许可检验项目按产品适用的食品安全国家标准GB 2762、GB 2763、产品标准、企业标准及卫生计生行政主管部门相关管理公告的内容进行检验,详见附表1-2。若国家食品安全标准和产品标准修订改版时,按最新版本实施。

对各茶类的主导产品,企业应当对带"*"号标记的检验项目至少每年检验2次。

## 1.4 其他要求

地理标志保护产品的生产和分装按照国家和各省、市、区相关法律法规执行。

附表:1-1 茶叶生产所涉及的主要标准(参考性)

1-2 茶叶产品质量检验项目表(规范性)

附表1-1 茶叶生产所涉及的主要标准(参考性)

| 序号 | 类别 | 标准代号 | 标准名称 |
|---|---|---|---|
| 1 | 基础标准 | GH/T 1077 | 茶叶加工技术规程 |
| 2 | | GB/T 24615 | 紧压茶生产加工技术规范 |
| 3 | | GH/T 1070 | 茶叶包装通则 |
| 4 | | GH/T 1071 | 茶叶贮存通则 |
| 5 | | GB/T 191 | 包装储运图示标志 |
| 6 | | GB 7718 | 食品安全国家标准 预包装食品标签通则 |
| 7 | | GB 2762 | 食品安全国家标准 食品中污染物限量 |
| 8 | | GB 2763 | 食品安全国家标准 食品中农药最大残留限量 |
| 9 | | GB 14881 | 食品安全国家标准 食品生产通用卫生规范 |
| 10 | | GB/T 27320 | 食品防护计划及其应用指南 食品生产企业 |
| 11 | | GB/T 18797 | 茶叶感官审评室基本条件 |
| 12 | | GB/T 14487 | 茶叶感官审评术语 |
| 13 | | GB/T 30776 | 茶叶分类 |
| 14 | | GB 19965 | 砖茶含氟量 |
| 15 | | SB/T 10034 | 茶叶加工技术术语 |
| 16 | 原辅料标准 | GB/T 24614 | 紧压茶原料要求 |
| 17 | | GB 9683 | 复合食品包装袋卫生标准 |
| 18 | | GB 9687 | 食品包装用聚乙烯成型品卫生标准 |
| 19 | | GB 9688 | 食品包装用聚丙烯成型品卫生标准 |
| 20 | | GB 9689 | 食品包装用聚苯乙烯成型品卫生标准 |
| 21 | | GB 5749 | 生活饮用水卫生标准 |
| 22 | 产品标准 | GB/T 13738.1 | 红茶 第1部分:红碎茶 |
| 23 | | GB/T 13738.2 | 红茶 第2部分:工夫红茶 |
| 24 | | GB/T 13738.3 | 红茶 第3部分:小种红茶 |
| 25 | | GB/T 14456.1 | 绿茶 第1部分:基本要求 |
| 26 | | GB/T 14456.2 | 绿茶 第2部分:大叶种绿茶 |
| 27 | | GB/T 9833.1~9 | 紧压茶系列标准 |
| 28 | | GB/T 21726 | 黄茶 |
| 29 | | GB/T 22291 | 白茶 |
| 30 | | GB/T 22292 | 茉莉花茶 |
| 31 | | GB/T 22111 | 地理标志产品 普洱茶 |

续表

| 序号 | 类别 | 标准代号 | 标准名称 |
|---|---|---|---|
| 32 | 产品标准 | GB/T 18650 | 地理标志产品 龙井茶 |
| 33 | | GB/T 18665 | 地理标志产品 蒙山茶 |
| 34 | | GB/T 18745 | 地理标志产品 武夷岩茶 |
| 35 | | GB/T 18957 | 地理标志产品 洞庭(山)碧螺春茶 |
| 36 | | GB/T 19460 | 地理标志产品 黄山毛峰茶 |
| 37 | | GB/T 19598 | 地理标志产品 安溪铁观音 |
| 38 | | GB/T 19691 | 地理标志产品 狗牯脑茶 |
| 39 | | GB/T 19698 | 地理标志产品 太平猴魁茶 |
| 40 | | GB/T 20354 | 地理标志产品 安吉白茶 |
| 41 | | GB/T 20360 | 地理标志产品 乌牛早茶 |
| 42 | | GB/T 20605 | 地理标志产品 雨花茶 |
| 43 | | GB/T 21003 | 地理标志产品 庐山云雾茶 |
| 44 | | GB/T 21824 | 地理标志产品 永春佛手 |
| 45 | | GB/T 22109 | 地理标志产品 政和白茶 |
| 46 | | GB/T 22737 | 地理标志产品 信阳毛尖茶 |
| 47 | | GB/T 24710 | 地理标志产品 坦洋工夫 |
| 48 | | GB/T 26530 | 地理标志产品 崂山绿茶 |
| 49 | | GB/T 24690 | 袋泡茶 |
| 50 | | GB/T 30357.1 | 乌龙茶 第1部分:基本要求 |
| 51 | | GB/T 30357.2 | 乌龙茶 第2部分:铁观音 |
| 52 | 方法标准 | GB/T 23776 | 茶叶感官审评方法 |
| 53 | | GB/T 8302 | 茶 取样 |
| 54 | | GB/T 8304 | 茶 水分测定 |
| 55 | | GB/T 8311 | 茶 粉末和碎茶含量测定 |
| 56 | 其他标准 | | 相关行业标准、地方标准和备案有效的企业标准等 |

## 附录四：茶叶生产许可审查细则(2015版讨论稿)

附表1－2 茶叶产品质量检验项目表(规范性)

| 序号 | 检验项目分类 | 检验项目 | 方法标准 | 发证检验 | 出厂检验 | 备注 |
|---|---|---|---|---|---|---|
| 1 | 感官 | 感官品质 | 按执行标准的规定检验 | √ | √ | |
| 2 | 标签 | 食品标签 | 按GB 7718的要求检验 | √ | √ | |
| 3 | 常规理化项目 | 净含量 | 按执行标准的规定检验 | √ | √ | |
| 4 | | 水分 | 按执行标准的规定检验 | √ | √ | |
| 5 | | 总灰分 | 按执行标准的规定检验 | √ | * | |
| 6 | | 水浸出物 | 按执行标准的规定检验 | √ | * | |
| 7 | | 粉末、碎茶 | 按执行标准的规定检验 | # | * | |
| 8 | | 茶多酚 | 按执行标准的规定检验 | # | * | |
| 9 | | 茶梗 | 按执行标准的规定检验 | # | * | |
| 10 | | 非茶类夹杂物 | 按执行标准的规定检验 | # | * | |
| 11 | 污染物 | 铅 | 按GB 2762的要求检验 | √ | * | |
| 12 | | 稀土 | 按GB 2762的要求检验 | √ | * | |
| 13 | | 氟 | 按GB 19965的要求检验 | √ | * | 仅限紧压茶 |
| 14 | 农药残留 | 苯醚甲环唑 | 按GB 2763的要求检验 | √ | * | |
| 15 | | 吡虫啉 | 按GB 2763的要求检验 | √ | * | |
| 16 | | 草铵膦 | 按GB 2763的要求检验 | √ | * | 临时限量 |
| 17 | | 草甘膦 | 按GB 2763的要求检验 | √ | * | |
| 18 | | 除虫脲 | 按GB 2763的要求检验 | √ | * | |
| 19 | | 哒螨灵 | 按GB 2763的要求检验 | √ | * | |
| 20 | | 丁醚脲 | 按GB 2763的要求检验 | √ | * | 临时限量 |
| 21 | | 多菌灵 | 按GB 2763的要求检验 | √ | * | |
| 22 | | 氟氯氰菊酯和高效氟氯氰菊酯 | 按GB 2763的要求检验 | √ | * | |
| 23 | | 氟氰戊菊酯 | 按GB 2763的要求检验 | √ | * | |
| 24 | | 甲氰菊酯 | 按GB 2763的要求检验 | √ | * | |
| 25 | | 联苯菊酯 | 按GB 2763的要求检验 | √ | * | |
| 26 | | 硫丹 | 按GB 2763的要求检验 | √ | * | 临时限量 |
| 27 | | 氯氟氰菊酯和高效氯氟氰菊酯 | 按GB 2763的要求检验 | √ | * | |
| 28 | | 氯菊酯 | 按GB 2763的要求检验 | √ | * | |

续表

| 序号 | 检验项目分类 | 检验项目 | 方法标准 | 发证检验 | 出厂检验 | 备注 |
|---|---|---|---|---|---|---|
| 29 | 农药残留 | 氯氰菊酯和高效氯氰菊酯 | 按 GB 2763 的要求检验 | √ | * | |
| 30 | | 灭多威 | 按 GB 2763 的要求检验 | √ | * | |
| 31 | | 噻虫嗪 | 按 GB 2763 的要求检验 | √ | * | |
| 32 | | 噻嗪酮 | 按 GB 2763 的要求检验 | √ | * | |
| 33 | | 杀螟丹 | 按 GB 2763 的要求检验 | √ | * | |
| 34 | | 杀螟硫磷 | 按 GB 2763 的要求检验 | √ | * | 临时限量 |
| 35 | | 溴氰菊酯 | 按 GB 2763 的要求检验 | √ | * | |
| 36 | | 乙酰甲胺磷 | 按 GB 2763 的要求检验 | √ | * | |
| 37 | | 滴滴涕 | 按 GB 2763 的要求检验 | √ | * | |
| 38 | | 六六六 | 按 GB 2763 的要求检验 | √ | * | |
| 39 | 微生物 | 菌落总数 | 执行标准的规定检验 | ♯ | * | |
| 40 | | 大肠菌群 | 按 GB/T22111 等执行标准的规定检验 | ♯ | * | |
| 41 | | 霉菌及酵母 | 按执行标准的规定检验 | ♯ | * | |
| 42 | | 冠突散囊菌 | 按 GB/T9833.3 的规定检验 | ♯ | * | |
| 43 | 致病菌 | 沙门氏菌 | 按 GB/T22111 等执行标准的规定检验 | ♯ | * | |
| 44 | | 志贺氏菌 | 按 GB/T22111 等执行标准的规定检验 | ♯ | * | |
| 45 | | 金黄色葡萄球菌 | 按 GB/T22111 等执行标准的规定检验 | ♯ | * | |
| 46 | | 溶血性链球菌 | 按 GB/T22111 等执行标准的规定检验 | ♯ | * | |
| 47 | 其他 | 法律法规和执行标准规定的其他检验项目 | 按法律法规和执行标准的规定检验 | √ | * | |

注：①"♯"表示执行标准中对该项目有质量要求的，应作为发证检验项目；

②"*"表示执行标准中把该项目确定为出厂检验项目的，应作为出厂检验项目。

③执行标准中没有指定检验方法的项目，检验机构按照国家资质认定和实验室认可的相关规定执行。

附录五:NY 5196—2002《有机食品—有机茶》

# 有机食品—有机茶

中华人民共和国农业行业标准　NY 5196—2002
2002—07—25 发布　2002—09—01 实施
中华人民共和国农业部　发布

### 前　言

本标准由中华人民共和国农业部提出。
本标准起草单位:中国农业科学院茶叶研究所、农业部茶叶质量监督检验测试中心。
本标准主要起草人:卢振辉、傅尚文、乌志祥、刘栩、金寿珍。

# 有机食品—有机茶

## 1 范围

本标准规定了有机茶的术语和定义、要求、试验方法、检验规则、标志、标签、包装、储藏、运输和销售的要求。

本标准适用于有机茶。

## 2 规范性引用文件

下列文件中的条款通过本标准的引用而成为本标准的条款。凡是注日期的引用文件,其随后所有的修改单(不包括勘误的内容)或修订版均不适用于本标准,然而,鼓励根据本标准达成协议的各方研究是否可使用这些文件的最新版本。凡是不注日期的引用文件,其最新版本适用于本标准。

GB/T 191 包装储运图示标志

GB/T 50012 食品中铅的测定方法

GB/T 5009.13 食品中铜的测定方法

GB/T 5009.19 食品中六六六、滴滴涕残留量的测定方法

GB/T 5009.20 食品中有机磷农药残留量的测定方法

GB 7718 食品标签通用标准

GB/T 8302 茶 取样

GB 11680 食品包装用原纸卫生标准

GB/T 17332 食品中有机氯和拟除虫菊酯类农药多种残留的测定

## 3 术语和定义

下列术语和定义适用于本标准。

有机茶 organic tea

在原料生产过程中遵循自然规律和生态学原理,采取有益于生态和环境的可持续发展的农业技术,不使用合成的农药、肥料及生长调节剂等物质,在加工过程中不使用合成的食品添加剂的茶叶及相关产品。

## 4 要求

### 4.1 基本要求

4.1.1 产品具有各类茶叶的自然品质特征,品质纯正,无劣变、无异味。

附录五：NY 5196—2002《有机食品—有机茶》

4.1.2 产品应洁净,且在包装、储藏、运输和销售过程中不受污染。

4.1.3 不着色,不添加人工合成的化学物质和香味物质。

4.2 感官品质

各类有机茶的感官品质应符合本类本级实物标准样品质特征或产品实际执行的相应常规产品的国家标准、行业标准、地方标准或企业标准规定的品质要求。

4.3 理化品质

各类有机茶的理化品质应符合产品实际执行的相应常规产品的国家标准、行业标准、地方标准或企业标准的规定。

4.4 卫生指标

各类有机茶的卫生指标必须符合表1规定。

表1 有机茶的卫生指标

| 项 目 | 指标/(mg/kg) | 备注 |
|---|---|---|
| 铅(以 Pb 计) | ≤2 | 紧压茶≤5 |
| 铜(以 Cu 计) | ≤30 | |
| 六六六(BHC) | <LOD* | |
| 滴滴涕(DDT) | <LOD* | |
| 三氯杀螨醇(dicofol) | <LOD* | |
| 氰戊菊酯(fenvalerate) | <LOD* | |
| 联苯菊酯(biphenthrin) | <LOD* | |
| 氯氰菊酯(cypermethrin) | <LOD* | |
| 溴氰菊酯(deltamethrin) | <LOD* | |
| 甲胺磷(methamidophos) | <LOD* | |
| 乙酰甲胺磷(acephate) | <LOD* | |
| 乐果(dimethoate) | <LOD* | |
| 敌敌畏(dichlorovos) | <LOD* | |
| 杀螟硫磷(fenltrothion) | <LOD* | |
| 喹硫磷(quintozene) | <LOD* | |
| 其他化学农药 | <LOD* | 视需要检测 |
| *为指定方法检出限。 | | |

### 4.5 包装净含量允差

定量包装规格由企业自定。单件定量包装有机茶的净含量负偏差见表2。

表2 净含量负偏差

| 净含量/m | 负偏差 | |
|---|---|---|
| | 占净含量的百分比/% | 质量/g |
| 5～50g | 9 | — |
| 50～100g | — | 4.5 |
| 100～200g | 4.5 | — |
| 200～300g | — | 9 |
| 300～500g | 3 | — |
| 501～1kg | — | 15 |
| 1～10kg | 1.5 | — |
| 10～15kg | — | 150 |
| 15～25kg | 1.0 | — |

## 5 试验方法

### 5.1 取样

按 GB/T 8302 规定执行。

### 5.2 卫生指标的检测

5.2.1 铅的检测按 GB/T 5009.12 规定执行。

5.2.2 铜的检测按 CB/T 5009.13 规定执行。

5.2.3 六六六、滴滴涕检测按 GB/T 5009.19 规定执行。

5.2.4 三氯杀螨醇、氰戊菊酯、联苯菊酯、氯氰菊酯和溴氰菊酯检测按 GB/T 17332 规定执行。

5.2.5 乐果、敌敌畏、杀螟硫磷、喹硫磷和甲胺磷、乙酰甲胺磷检测按 GB/T 5009.20 规定执行。

### 5.3 净含量检测

用感量为1g的秤称取去除包装的产品,与产品标示值对照进行。

### 5.4 包装标签检验

按 GB 7718 规定执行。

## 6 检验规则

### 6.1 组批规则

产品均应按批(唛)为单位,同批(唛)有机茶的品质规格和包装应一致。

### 6.2 交收(出厂)检验

6.2.1 每批产品交收(出厂)前,生产单位应进行检验,检验合格并附有合格证的产品方可交收(出厂)。

6.2.2 交收(出厂)检验内容为感官品质、水分、粉末、净含量和包装标签。

6.2.3 卫生指标为交收(出厂)定期抽检项目。

6.2.4 总灰分、水浸出物、粗纤维为交收(出厂)抽检项目。

### 6.3 型式检验

6.3.1 型式检验是对产品质量进行全面考核,有下列情形之一者,应对产品质量进行型式检验:

a) 因人为或自然因素使生产环境发生较大变化;

b) 国家质量监督机构或主管部门提出型式检验要求。

6.3.2 型式检验即对本标准规定的全部要求进行检验。

### 6.4 检验结果判定

6.4.1 凡劣变、污染、有异味茶叶,均判为不合格广品。

6.4.2 卫生指标检验不合格,不得作为有机茶。

6.4.3 交收检验时,按 6.2.3 规定的检验项目进行检验,其中有一项检验不合格,不得作为有机茶。

6.4.4 型式检验时,技术要求规定的各项检验,其中有一项不符合技术要求的产品,不得作为有机茶。

### 6.5 复验

对检验结果产生异议时,应对留存样进行复检,或在同批(唛)产品中重新按 GB/T 8302 规定加倍取样,对不合格的项目进行复检,以复检结果为准。

### 6.6 跟踪检查

建立从种植开始到贸易全过程各个环节的文档资料及质量跟踪记录系统,供发现质量问题时进行跟踪检查。

## 7 标志、标签

### 7.1 标志

7.1.1 有机茶标志要醒目、整齐、规范、清晰、持久。

7.1.2 产品出厂按顺序编制唛号。唛号刷于外包装。唛号纸加注件数、净重,贴于箱盖或置于包装袋中。

### 7.2 标签

有机茶产品的包装标签必须按照 GB 7718 规定执行。

## 8 包装、储藏、运输

### 8.1 包装

8.1.1 有机茶避免过度包装。

8.1.2 包装必须符合牢固、整洁、防潮、美观的要求,能保护茶叶品质,便于装卸、仓贮和运输。

8.1.3 同批次(唛)茶叶的包装样式、箱种、尺寸大小、包装材料、净质量必须一致。

8.1.4 包装材料

8.1.4.1 包装(含大小包装)材料必须是食品级包装材料,主要有:纸板、聚乙烯(PE)、铝箔复合膜、马口铁茶听、白板纸、内衬纸及捆扎材料等。

8.1.4.2 包装材料应具有防潮、阻氧等保鲜性能,无异味,必须符合食品卫生要求,不受杀菌剂、防腐剂、熏蒸剂、杀虫剂等物品的污染,并不得含有荧光染料等污染物。

8.1.4.3 包装材料的生产及包装物的存放必须遵循不污染环境的原则。宜选用容易降解或再生的材料。禁用聚氯乙烯(PVC)混有氯氟碳化合物(CFC)的膨化聚苯乙烯等做包装材料。

8.1.4.4 包装用纸必须符合 GB 11680 规定。

8.1.4.5 对包装废弃物应及时清理、分类,进行无害化处理。

### 8.2 储藏

8.2.1 禁止有机茶与人工合成物质接触,严禁有机茶与有毒、有害、有异味、易污染的物品接触。

8.2.2 有机茶与常规茶叶必须分开储藏,提倡设有机茶专用仓库。仓库必须清洁、防潮、避光和无异味,周围环境清洁卫生,远离污染源。

8.2.3 用生石灰及其他防潮材料除湿时,要避免与生石灰等除湿材料直接接触,并定期更换。宜采用低温、充氮或真空储藏。

8.2.4 入库的有机茶标志和批次号系统要清楚、醒目、持久。严禁标签、唛号与货物不符的茶叶进入仓库。不同批号、日期的产品要分别存放。建立齐全的仓库管理档案,详细记载出入仓库的有机茶批号、数量和时间。

8.2.5 保持仓库的清洁卫生,搞好防鼠、防虫、防霉工作。禁止吸烟和吐痰,严禁使用化学合成的杀虫剂、灭鼠剂及防霉剂。

### 8.3 运输

8.3.1 运输工具必须清洁卫生,干燥,无异味。严禁与有毒、有害、有异味、易污染的物品混装、混运。

8.3.2 装运前必须进行有机茶的质量检查,在标签、批号和货物三者符合的情况下才能运输。

8.3.3 包装储运图示标志必须符合 GB 191 规定。

## 9 销售

9.1 有机茶进货、销售、账务、消毒及工具要有专人负责。严禁有机茶与常规茶拼合做有机茶销售。

9.2 销售点应远离厕所,垃圾场和产生有毒、有害化学物质的场所,室内建筑材料及器具必须无毒、无异味。室内必须卫生清洁,并配有有机茶的储藏、防潮、防蝇和防尘设施,禁止吸烟和随地吐痰。

9.3 直接盛装有机茶的容器必须严格消毒,彻底清洗干净,并保持干燥整洁。

9.4 销售人员应持健康合格证上岗,保持销售场地、柜台、服装、周围环境的清洁卫生。销售人员应了解有机茶的基本知识。

9.5 销售单位要把好进货关,供货单位应提交有机茶证书附件并提供有机茶交易证明,以及相应的其他法律或证明文件。严格按有机茶质量标准检查,检查内容包括茶叶品质、规格、批号和卫生状况等。拒绝接受证货不符或质量不符合标准的有机茶产品。

9.6 销售人员对所出售的茶叶应随时检查,一旦发现变质、过期等不符合标准的茶叶应立即停止销售。有异议时,应对留存样进行复验,或在同批(唛)产品中重新按 GB/T 8302 规定加倍取样,对有异议的项目进行复验,以复验结果为准。如意见仍不一致,可以封存茶样,委托上级部门或法定检验检测机构进行仲裁。

附录六：NY/T 5197—2002《有机茶生产技术规程》

# 有机茶生产技术规程

中华人民共和国农业行业标准　NY/T 5197—2002
2002—07—25 发布　2002—09—01 实施
中华人民共和国农业部　发布

## 前　言

本标准的附录A、附录B、附录C和附录D为规范性附录。
本标准由中华人民共和国农业部提出。
本标准起草单位：中国农业科学院茶叶研究所、农业部茶叶质量监督检验测试中心。
本标准主要起草人：韩文炎、肖强、唐美君、马立峰、石元值、阮建云、金寿珍、傅尚文、卢振辉。

# 有机茶生产技术规程

## 1 范围

本标准规定了有机茶生产的基地规划与建设、土壤管理和施肥、病虫草害防治、茶树修剪和采摘、转换、试验方法和有机茶园判别。

本标准适用于有机茶的生产。

## 2 规范性引用文件

下列文件中的条款通过本标准的引用而成为本标准的条款。凡是注日期的引用文件,其随后所有的修改单(不包括勘误的内容)或修订版均不适用于本标准,然而,鼓励根据本标准达成协议的各方研究是否可使用这些文件的最新版本。凡是不注日期的引用文件,其最新版本适用于本标准。

GB 11767 茶树种子和苗木

GB/T 14551 生物质量 六六六和滴滴涕的测定 气相色谱法

NY 227 微生物肥料

NY 5196 有机茶

NY 5199 有机茶产地环境条件

GL 32(Rev.1) 联合国有机食品生产、加工、标识和市场导则

## 3 基地规划与建设

3.1 有机茶生产基地应按 NY5199 的要求进行选择。

3.2 基地规划

3.2.1 有利于保持水土,保护和增进茶园及其周围环境的生物的多样性,维护茶园生态平衡,发挥茶树良种的优良种性,便于茶园排灌、机械作业和田间日常作业,促进茶叶生产的可持续发展。

3.2.2 根据茶园基地的地形、地貌、合理设置场部(茶厂)、种茶区(块)、道路、排蓄灌水利系统,以及防护林带、绿肥种植区和养殖业区等。

3.2.3 新寻基地时,对坡度大于25°、土壤深度小于60cm,以及不宜种植茶树的区域应保留自然植被。对于面积较大且集中连片的基地,每隔一定面积应保留或设置一些林地。

3.2.4 禁止毁坏森林发展有机茶园。

3.3 道路和水利系统

3.3.1 设置合理的道路系统,连接场部、茶厂、茶园和场外交通,提高土地利用率和劳动

生产率。

3.3.2 建立完善的排灌系统,做到能蓄能排。有条件的茶园建立节水灌溉系统。

3.3.3 茶园与四周荒山陡坡、林地和农田交界处应设置隔离沟、带;梯地茶园在每台梯地的内侧开一条横沟。

3.4 茶园开垦

3.4.1 茶园开垦应注意水土保持,根据不同的坡度和地形,选择适宜的时期、方法和施工技术。

3.4.2 坡度15°以下的缓坡地等高开垦;坡度在15°以上的,建筑等高梯级园地。

3.4.3 开垦深度在60cm以上,破除土壤硬塥层、网纹层和犁底层等障碍层。

3.5 茶树品种与种植

3.5.1 品种应选择适应当地气候、土壤和茶类,并对当地主要病虫害有较强的抗性。加强不同遗传特性品种的搭配。

3.5.2 种子和苗木应来自有机农业生产系统,但在有机生产的初始阶段无法得到认证的有机种子和苗木时,可使用未经禁用物质处理的常规种子与苗木。

3.5.3 种苗质量应符合GB 11767中规定的1、2级标准。

3.5.4 禁止使用基因工程繁育的种子和苗木。

3.5.5 采用单行或双行条栽方式种植,坡地茶园等高种植。种植前施足有机底肥,深度为30~40cm。

3.6 茶园生态建设

3.6.1 茶园四周和茶园内不适合种茶的空地应植树造林,茶园的上风口应营造防护林。主要道路、沟渠两边种植行道树,梯壁坎边种草。

3.6.2 低纬度低海拔茶区集中连片的茶园可因地制宜种植遮荫树,遮光率控制在20%~30%。

3.6.3 对缺丛断行严重、密度较低的茶园,通过补植缺株,合理剪、采、养等措施提高茶园覆盖率。

3.6.4 对坡度过大、水土流失严重的茶园应退茶还林或还草。

3.6.5 重视生产基地病虫草害天敌等生物及其栖息地的保护,增进生物多样性。

3.7 每隔 2hm$^2$ 至 3 hm$^2$ 茶园设立一个地头积肥坑,并提倡建立绿肥种植区。尽可能为茶园提供有机肥源。

3.8 制订和实施有针对性的土壤培肥计划,病、虫、草害防治计划和生态改善计划等。

3.9 建立完善的农事活动档案,包括生产过程中肥料、农药的使用和其他栽培管理措施。

## 4 土壤管理和施肥

### 4.1 土壤管理

4.1.1 定期监测土壤肥力水平和重金属元素含量,一般要求每2年检测一次。根据检测结果,有针对性地采取土壤改良措施。

4.1.2 采用地面覆盖等措施提高茶园的保土蓄水能力。将修剪枝叶和未结籽的杂草作为覆盖物,外来覆盖材料如作物秸秆等应未受有害或有毒物质的污染。

4.1.3 采取合理耕作、多施有机肥等方法改良土壤结构。耕作时应考虑当地降水条件,防止水土流失。对土壤深厚、松软、肥沃、树冠覆盖度大,病虫草害少的茶园可实行减耕或免耕。

4.1.4 提倡放养蚯蚓和使用有益微生物等生物措施改善土壤的理化和生物性状,但微生物不能是基因工程产品。

4.1.5 行距较宽、幼龄和台刈改造的茶园,优先间作豆科绿肥,以培肥土壤和防止水土流失,但间作的绿肥或作物必须按有机农业生产方式栽培。

4.1.6 土壤pH低于4.5的茶园施用白云石粉等矿物质,而高于6.0的茶园可使用硫黄粉调节土壤pH至4.5～6.0的适宜范围。

4.1.7 土壤相对含水量低于70%时,茶园宜节水灌溉。灌溉用水符合NY5199的要求。

### 4.2 施肥

#### 4.2.1 肥料种类

4.2.1.1 有机肥,指无公害化处理的堆肥、沤肥、厩肥、沼气肥、绿肥、饼肥及有机茶专用肥。但有机肥料的污染物质含量应符合表1的规定,并经过有机认证机构的认证。

4.2.1.2 矿物源肥料、微量元素肥料和微生物肥料,只能作为培肥土壤的辅助材料。微量元素肥料在确认茶树有潜在缺素危险时做叶面肥喷施。微生物肥料应是非基因工程产物,并符合NY227的要求。

4.2.1.3 土壤培肥过程中允许和限制使用的物质见附录A。

4.2.1.4 禁止使用化学肥料和含有毒、有害物质的城市垃圾、污泥和其他物质等。

#### 4.2.2 施肥方法

4.2.2.1 基肥一般每667 $m^2$ 施农家肥1000～2000kg,或用有机肥200kg～400kg,必要时配施一定数量的矿物源肥料和微生物肥料,于当年秋季开沟深施,施肥深度20cm以上。

4.2.2.2 追肥可结合茶树生育规律进行多次,采用腐熟后的有机肥,在根际浇施;或每667 $m^2$ 每次施商品有机肥100kg左右,在茶叶开采前30～40d开沟施入,沟深10cm左右,施后覆土。

4.2.2.3 叶面肥根据茶树生长情况合理使用,但使用的叶面肥必须在农业部登记并获得有机认证机构的认证。叶面肥料在茶叶采摘前10d停止使用。

表1 商品有机肥料污染物质允许含量

单位:毫克每千克

| 项目 | 浓度限值 |
|---|---|
| 砷 | ≤30 |
| 汞 | ≤5 |
| 镉 | ≤3 |
| 铬 | ≤70 |
| 铅 | ≤60 |
| 铜 | ≤250 |
| 六六六 | ≤0.2 |
| 滴滴涕 | ≤0.2 |

## 5 病、虫、草害防治

5.1 遵循防重于治的原则,从整个茶园生态系统出发,以农业防治为基础,综合运用物理防治和生物防治措施,创造不利于病虫草孳生而有利于各类天敌繁衍的环境条件,增进生物多样性,保持茶园生物平衡,减少各类病虫草害所造成的损失。

5.2 农业防治

5.2.1 换种改植或发展新茶园时,选用对当地主要病虫抗性较强的品种。

5.2.2 分批多次采茶,采除假眼小绿叶蝉、茶橙瘿螨、茶白星病等危害芽叶的病虫,抑制其种群发展。

5.2.3 通过修剪,剪除分布在茶丛中上部的病虫。

5.2.4 秋末结合施基肥,进行茶园深耕,减少土壤中越冬的鳞翅目和象甲类害虫的数量。

5.2.5 将茶树根际落叶和表土清理至行间深埋,防治叶病和在表土中越冬的害虫。

5.3 物理防治

5.3.1 采用人工捕杀,减轻茶毛虫、茶蚕、蓑蛾灯、卷叶蛾类、茶丽纹象甲等害虫的危害。

5.3.2 利用害虫的趋性,进行灯光诱杀、色板诱杀、性诱杀或糖醋诱杀。

5.3.3 采用机械或人工方法防除杂草。

5.4 生物防治

5.4.1 保护和利用当地茶园中的草蛉、瓢虫和寄生蜂等天敌昆虫,以及蜘蛛、捕食螨、蛙类、蜥蜴和鸟类等有益生物,减少人为因素对天敌的伤害。

5.4.2 允许有条件地使用生物源农药,如微生物源农药、植物源农药和动物源农药。

5.5 农药使用准则

5.5.1 禁止使用和混配化学合成的杀虫剂、杀菌剂、杀螨剂、除草剂和植物生长调节剂。

5.5.2 植物源农药宜在病虫害大量发生时使用。矿物源农药应严格控制在非采茶季节使用。

5.6 从国外或外地引种时,必须进行植物检疫,不得将当地尚未发生的危险性病虫草随种子或苗木带入。

5.7 有机茶园主要病虫害及防治方法见附录B。

5.8 有机茶园病虫害防治允许、限制使用的物质与方法见附录C。

## 6 茶树修剪与采摘

6.1 茶树修剪

6.1.1 根据茶树的树龄、长势和修剪目的分别采用定型修剪、轻修剪、深修剪、重修剪和台刈等方法,培养优化型树冠,复壮树势。

6.1.2 覆盖度较大的茶园,每年进行茶树边缘修剪,保持茶行间20cm左右的间隙,以利田间作业和通风透光,减少病虫害发生。

6.1.3 修剪枝叶应留在茶园内,以利于培肥土壤。病虫枝条和粗干枝清除出园,病虫枝待寄生蜂等天敌逸出后再行销毁。

6.2 采摘

6.2.1 应根据茶树生长特性和成品茶对加工原料的要求,遵循采留结合、量质兼顾和因树制宜的原则,按标准适时采摘。

6.2.2 手工采茶宜采用提手采,保持芽叶完整、新鲜、匀净,不夹带鳞片、茶果与老枝叶。

6.2.3 发芽整齐,生长势强,采摘面平整的茶园提倡机采。采茶机应使用无铅汽油,防止汽油、机油污染茶叶、茶树和土壤。

6.2.4 采用清洁、通风性良好的竹编网眼茶篮或篓筐盛装鲜叶。采下的茶叶应及时运抵茶厂,防止鲜叶变质和混入有毒、有害物质。

6.2.5 采摘的鲜叶应有合理的标签,注明品种、产地、采摘时间及操作方式。

## 7 转换

7.1 常规茶园成为有机茶园需要经过转换。生产者在转换期间必须完全按本生产技术规程的要求进行管理和操作。

7.2 茶园的转换期一般为3年。但某些已经在按本生产技术规程管理或种植的茶园,或荒芜的茶园,如能提供真实的书面证明材料和生产技术档案,则可以缩短甚至免除转换期。

7.3 已认证的有机茶园一旦改为常规生产方式,则需要经过转换才有可能重新获得有机认证。

## 8 试验方法

8.1 商品有机肥料中砷、汞、镉、铬、铅、铜的测定按 NY 227 执行。

## 9 有机茶园判别

9.1 茶园的生态环境达到有机茶产地环境条件的要求。

9.2 茶园管理达到有机生产技术规程的要求。

9.3 由认证机构根据标准和程序判别。

附录 A

（规范性附录）

有机茶园允许和限制使用的土壤培肥和改良物质

表 A.1

| 类别 | 名称 | 使用条件 |
| --- | --- | --- |
| 有机农业体系生产的物质 | 农家肥 | 允许使用 |
| | 茶树修剪枝叶 | 允许使用 |
| | 绿肥 | 允许使用 |
| 非有机农业体系生产的物质 | 茶树修剪枝叶、绿肥和作物秸秆 | 限制使用 |
| | 农家肥（包括堆肥、沤肥、厩肥、沼气肥、家畜粪尿等） | 限制使用 |
| | 饼肥（包括菜籽饼、豆籽饼、棉籽饼、芝麻饼、花生饼等） | 未经化学方法加工的允许使用 |
| | 充分腐熟的人粪尿 | 只能用于浇施茶树根部，不能用作叶面肥 |
| | 未经化学处理木材产生的木料、树皮、锯屑、刨花、木灰和木炭等 | 限制使用 |
| | 海草及其用物理方法生产的产品 | 限制使用 |
| | 未掺杂防腐剂的动物血、肉、骨头和皮毛 | 限制使用 |
| | 鱼粉、骨粉 | 限制使用 |
| | 不含合成添加剂的食品工业副产品 | 限制使用 |
| | 不含合成添加剂的泥炭、褐炭、风化煤等含腐殖酸类的物质 | 允许使用 |
| | 经有机认证的有机茶专用肥 | 允许使用 |

续表

| 类别 | 名称 | 使用条件 |
|---|---|---|
| 矿物质 | 白云石粉、石灰石和白垩 | 用于严重酸化的土壤 |
| | 碱性炉渣 | 限制使用,只能用于严重酸化的土壤 |
| | 低氯钾矿粉 | 未经化学方法浓缩的允许使用 |
| | 微量元素 | 限制使用,只作叶面肥使用 |
| | 天然硫黄粉 | 允许使用 |
| | 镁矿粉 | 允许使用 |
| | 氯化钙、石膏 | 允许使用 |
| | 窑灰 | 限制使用,只能用于严重酸化的土壤 |
| | 磷矿粉 | 镉含量不大于 90mg/kg 的允许使用 |
| | 泻盐类(含硫酸岩) | 允许使用 |
| | 硼酸岩 | 允许使用 |
| 其他物质 | 非基因工程生产的微生物肥料(固氮菌、根瘤菌、磷细菌和硅酸盐细菌肥料等) | 允许使用 |
| | 经农业部登记和有机认证的叶面肥 | 允许使用 |
| | 未污染的植物制品及其提取物 | 允许使用 |

## 附录 B

### (规范性附录)

### 有机茶园主要病虫害及其防治方法

表 B.1

| 病虫害名称 | 防治时期 | 防治措施 |
|---|---|---|
| 假眼小绿叶蝉 | 5—6 月、8—9 月若虫盛发期,百叶虫口:夏茶 5～6 头\秋茶＞头时施药 | 1.分批多次采茶,发生严重时可机采或轻修剪;2.湿度大的天气,喷施白僵菌制剂;3.秋末采用石硫合剂封园;4.可喷施植物源农药:鱼藤酮、清源保 |
| 茶毛虫 | 各地代数不一,防治时期有异;一般在 5—6 月中旬,8—9 月,幼虫 3 龄前施药 | 1.人工摘除越冬卵块或人工摘除群集的虫叶;结合清园,中耕消茧蛹;灯光诱杀成虫 2.幼虫期喷施茶毛虫病毒制剂;3.喷施 Bt 制剂;或喷施植物源农药鱼藤酮、清源保 |
| 茶尺蠖 | 年发生次数多,以第 3、4、5 代(6—8 月下旬)发生严重,每平方米幼虫数＞7 头即应防治 | 1.组织人工挖蛹,或结合冬耕施基肥深埋虫蛹;2.灯光诱杀成虫;3.1～2 龄幼虫期喷施茶尺蠖病毒制剂;4.喷施 Bt 制剂或用植物源农药:鱼藤酮、清源保 |

续表

| 病虫害名称 | 防治时期 | 防治措施 |
|---|---|---|
| 茶橙瘿螨 | 5月下旬、8—9月发现个别枝条有危害状的点片发生时,即应施药 | 1.勤采春茶；2.发生严重的茶园,可喷施矿物源农药:石硫合剂、矿物油 |
| 黑刺粉虱 | 江南茶区5月中下旬,7月中旬,9月下旬至10月上旬 | 1.及时疏枝清园、中耕除草,使茶园通风透光；2.湿度大的天气喷施粉虱真菌制剂；3.喷施石硫合剂封园 |
| 茶饼病 | 春、秋季发病期,5天中有3天上午日照<3h,或降雨量2.5～5mm 芽梢发病率>35% | 1.秋季结合深耕施肥,将根际枯枝落叶深埋土中；2.喷施多抗霉素；3.喷施波尔多液 |
| 茶丽纹象甲 | 5—6月下旬,成虫盛发期 | 1.结合茶园中耕与冬耕施基肥,消灭虫蛹；2.利用成虫假死性人工振落捕杀；3.幼虫期土施白僵菌制剂或成虫期喷施白僵菌制剂 |

## 附录 C
### （规范性附录）
### 有机茶园主要病虫害及其防治方法

表 C.1

| 种类 | | 名称 | 使用条件 |
|---|---|---|---|
| 生物源农药 | 微生物源农药 | 多抗霉素（多氧霉素） | 限量使用 |
| | | 浏阳霉素 | 限量使用 |
| | | 华光霉素 | 限量使用 |
| | | 春雷霉素 | 限量使用 |
| | | 白僵菌 | 限量使用 |
| | | 绿僵菌 | 限量使用 |
| | | 苏云金杆菌 | 限量使用 |
| | | 核型多角体病毒 | 限量使用 |
| | | 颗粒体病毒 | 限量使用 |
| | 动物源农药 | 性信息素 | 限量使用 |
| | | 寄生性天敌动物,如赤眼蜂、昆虫病原线虫 | 限量使用 |
| | | 捕食性天敌动物,如瓢虫、捕食螨、天敌蜘蛛 | 限量使用 |

续表

| 种类 | | 名称 | 使用条件 |
|---|---|---|---|
| 微生物源农药 | 植物源农药 | 苦参碱 | 限量使用 |
| | | 鱼藤酮 | 限量使用 |
| | | 除虫菊素 | 限量使用 |
| | | 印楝素 | 限量使用 |
| | | 苦楝 | 限量使用 |
| | | 川苦楝 | 限量使用 |
| | | 植物油 | 限量使用 |
| | | 烟叶水 | 只限于非采茶季节 |
| 矿物源农药 | | 石硫合剂 | 非生产季节使用 |
| | | 硫悬浮剂 | 非生产季节使用 |
| | | 可湿性硫 | 非生产季节使用 |
| | | 硫酸铜 | 非生产季节使用 |
| | | 石灰半量式波尔多液 | 非生产季节使用 |
| | | 石油乳油 | 非生产季节使用 |
| 其他物质和方法 | | 二氧化碳 | 允许使用 |
| | | 明胶 | 允许使用 |
| | | 糖醋 | 允许使用 |
| | | 卵磷脂 | 允许使用 |
| | | 蚁酸 | 允许使用 |
| | | 软皂 | 允许使用 |
| | | 热法消毒 | 允许使用 |
| | | 机械诱捕 | 允许使用 |
| | | 灯光诱捕 | 允许使用 |
| | | 色板诱杀 | 允许使用 |
| | | 漂白粉 | 限制使用 |
| | | 生石灰 | 限制使用 |
| | | 硅藻土 | 限制使用 |

## 附录 D
### （规范性附录）
### 有机茶生产中使用其他物质的评估

未列入附录 A 和附录 C 的在有机茶园使用的其他物质和方法，根据本附录进行评价。

D.1　使用土壤培肥和土壤改良物质的原则

D.1.1　该物质是为了保持土壤肥力或为满足特殊的营养要求所必需的。

D.1.2　该物质的配料来自植物、动物、微生物或矿物，宜经过物理（机械、热）处理或酶处理或微生物（堆肥、消化）处理。

D.1.3　该物质的使用不会导致对环境的污染以及对土壤生物的影响。

D.1.4　该物质的使用不应对最终产品的质量和安全性产生较大的影响。

D.2　使用控制植物病虫草害物质的原则

D.2.1　该物质是防治有害生物或特殊病害所必需的，而且除此物质外没有其他可以替代的方法和技术。

D.2.2　该物质（活性化合物）来源于植物、动物、微生物或矿物，宜经过物理处理、酶处理或微生物处理。

D.2.3　该物质的使用不会导致环境污染。

D.2.4　如果某物质的天然数量不足，可考虑使用与该自然物质的性质相同的化学合成物质，如化学合成的外激素（性诱剂），使用前提是不会直接或间接造成环境或产品的污染。

D.3　评估

D.3.1　评估意义

定期对外部投入的物质进行评价能促使有机生产对人类、动物以及环境和生态系统越来越有益。

D.3.2　评估投入物质的准则

对投入物质应从作物产量、品质、环境安全性、生态保护、景观、人类和动物的生存条件等方面进行全面评估。限制投入物质用于特种农作物（尤其是多年生农作物）、特定的区域和特定的条件。

D.3.3　投入物质的来源和生产方法

D.3.3.1　投入物质一般应来源于（按先后选用顺序）有机物（植物、动物、微生物）、矿物、等同于天然产品的化学合成物质。应优先选择可再生的投入物质，再选矿物源物质，最后选择化学性质等同天然产品的投入物质。在允许使用化学性质等同的投入物质时需要考虑其在生态上、技术上或经济上的理由。

D.3.3.2　投入物质的配料可以经过机械处理、物理处理、酶处理、微生物作用处理、化学处理（作为例外并受限制）。

D.3.3.3　采集投入物质的原材料时，不得影响自然环境的稳定性，也不得影响采集区内任何物种的生存。

D.3.4 环境影响

D.3.4.1 投入物质不得危害环境,如对地面水、地下水、空气和土壤造成污染。这些物质在加工、使用和分解过程中对环境的影响必须进行评估。

D.3.4.2 投入物质可降解为二氧化碳、水和其他矿物形态。对投入的无毒天然物质没有规定的降解时限。

D.3.4.3 对非靶生物有高急性毒性的投入物质的半衰期不能超过5天,并限制其使用,如规定最大允许使用量。若无法采取可以保证非靶生物生存的措施,则不得使用该投入物质。

D.3.4.4 不得使用在生物或生物系统中蓄积的投入物质,也不得使用已经知道有或怀疑有诱变性或致癌性的投入物质。

D.3.4.5 投入物质中不应含有致害的化学合成物质(异生化合制品)。仅在其性质完全与自然界的产品相同时,才允许使用化学合成的产品。

D.3.4.6 投入矿物质的重金属含量应尽可能低。任何形态铜的使用必须视为临时性,必须限制使用。

D.3.5 人体健康和产品质量

D.3.5.1 投入物质必须对人体健康没有影响。必须考虑投入物质在加工、使用和降解过程中是否有危害。应采取一些措施,降低投入物质的使用危险,并制定投入物质在有机茶中使用的标准。

D.3.5.2 投入物质对产品质量如味道、保质期和外观质量等应无不良影响。

D.3.5.3 伦理和信心。

D.3.5.3.1 投入物质对饲养动物的自然行为或机体功能应无不良影响。

D.3.5.3.2 投入物质的使用不应造成消费者对有机茶产品产生抵触或反感。投入物质的问题不应干扰人们对天然或有机产品的总体感觉或看法。

附录七：NY/T 5198—2002《有机茶加工技术规程》

# 有机茶加工技术规程

中华人民共和国农业行业标准 NY/T 5198—2002
2002－07－25 发布　　2002－09－01 实施
中华人民共和国农业部　发布

## 前　言

本标准的附录 A、附录 B 为规范性附录。
本标准由中华人民共和国农业部提出。
本标准起草单位：中国农业科学院茶叶研究所、农业部茶叶质量监督检验测试中心。
本标准主要起草人：刘新、舒爱民、金寿珍、张优、刘栩、尹军峰。

附录七：NY/T 5198—2002《有机茶加工技术规程》

# 有机茶加工技术规程

## 1 范围

本标准规定了有机茶加工的要求、试验方法和检验规则。

本标准适用于各类有机茶初制、精制加工，再加工和深加工。

## 2 规范性引用文件

下列文件中的条款通过本标准的引用而成为本标准的条款。凡是注日期的引用文件，其随后所有的修改单（不包括勘误的内容）或修订版均不适用于本标准，然而，鼓励根据本标准达成协议的各方研究是否可使用这些文件的最新版本。凡是不注日期的引用文件，其最新版本适用于本标准。

GB 3095 环境空气质量标准

GB 5749 生活饮用水卫生标准

## 3 要求

### 3.1 原料

3.1.1 鲜叶原料应采自颁证有机茶园，不得混入来自非有机茶园的鲜叶。不得收购掺假、含杂质以及品质劣变的鲜叶或原料。鲜叶运抵加工厂后，应摊放于清洁卫生、设施完好的储青间；鲜叶禁止直接摊放在地面。

3.1.2 用于加工花茶的鲜花应采自有机种植园或有机转换种植园。颁证的芳香植物可窨制茶叶。

3.1.3 鲜叶和鲜花的运输、验收、储存操作应避免机械损伤、混杂和污染，并完整、准确地记录鲜叶和鲜花的来源及流转情况。

3.1.4 再加工和深加工产品所用的主要原料应是有机原料，有机原料按质量计不得少于95%（食盐和水除外）。

### 3.2 辅料

3.2.1 允许使用认证的天然植物做茶叶产品的配料。

3.2.2 茶叶加工中可用制茶专用油、乌桕油润滑与茶叶直接接触的金属表面。

3.2.3 深加工的配料允许使用常规配料，但不得超过总质量的5%。常规配料不得是基因工程产品，应获得有机认证机构的许可，该许可需每年更新。一旦能获得有机食品配料，应立即用有机食品配料替换常规配料。

3.2.4 作为配料的水和食用盐，应符合国家食品卫生标准。

3.2.5 禁止使用人工合成的色素、香料、黏结剂和其他添加剂。

3.2.6 允许使用本标准附录 A 中所列的添加剂和加工助剂以及调味品、微生物制品；超出此范围的添加剂和加工助剂,应根据附录 B 进行评估。

3.3 加工厂

3.3.1 茶叶加工厂所处的大气环境不低于 GB 3095 中规定的二级标准要求。

3.3.2 加工厂离开垃圾场、医院 200m 以上；离开经常喷洒化学农药的农田 100m 以上,离开交通主干道 20m 以上,离开排放"三废"的工业企业 500m 以上。

3.3.3 茶叶加工用水、冲洗加工设备用水应达到 GB 5749 的要求。

3.3.4 设计、建筑有机茶加工厂应符合《中华人民共和国环境保护法》《中华人民共和国食品卫生法》的要求。

3.3.5 应有与加工产品、数量相适应的原料、加工和包装车间,车间地面应平整、光洁、易于冲洗；墙壁无污垢,并有防止灰尘侵入的措施。

3.3.6 加工厂应有足够的原料、辅料、半成品和成品仓库。原材料、半成品和成品不得混放。茶叶成品采用符合食品卫生要求的材料包装后,送入具有密闭、防潮和避光的茶叶仓库,有机茶和常规茶应分开储存。宜用低温保鲜库储存茶叶。

3.3.7 加工厂粉尘最高容许浓度为每立方米 10mg。

3.3.8 加工车间应采光良好、灯光照度达到 500lx 以上。

3.3.9 加工厂应有更衣室、盥洗室、工休室,应配有相应的消毒、通风、照明、防蝇、防鼠、防蟑螂、污水排放、存放垃圾和废弃物的设施。

3.3.10 加工厂应有卫生行政管理部门发放的卫生许可证。

3.4 加工设备

3.4.1 不宜使用铅和铅锑合金、铅青铜、铅黄铜、锰黄铜、铸铝及铝合金材料制造接触茶叶的加工零部件。液态加工设备禁止使用易锈蚀的金属材料。

3.4.2 加工设备的炉灶、供热设备应布置在生产车间墙外；需在生产车间内添加燃料、应设搬运燃料的隔离通道,并备有燃料贮藏箱和灰渣贮藏箱。可用电、天然气、柴(重)油、煤做燃料,少用或不用木材做燃料。

3.4.3 加工设备的油箱、供气钢瓶以及锅炉等设施与加工车间应留安全距离。

3.4.4 高噪声设备应安装在车间外或采取降低噪声的措施,车间内噪声不得超过 80dB。强烈震动的加工设备应采取必要的防震措施。

3.4.5 允许使用无异味、无毒的竹、木等天然材料以及不锈钢、食品级塑料制成的器具和工具。

3.4.6 新购设备和每年加工开始前要清除设备的防锈油和锈斑。茶季结束后,应清洁、保养加工设备。

3.4.7 有机茶加工应采用专用设备。

### 3.5 加工人员

3.5.1 加工人员上岗前应经过有机茶知识培训,了解有机茶的生产、加工要求。

3.5.2 加工人员上岗前和每年均应进行健康检查,持健康证上岗。

3.5.3 加工人员进入加工场所应换鞋、穿戴工作衣、帽,并保持工作服的清洁。包装、精制车间工作人员需戴口罩上岗。

3.5.4 不得在加工和包装场所用餐和进食食品。

### 3.6 加工方法

3.6.1 加工工艺应保持原料的有效成分和营养成分,可以使用机械、冷冻、加热、微波、烟熏等处理方法、微生物发酵和自然发酵工艺;可以采用提取、浓缩、沉淀和过滤工艺,但提取溶剂仅限于符合国家食品卫生标准的水、乙醇、二氧化碳、氮,在提取和浓缩工艺过程中不得采用其他化学试剂。

3.6.2 禁止在加工和贮藏过程中采用离子辐射处理。

### 3.7 质量管理及跟踪

3.7.1 应制定符合国家或地方卫生、管理法规的加工卫生管理制度,茶叶加工和茶叶包装场地应在加工开始前全面清洗消毒一次。茶叶深加工厂应每天清洗或消毒。所有加工设备、器具和工具使用前应清洗干净。若与常规加工共用设备,应在常规加工结束后彻底清洗或清洁。保证加工产品不被常规产品或外来物质污染。

3.7.2 应制定和实施质量控制措施,关键工艺应有操作要求和检验方法,并记录执行情况。

3.7.3 应建立原料采购、加工、储存、运输、入库、出库和销售的完整档案记录,原始记录应保持在三年以上。

3.7.4 每批加工产品应编制加工批号或系列号,批号或系列号一直沿用到产品终端销售,并在相应的票据上注明加工批号或系列号。

# 附录 A
## （规范性附录）
## 有机茶深加工产品中允许使用的非农业源配件
### A.1 添加剂、加工助剂和载体

| 国际标号 | 添加剂名称 | 备注（限制条件） |
| --- | --- | --- |
| INS 170 | 碳酸钙 | |
| INS 270 | 乳酸 | |
| INS 290 | 二氧化碳 | |
| INS 300 | 抗坏血酸 | 只有在不能获得天然的抗坏血酸产品时使用 |
| INS 306 | 生育酚（混合天然浓缩剂） | |
| INS 330 | 柠檬酸 | |
| INS 333 | 柠檬酸钙 | |
| INS 334 | 酒石酸 | |
| INS 413 | 黄芪胶 | |
| INS 414 | 阿拉伯树胶 | |
| INS 415 | 黄原胶 | |
| INS 500 | 碳酸钠、碳酸氢钠 | |
| INS 524 | 氢氧化钠 | |
| INS 941 | 氮 | |
| INS 948 | 氧 | |
| （以下无标号） | 活性碳 | |
| | 不含石棉的过滤材料 | |
| | 膨润土 | |
| | 硅藻土 | |
| | 酒精 | |
| | 明胶 | |
| | 植物油 | |
| | 微生物及酶制品 | 限制使用为非基因工程产品 |
| | 其他添加剂和助剂 | 由有机认证机构按附录 B 准则进行评估 |
| 注：添加剂可能含载体，这些载体应予以评估。 | | |

A.2 调味品

A.2.1 香精油:以油、水、酒精、二氧化碳为溶剂通过机械和物理方法制成。

A.2.2 天然烟熏味调味。

A.2.3 天然调味品:由有机认证机构按附录B准则进行评估。

A.3 微生物制品

A.3.1 天然微生物及其制品:基因工程生物及其产品除外。

A.3.2 发酵剂:生产过程无漂白剂和有机溶剂。

A.4 其他配料

A.4.1 饮用水:符合GB 5749生活饮用水卫生标准。

A.4.2 食盐:符合国家食品卫生标准。

A.4.3 矿物质(包括微量元素)和维生素:法律规定应使用,或有确凿证据证明食品中严重缺乏时才可以使用。

## 附录B
### (规范性附录)
### 评估添加剂和加工助剂的准则

附录A中不能列出所有允许使用的物质,当某种物质未被列入附录时,认证机构应根据以上准则对该物质进行评估,以确定其是否适合在有机茶深加工中使用。

B.1 必要性

每种添加剂和加工助剂在生产加工中必不可缺,没有这些添加剂和加工助剂,产品就无法生产和保存。

B.2 核准添加剂和加工助剂的条件

B.2.1 没有可用于加工或保存有机产品的其他工艺。

B.2.2 添加剂或加工助剂的使用最大限度地降低了产品的物理损坏或机械损坏,并有效地保证食品卫生。

B.2.3 天然来源物质的质量和数量不足以取代该添加剂或加工助剂。

B.2.4 添加剂或加工助剂不妨碍产品的有机完整性。

B.2.5 添加剂或加工助剂的使用不会给消费者造成判断质量的困惑,但不限于色素和香料。

B.2.6 添加剂和加工助剂的使用不应损坏产品的总体品质。

B.3 使用添加剂和加工助剂的优先顺序

B.3.1 应优先选用按照有机认证基地生产的作物及其加工产品,这些产品不需要添加其他物质,例如做增稠剂用的面粉或作为脱模剂用的植物油,以及用机械或物理方法生产的植物和动物来源的食品或原料,如盐。

B.3.2 其次,选用物理方法或用酶生产的单纯食品成分,例如淀粉和果胶。非农业源原料的提纯产物和微生物,酵母培养物等酶和微生物制剂。

B.4 不允许使用的添加剂和加工助剂

B.4.1 与天然物质"性质等同的"人工合成物质。

B.4.2 基本判断为非天然的或为"食品成分新结构"的合成物质,如乙酰交联淀粉。

B.4.3 用基因工程方法生产的添加剂或加工助剂。

B.4.4 人工合成色素和合成防腐剂。

附录八:NY/T 5199—2002《有机茶产地环境条件》

# 有机茶产地环境条件

中华人民共和国农业行业标准　　NY/T 5199—2002
2002—07—25 发布　　2002—09—01 实施
中华人民共和国农业部　发布

## 前　言

本标准由中华人民共和国农业部提出。

本标准起草单位:中国农业科学院茶叶研究所、农业部茶叶质量监督检验测试中心。

本标准主要起草人:韩文炎、石元值、马立峰、阮建云、金寿珍、鲁成银、傅尚文、刘新。

# 有机茶产地环境条件

## 1 范围

本标准规定了有机茶产地环境条件的要求、试验方法和检验规则。
本标准适用于有机茶产地。

## 2 规范性引用文件

下列文件中的条款通过本标准的引用而成为本标准的条款。凡是注日期的引用文件,其随后所有的修改单(不包括勘误的内容)或修订版均不适用于本标准,然而,鼓励根据本标准达成协议的各方研究是否可使用这些文件的最新版本。凡是不注日期的引用文件,其最新版本适用于本标准。

GB/T 6920 水质 pH 值的测定玻璃电极法

GB/T 7467 水质 六价铬的测定二苯碳酰二肼分光光度法

GB/T 7468 水质 总汞的测定冷原子吸收分光光度法(eqv ISO 5666－1～5666－3)

GB/T 7475 水质 铜、锌、铅、镉的测定 原子吸收分光光谱法(neq ISO/DP 8288)

GB/T 7483 水质 氟化物的测定氟试剂分光光度法

GB/T 7484 水质 氟化物的测定离子选择电极法

GB/T 7485 水质 总砷的测定 二乙基二硫代氨基甲酸银分光光度法(neqISO 6595)

GB/T 7486 水质 氰化物的测定 第一部分:总氰化物的测定(eqvISO 6703－1～6703—2)

GB/T 8170 数值修约规则

GB/T 11898 水质 游离氯和总氯的测定 N,N—二乙基—1,4 苯二胺分光光度法

GB/T 15262 环境空气 二氧化硫的测定 甲醛吸收—副玫瑰苯胺分光光度法

GB/T 15432 环境空气 总悬浮颗粒物的测定 重量法

GB/T 15433 环境空气 氟化物的测定 石灰滤纸氟离子选择电极法

GB/T 15434 环境空气 氟化物质量浓度的测定 滤膜氟离子选择电极法

GB/T 15435 环境空气 二氧化氮的测定 Saltzman 法

GB/T 16488 水质 石油类和动植物油的测定 红外光度法

GB/T 17134 土壤质量 总砷的测定 二乙基二硫代氨基甲酸银分光光度法

GB/ 17135 土壤质量 总砷的测定 硼氢化钾—硝酸银分光光度法

GB/ 17136 土壤质量 总汞的测定 冷原子吸收分光光度法

GB/ 17137 土壤质量 总铬的测定 火焰原子吸收分光光度法

GB/ 17138 土壤质量 铜、锌的测定 火焰原子吸收分光光度法

GB/17140 土壤质量 铅、镉的测定 KI—MIBK萃取火焰原子吸收分光光度法
GB/17141 土壤质量 铅、镉的测定 石墨炉原子吸收分光光度法
NY/T 395－2000 农田土壤环境质量监测技术规范 采样技术和pH值的测定
NY/T 396－2000 农用水源环境质量监测技术规范 采样技术
NY/T 397－2000 农区环境空气质量监测技术规范 采样技术

## 3 要求

### 3.1 基本要求

3.1.1 有机茶产地应水土保持良好,生物多样性指数高,远离污染源和具有较强的可持续生产能力。有机茶园与交通干线的距离应在1000m以上。

3.1.2 有机茶园与常规农业生产区域之间应有明显的边界和隔离带,以保证有机茶园不受污染。隔离带以山和自然植被等天然屏障为宜,也可以是人工营造的树林和农作物。农作物应按有机农业生产方式栽培。

### 3.2 空气

有机茶园环境空气质量应符合表1的要求。

**表1 有机茶园环境空气质量标准**

| 项目 | 日平均 | 1h平均 |
|---|---|---|
| 总悬浮颗粒物(TSP)/(mg/m$^3$)(标准状态) ≤ | 0.12 | — |
| 二氧化硫($SO_2$)/(mg/m$^3$)(标准状态) ≤ | 0.05 | 0.15 |
| 二氧化氮($NO_2$)/(mg/m$^3$)(标准状态) ≤ | 0.08 | 0.12 |
| 氟化物(F)(标准状态) ≤ | 7mg/m$^3$ | 20mg/m$^3$ |
| | 1.8mg/(dm$^2$·d) | — |
| 注:日平均指任何一日的平均浓度;1h平均指任何一小时的平均浓度。 | | |

### 3.3 土壤

有机茶园土壤环境质量应符合表2的要求。

表2 有机茶园土壤环境质量标准

| 项目 | | 浓度限值 |
| --- | --- | --- |
| pH 值 | | 4.0～6.5 |
| 镉/(mg/kg) | ≤ | 0.20 |
| 汞/(mg/kg) | ≤ | 0.15 |
| 砷/(mg/kg) | ≤ | 40 |
| 铅/(mg/kg) | ≤ | 50 |
| 铬/(mg/kg) | ≤ | 90 |
| 铜/(mg/kg) | ≤ | 50 |

### 3.4 灌溉水

有机茶园灌溉水应符合表3的要求。

表3 有机茶园灌溉水质标准

| 项目 | | 浓度限值 |
| --- | --- | --- |
| pH 值 | | 5.5～7.5 |
| 总汞/(mg/L) | ≤ | 0.001 |
| 总镉/(mg/L) | ≤ | 0.005 |
| 总砷/(mg/L) | ≤ | 0.05 |
| 总铅/(mg/L) | ≤ | 0.1 |
| 铬(六价)/(mg/L) | ≤ | 0.1 |
| 氰化物/(mg/L) | ≤ | 0.5 |
| 氯化物/(mg/L) | ≤ | 250 |
| 氟化物/(mg/L) | ≤ | 2.0 |
| 石油类/(mg/L) | ≤ | 5 |

## 4 试验方法

### 4.1 取样方法

4.1.1 环境空气按 NY/397—2000 执行。

4.1.2 土壤按 NY/395—2000 执行。

4.1.3 灌溉水按 NY/396—2000 执行。

### 4.2 空气

4.2.1 总悬浮颗粒的测定:按 GB/T 15432 执行。

4.2.2 二氧化硫的测定:按 GB/T 15262 执行。

4.2.3 二氧化氮的测定:按 GB/T 15435 执行。

4.2.4 氟化物的测定:按 GB/T 15433 或 GB/T 15434 执行。

### 4.3 土壤

4.3.1 pH 值的测定:按 NY/T 395 提供的方法执行。

4.3.2 铅和镉的测定:按 GB/T 17140 或 GB/T 17141 执行。

4.3.3 汞的测定:按 GB/T 17136 执行。

4.3.4 砷的测定:按 GB/T 17134 或 GB/T 17135 执行。

4.3.5 铬的测定:按 GB/T 17137 执行。

4.3.6 铜的测定:按 QB/T 17138 执行。

### 4.4 灌溉水

4.4.1 pH 值的测定:按 GB/T 6920 执行。

4.4.2 汞的测定:按 GB/T 7468 执行。

4.4.3 铅和镉的测定:按 GB/T 7475 执行。

4.4.4 砷的测定:按 GB/T 7485 执行。

4.4.5 六价铬的测定:按 GB/T 7467 执行。

4.4.6 氰化物的测定:按 GB/T 7486 执行。

4.4.7 氯化物的测定:按 GB/T 11898 执行。

4.4.8 氟化物的测定:按 GB/T 7483 或 GB/T 7484 执行。

4.4.9 石油类的测定:按 GB/T 16488 执行。

## 5 检测规则

5.1 有机茶产地空气、土壤和灌溉水各项指标评价采用单项污染指数法,如有一项不合格,则该产地不符合有机茶产地环境条件。

5.2 检验结果的数据修定按 GB/T 8170 执行。

附录九：地理标志专用标志使用管理办法（试行）

# 关于发布《地理标志专用标志使用管理办法（试行）》的公告
# 国家知识产权局公告第 354 号

为加强我国地理标志保护，统一和规范地理标志专用标志使用，制定《地理标志专用标志使用管理办法（试行）》。现予发布，自发布之日起施行。

特此公告。

国家知识产权局
2020 年 4 月 3 日

# 地理标志专用标志使用管理办法
# （试行）

第一条 为加强我国地理标志保护,统一和规范地理标志专用标志使用,依据《中华人民共和国民法总则》《中华人民共和国商标法》《中华人民共和国产品质量法》《中华人民共和国标准化法》《中华人民共和国商标法实施条例》《地理标志产品保护规定》《集体商标、证明商标注册和管理办法》《国外地理标志产品保护办法》,制定本办法。

第二条 本办法所称的地理标志专用标志,是指适用在按照相关标准、管理规范或者使用管理规则组织生产的地理标志产品上的官方标志。

第三条 国家知识产权局负责统一制定发布地理标志专用标志使用管理要求,组织实施地理标志专用标志使用监督管理。地方知识产权管理部门负责地理标志专用标志使用的日常监管。

第四条 地理标志专用标志合法使用人应当遵循诚实信用原则,履行如下义务：

（一）按照相关标准、管理规范和使用管理规则组织生产地理标志产品；

（二）按照地理标志专用标志的使用要求,规范标示地理标志专用标志；

（三）及时向社会公开并定期向所在地知识产权管理部门报送地理标志专用标志使用情况。

第五条 地理标志专用标志的合法使用人包括下列主体：

（一）经公告核准使用地理标志产品专用标志的生产者；

（二）经公告地理标志已作为集体商标注册的注册人的集体成员；

（三）经公告备案的已作为证明商标注册的地理标志的被许可人；

（四）经国家知识产权局登记备案的其他使用人。

第六条 地理标志专用标志的使用要求如下：

（一）地理标志保护产品和作为集体商标、证明商标注册的地理标志使用地理标志专用标志的,应在地理标志专用标志的指定位置标注统一社会信用代码。国外地理标志保护产品使用地理标志专用标志的,应在地理标志专用标志的指定位置标注经销商统一社会信用代码。图样如下：

(二)地理标志保护产品使用地理标志专用标志的,应同时使用地理标志专用标志和地理标志名称,并在产品标签或包装物上标注所执行的地理标志标准代号或批准公告号。

(三)作为集体商标、证明商标注册的地理标志使用地理标志专用标志的,应同时使用地理标志专用标志和该集体商标或证明商标,并加注商标注册号。

第七条　地理标志专用标志合法使用人可在国家知识产权局官方网站下载基本图案矢量图。地理标志专用标志矢量图可按比例缩放,标注应清晰可识,不得更改专用标志的图案形状、构成、文字字体、图文比例、色值等。

第八条　地理标志专用标志合法使用人可采用的地理标志专用标志标示方法有:

(一)采取直接贴附、刻印、烙印或者编织等方式将地理标志专用标志附着在产品本身、产品包装、容器、标签等上;

(二)使用在产品附加标牌、产品说明书、介绍手册等上;

(三)使用在广播、电视、公开发行的出版物等媒体上,包括以广告牌、邮寄广告或者其他广告方式为地理标志进行的广告宣传;

(四)使用在展览会、博览会上,包括在展览会、博览会上提供的使用地理标志专用标志的印刷品及其他资料;

(五)将地理标志专用标志使用于电子商务网站、微信、微信公众号、微博、二维码、手机应用程序等互联网载体上;

(六)其他合乎法律法规规定的标示方法。

第九条　地理标志专用标志合法使用人未按相应标准、管理规范或相关使用管理规则组织生产的,或者在2年内未在地理标志保护产品上使用专用标志的,知识产权管理部门停止其地理标志专用标志使用资格。

第十条　对于未经公告擅自使用或伪造地理标志专用标志的;或者使用与地理标志专用标志相近、易产生误解的名称或标识及可能误导消费者的文字或图案标志,使消费者将该产品误认为地理标志的行为,知识产权管理部门及相关执法部门依照法律法规和相关规定进行调查处理。

第十一条　省级知识产权管理部门应加强本辖区地理标志专用标志使用日常监管,定期向国家知识产权局报送上一年使用和监管信息。鼓励地理标志专用标志使用和日常监管信息通过地理标志保护信息平台向社会公开。

第十二条　原相关地理标志专用标志使用过渡期至2020年12月31日。在2020年12月31日前生产的使用原标志的产品可以继续在市场流通。

第十三条　本办法由国家知识产权局负责解释。

第十四条　本办法自发布之日起实施。

# 参考文献

[1] 尹祎,刘仲华.茶叶标准与法规[M].北京:中国轻工业出版社,2021:1-13.

[2] 陈宗懋.中国茶叶大辞典[M].北京:中国轻工业出版社,2015:491.

[3] 何盛明.财经大辞典[M].北京:中国财政经济出版社,1990.

[4] 郭桂义,曹璐,王在群,等.我国的茶叶标准(一)[J].中国茶叶加工,2010(3):19-23.

[5] 郭桂义,曹璐,王在群,等.我国的茶叶标准(二)[J].中国茶叶加工,2010(4):19-22.

[6] 骆少君,郑国建,翁昆,等.我国茶叶标准化进程[J].广东茶业,2005(3):5-7.

[7] 尹祎.茶叶标准的分类及其标准体系[J].中国茶叶加工,2020(1):68-70.

[8] 尹祎,刘仲华.茶叶标准与法规[M].北京:中国轻工业出版社,2021.

[9] 孙威江.茶叶质量与安全学[M].北京:中国轻工业出版社,2020:3-4.

[10] 陈彦峰,吴晓蓉,刘展良,等.有机单丛茶与常规单丛茶感官与品质成分分析研究[J].广东茶业,2021,8:18-20.

[11] 何梅珍,温立香.RCEP成员国茶叶标准和技术法规对贸易的影响[J].农业研究与应用,2021,34(3).